SG ビジネス双書

“美”のブランド物語

クレオパトラから グローバルビューティーブランド、 そしてオーガニックまで

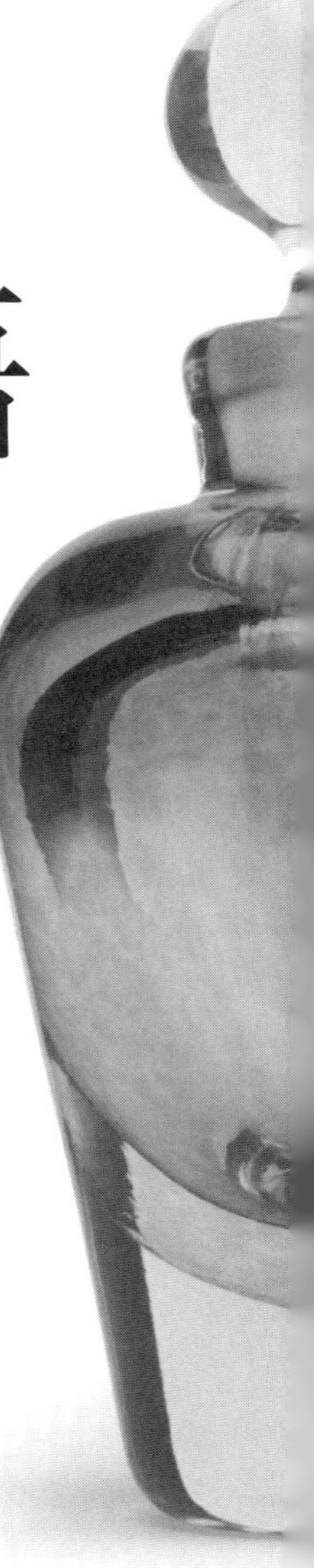

マーク・タンゲート［著］

張 智利＋吉田満梨＋渡辺紗理菜［訳］

BRANDED BEAUTY

MARK TUNGATE

［発行所］碩学舎 ［発売元］中央経済社

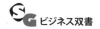

謝辞

本書の執筆を通じて、多くの美しい人々と巡り合った。彼らの協力なくしては、本書を完成させることはできなかった。匿名を希望される方もいたため、すべての方の名前を挙げることはできないが、本人たちには分かるはずだ。以下の方々にお礼を申し上げる。ニューヨーク・アドーンド（NY Adorned）のサイモン・ブロチャード、コスメバレーのキャロライン・クラブ、イソップ（Aesop）のデイビス・インディ、クラランスのカサンドラ・ムーネン、ＩＦＦ社のカミーユ・ベリュ、コスメティック・マガジン（*Cosmétique Magazine*）のサビン・ドゥ・セーズ、そして彼女に私を紹介してくれたフランソワ・カーモアル。また本書で引用しているすべての方々にも感謝を捧げる。出版に当たって、コーガン・ページ社（Kogan Page）のジョー・フィンチにもお礼を申し上げたい。原稿の締め切りにいつも遅れてしまう私に対して、熱意をもって忍耐強く待っていてくれた。特にここで感謝したいのは、バルセロナに住んでいるヴァサーヴァ（Vasava）のブルーノ・セレスだ。彼のカバーデザインによって、本書は特別の輝きを放つようになった。

最後に、私の妻であるジェラルディンにも感謝の意を表したい。この大作に取り組む最中に引越しをするというストレスにもかかわらず、ずっと私を支えてくれた。他の誰よりも、彼女が一番美しい。

まえがき：美の専制

ここでは、ギャラリーの中より、外にいる人のほうが多い。彼らはパリの狭い通りに群集している。タバコを吸いながら、プラスチックのグラスに入った赤ワインをすする。若い男の子たちは細身のジーンズをはいており、クリエイティブすぎる彼らの髭は、まるでアニメだ。女の子たちはかよわく装い、手首は細く、髪は根元だけ黒い。彼、彼女らの多くはヴィンテージのレザージャケットを着て、9月初めの寒さを迎える。お互いにこっそりと他人のファッションをチェックしながら、既に分かりきったことを確認している。価値観が似たもの同士は、だいたい同じ所に現れる。

B.A.N.Kギャラリーの室内は、むんむんとしていて騒がしい。白髪でこぎれいな濃紺のブレーザーを着た一人の男性が、むくどりの群れの中にいるカワセミのように目立っている。彼はファッションデザイナーで芸術家のジャン＝シャルル・ドゥ・カステルバジャックである。今夜は彼の「美の専制」をテーマにした展示会のオープニングなのだ。

カステルバジャックは、自身の矛盾を大いに楽しんでいる。本物の貴族でありながら、ラッパーたちに深く愛される洋服をまとい、元ミス・フランス（マレーヴァ・ガランター、1999年）の婚約者である彼は、美容産業を次の方法で風刺した。彼は18世紀、19世紀の絵画を選び出し、その写真を中国に送り、現地のアーティストたちに模写させた。そして、ブランドのシンボルでそれらを汚したのである。若くて可愛らしい貴族女性の肖像画は、「新処方！ 乾燥肌用の濃縮ボディウォッシュ」（New Formula! Concentrated shower cream for dry skin）の文字に覆い隠された広告に作り替えられた。ドラクロワの画「民衆を導く自由の女神」（*Liberty Leading the people*）はナイキのトレードマークで飾られている。さらに、カステルバジャックは、ポップカルチャーから課せられた美の規範に面白おかしく関連させ、白雪姫の中世風タペストリーを発注した。

しかし、最も傑出した展示品は、マリー・アントワネットの三つの胸像シリーズである。原物は元々彼女が過ごした部屋で展示されていた。カステルバジャックはその胸像をフランス、アメリカ、ロシアの美容整形外科に送った。フランスの外科医は最も親切だった。フランス王妃の二重あごを修正し、頬骨を少し高くした。アメリカでは、ドラマティックな修正を施した。彼女の唇をコラーゲンで太らせて、鼻をまっすぐに仕立てた。ロシアのほうは最も過激な変化を加え、彼女の唇は完全にクッションとなり、頬骨は剃刀のようになった。まさに、お菓子好きのオーストリア人公爵夫人から、キャットウォークに立つクイーンに変身したのである。

カステルバジャックは、目を煌めかせながら、このショーは政治とは全く関係がない、単にいろんな考えに刺激を与えたかっただけだと言った。「今日の理想の美が、過去の美より優れていると誰が言えるでしょうか？」と彼は問いかけた。「彼女らの時代では、マリー・アントワネットがファッションのアイコンと思われていました。もし彼女が今生きているなら、皆さんがご覧の通り、彼女の顔は不可能ともいえる理想に沿うように作り替えられたかもしれません。なぜ我々は、完璧な自分を目指す容赦ない欲望や貪欲なニーズから逃れられないのでしょうか？」

カステルバジャック、よくぞ言ってくれた。

私は美容産業に関連する業界、ファッションや広告などについて執筆はしているものの、この業界で働いてはいない。最近、美に関する話題に対して、メディアの注目が高まっていると感じている。いくつかのトレンドが異なる方向に進んでおり、ボトックス注射やそれに類似した処置に関してのレポートがそっけない表現で書かれるようになり、まるで日常のようになった一方で、化学成分に対する不安から、自然でオーガニックな化粧品へのニーズが高まっており、10分毎に新たなオーガニック化粧品ブランドが誕生しているらしい。大手のグローバル化粧品企業は特にこの変化に対応し、中国や他の新興国市場に注力することによって、欧米市場での不況から抜け出そうとしている。

最初はアイディアの芽としてスタートしたものが、急激な成長を遂げてきた。化粧品とトイレタリー業界について研究すればするほど、私の関心はますます高くなっていった。まず初めに、私は市場全体の規模を把握した。推定規模は様々であるが、よく使われるユーロモニター・インターナショナルの数値によると、グローバル化粧品産業の規模は年間３５００億ドルであり、中でも最も大きな市場はスキンケアである。そして、そうした化粧品ブランドの背後には、それを作った人たちがいる。マックス・ファクターとヘレナ・ルビンスタインの経歴を調べ始めると、私は彼らの華やかで、偶然の出来事に富んだ人生をさらに知りたいと思うようになった。

また、執筆を通して、人々が追い求める美の概念は選択されたもので、別の可能性があったのではないかと考えるようになった。これはブルックリンのタトゥーアーティストとの会話を通して至った結論である。

結局のところ、私はカステルバジャックのショーから得た疑問が頭から離れなかったのだ。つまり「私たちはどのようにして現在の状態へと至ったのか?」「私たちの外見をよりよくするために、たくさんのお金を使わせているものは何なのか?」という疑問である。

フランスのウェブサイトaufeminin.comが8600人の女性を対象に実施した2010年の調査結果は、さらなる推進力となった。全ヨーロッパの回答者の4分の1は、美しさの「中毒」になっており、何らかの化粧なしに外出することは稀であると認めている。彼女たちはとりわけマスカラを不可欠なものだと考えていた。

これらのデータを分析し、社会学者のジャン＝フランソワ・アメデューは次のように書いた。

「人々は、ダイエット、スポーツ、美容整形、化粧、あるいは流行の服を着ることによって、肌の調子が良いとか、鏡の前に立つ時の喜びを感じると主張する。しかし本当は、彼女たちは、社会的規範、ファッションと広告に、これまで以上に影響されているのである。彼女たちが化粧と洋服をまとって出かける努力は、明らかに『外出』すること、すなわち、他人の前に立つことと結びついている。彼女たちは自由と独立を感じたいと願っており、体制順応的であることを認めたくないと思っているが、外観に関する社会規範は、グローバル化しており、周知の事実であり、人々の行動はそれに制限されている。」

(「今日の美容、いかに?」(La beauté aujourd'hui, c'est quoi?)」, www.influencia.net, 2010

年9月8日）

しかし、美しさにはトレンドがあるものの、我々の考えのいくつかは、長い間大きく変化していない。ジョン・アームストロングは2005年に出版した『美の神秘的な力（*The Secret Power of Beauty*）』で次のように書いている。「最も魅力的な人の姿は、歴史の変遷の中で不変である。ギリシャ男性の彫像は今日でも、男性の美しさを体現している。ティツィアーノの絵に描かれた女性は、今日でも美しいと思われる。」

美しさとは調和にある、とはよく指摘されることである。そこには、「輪郭、バランス感、均整美、穏やかな曲線美への愛好」などの要素が含まれている。この法則は我々を紀元前6世紀に連れ戻していく。ピタゴラスは、二つの長さの異なる弦で一つの弦がもう一方の弦の長さの半分の場合、弾いた時に非常に美しい協和音となることを発見した。このような協和音は、弦の長さが変わっても、その法則が維持されている限りは、無限に繰り返される。ピタゴラスはこの法則を他の現象の解釈にも応用し、美しさが調和によって規定されると指摘した。アームストロングは次のように記している。「ピタゴラスの美の用語は『コスモス』（cosmos）であり、その意義は、今日の美容整形の目標や口紅の使い方にも影響を及ぼしている。」

もう一つの不変の性質は、色と輝きに対して我々が魅力を感じることだ。ウンベルト・エーコは2004年に出版した『美について（*On Beauty*）』で、中世はしばしば「暗黒時代」と言及されるが、実際には、彩色した写本から「紫のような最も高級な色で染められた布」に至るまで、色と明るさで溢れていたと述べている。そうした色彩には地位と身分の要素も含まれた。「人工的な色は、鉱物あるいは植物からの産物であるため、それは富を象徴している。それに対し、貧しい人は暗い、地味な色の布だけを着ていた。豊かな色と宝石の輝きは力の象徴であり、希望と喜びの対象になる。」

このことをメイクアップ製品における、宝石のように煌めく色と結びつけて考えることは難しくない。それは多くの場合、鉱物によってもたらされる視覚効果である。

同じように、我々が本能的に、人類にとって繁殖の助けとなる人物に魅かれることは、たびたび指摘されてきた。パートナーの候補として、我々は若くて欠点のない体格、白い歯、明るい瞳、美しい手足を持つ人を求めている。社会的地位は、ここでも重要である。アームストロングが書いているように、それは、「将来の保障のための重要な指標である。従って、我々が本来、社会的地位を表現するようなものや特徴に対して魅力を感じることは、驚くにはあたらない。」

「若さ」「活力」「輝き」、これらは光沢のあるパッケージ、とんでもない価格、おしゃれなスパなどによってステータスへの期待を提供する、美容ブランドの広告コピーによく使われている言葉である。

これらの全てについて、ブランドに携わる人々と話すのは、なかなか難しいことだ。美容業界は非常に競争の激しい産業であり、また非難もされやすいので、部外者に対して当然の嫌悪感を持っている。私はエスティローダーグループの傘下にある、クリニーク社への取材を試みたが、私の予想以上に難航した。私はまずアメリカの広報部門に本の概要を添付したメールを送り、取材を依頼した。しかしそれに対して、最終的に返ってきた返事は、本の概要に関して教えてほしいというメールだった。それからしばらく経って、私はフランスにある同社の広報部門とコンタクトを取った（皆さんがご存知のように、私はパリに住んでいる。）。一人の非常に親切な女性がその本が英語で出版されるなら、アメリカの広報部門とコンタクトを取るべきである、と教えてくれた。「でも注意しないと」、と彼女は付け加え、「あなたは部外者よね。美容業界は人間関係の上に成り立っているの。部外者には何も語れないと思うわ。」と教えてくれた。

案の定、最初に取材依頼のメールを送った1か月後、私は短い社交辞令的なメッセージを受け取った。そこには、クリニークへの関心に対するお礼と共に、私が最初に依頼した取材内容とは関係のない、「会社の方針により、我々の広告をテキストブックに掲載する許可は致しかねます」という回答が添えられていたのだった。しかし私は、このことは、クリニークについてというよりミスティーク（神秘性）についてなのだと理解した。つまり、美容産業に属する会社は、美に関する神話を構築しているため、その舞台の裏側を覗かれたくはない。結局、美容業界に勤めるかつての教え子である友人の友人を頼ることになったが、重役の「内部関係者」であるため、匿名で話を聞くことを約束した。この時、私は自分が本の著者というより、産業スパイをしているかのように感じた。

私はこの本を権威のあるもの、あるいは百科事典に仕上げるつもりはない。これは、私が関心を持つブランドとそれにまつわる話題を取り上げた、個人的なプロジェクトである。本書を通じて、副題（訳者注：「マーケティングはどのように私たちの見方を変えたのか？」）の中で間接的に問い掛けた問題意識への、答えが得られることを願っている。

マーケティングは、我々を変化させた。マーケティングによって、我々の不適合性、つまり、ますます厳しくなる美の規範に我々自身が適合できていないことを、より深く自覚することとなった。

このプロセスがどのように行われてきたのか、という問いかけが本書の（唯一ではないにしても）主題である。

まず、我々の美の理想を築いた人物を探っていくために、過去を振り返ってみたい。

これは予想したよりも長い旅であった。

目次

人名・ブランド名・会社名の表記

人名やブランド名、社名が同じ名称の場合、それぞれの区別が分かりやすいように、人名は姓と名前の間に中黒・を、社名は最後に「社」と付した。例えば、本人の場合はエスティ・ローダー、ブランドの場合はエスティローダー、社名の場合はエスティローダー社となる。

日本で一般に流通しているブランド名はその書き方にできるだけ沿うようにした。本書に登場する製品名やブランド名の中には日本で流通していないものも多く含まれているが、その場合は、カタカナ名に加えてオリジナルの言語を併記した。

第1章

クレオパトラを追いかけて

女性の顔色を美しくできるのは、血液と化粧品の二つだけ

私はとうとうルーヴル美術館で、クレオパトラに追いついた。彼女に会えるのではないかと、ギュスターヴ・モロー美術館から彼女を追ってきたのだ。モローの住居でもあったその美術館の壁は、エロチックに描かれたバスシバや、サロメ、デリラで埋め尽くされており、それらは彼の奔放な女性に対する情熱の証にはなっていたが、彼が描いたクレオパトラはどこにも見つけることが出来なかった。

入場券売り場の女性は申し訳なさそうに、こう伝えてくれた。「ここでは、彼女のポスターしかなく、オリジナル作品はルーヴル美術館に置いてあります。」

そこで、私たちはすぐルーヴルと連絡を取ったが、彼女を描いた油絵は展示中ではないことが分かった。博物館の保管担当者は、まるで電話の向こうのがっかりした表情の私を見ていたかのように、次のように付け加えた。「もしよろしければ、事前予約をすれば、見ることができますよ。」

ルーヴル美術館には、他にもクレオパトラを描いた作品が多く展示されている。その中には、フランソワ・バロワが作った彫像も置かれている。毒蛇に噛まれて、寝床のクッションの上で苦痛に身悶える官能的なクレオパトラの姿を表したものだ。別の塔には、クロード・ロランの「タルスに上陸するクレオパトラのいる風景」（*The Disembarkation of Cleopatra at Tarsus*, １６４３年）の絵があり、クレオパトラがローマの将軍マルクス・アントニウスと出会う前の場面が描かれている。ただし、その絵の中のクレオパトラは、船団や高くそびえる壮麗な建物、水平線へと目線を惹きつける燃える夕日と比べると非常に小さく描かれている。

モローによって描かれた19世紀の水彩画の中では、クレオパトラが中心だった。そしてルーヴル美術館の中にある素描・版画部門の豪華な閲覧室は、そんな彼女のイメージに相応しいものだった。室内は、大理石の柱が遠くまで並び、天井には巨大な壁画がある。壁のくぼみからは彫像が人々を見つめ、天使がレリーフの中で微笑んでいる。

そのいずれもが、私と「エジプトの女王」との約束を邪魔することはなかった。とうとう彼女を見つけた。彼女は、部屋の中にある無数の棚に並べられた、長方形の箱の一つから取り出された。運命の女に相応しい、モロー美術館の展示場所に飾られることなく、囚人２７９００号として閉じ込められていたことを一瞬気の毒に思った。しかしそうでなければ、私はたった一人の観客として彼女を鑑賞するという恩恵にはあずかれなかったわけである。

保管担当者は極めて慎重にその絵を箱の中から取り出し、イーゼルにのせた。そして私に一人で鑑賞する時間を残してくれたのだった。

ルーヴル美術館の解説によると、それは「非常に高い王座の上に、半裸で横向きに座るクレオパトラ」の絵である。

うーん、確かに。しかし、実物どおりではないのだろう。彼女の姿は、私たちがいつも思い描いている「伝説の魅惑的な女性」そのものなのだから。彼女はステージにいるかのように、錦織のカーテンに囲われ、王座に軽くもたれかかる。片足はなまめかしく投げ出され、もう片方の足はヘナで描かれた網目模様で彩られている。彼女の胸は白いシルクに巻かれ、シルクは宝石のボタンで留められている。この服装が彼女の体をより魅力的に見せている。また、彼女は王冠を被り、真珠のイヤリングをつけている。彼女の肌は、満月の月明りで白く輝いている。ご承知のように、彼女はワインに真珠を溶かすのが好きだった。遠方のスフィンクスとピラミッドを見つめる彼女の表情は（実際には彼女が生きていた時、スフィンクスは砂漠の中に埋もれていた）、どこかもの悲しく、考え込んでいるようだ。彼女の横顔を見れば、その高い鼻は羨ましいほど美しい。（フランスの哲学者）ブレーズ・パスカルはアントニウスの兵力と競争上の優位を突き崩したその容姿を指して、次のように述べた。「もしその鼻がもう少し低くければ、世界の歴史も変わっていたかもしれない。」

彼女は右手にユリの花を持っている。十字の剣が彼女の傍に置かれており、左手の近くに毒蛇が忍び寄っている。背景にはオベリスクと廃墟になった寺院が描かれ、輝く女王の背後に暗い危険が迫っている。

クレオパトラの魅力は何世紀にもわたって人々を魅了し、美の象徴であり続けてきた。彼女はおそらく最初の美のアイコン、つまり現代の広告ポスターから我々を見つめる眉の整った女神たちのパイオニアである。しかし、彼女にまつわる伝説の中で確かなことは、彼女が実在したことだけだ。紀元前69年、クレオパトラはエジプトのプトレマイオス朝の7代目の国王として生まれた。彼女はこの王朝の最後の国王であり、最も悪名高い国王であった。王家は本当はギリシャ人で、ファラオと自称していた。プトレマイオス1世はアレクサンドロス3世の将軍で、その死に際しエジプトを獲得し、プトレマイオス朝の基礎を作った。その祖先たちと比べて、クレオパトラは民族融合の意識を持ち、古いギリシャ語を話すことを軽蔑した。ルーヴル美術館の中には紀元前51年の石碑があり、その中で、クレオパトラが古代エジプト神話の女神イシスを参拝することが記載されている。彼女は自分が女神イシスの生まれ変わりだと自称していた。皮肉なことに、当時の習わしでエジプトの女王は男性の格好をしていた。

この男性の格好をした女神は、いくつかの興味深い疑問を呼び起こす。つまり、クレオパトラを絶世の美女と見なす証拠が、ほとんど存在しないのである。そのため彼女の顔は、ごく普通だったのではないかと疑う人もいた。ローマのコインに描かれている彼女の肖像は、細長い下顎とわし鼻を持っている。『クレオパトラ（*Cleopatra: A Life*）』（２０１０年）の中で、ステイシー・シフは、彼女の顔を「分厚い唇、とがった下顎、広い額、横長で窪んだ目」を持つと描いていた。しかし、『英雄伝（*Life of Antony*）』（紀元75年）の中で、ギリシャの歴史学者プルタルコスは、優れたリーダーシップが彼女が成功した鍵であると指摘した。「彼女の顔はよく言われるように、それ自体が比類ない美しさを持っていたわけでも、彼女と出会った人々を魅了するほどの美貌を持っていたわけでもなかった。しかし彼女と話すと、人々は抗い難いその魅力に惹かれ、彼女の存在自体が持つパワーに染められていった。」

彼女がロバの乳で入浴していたという伝説の証拠もまた存在していないが、これまで美容産業は彼女のそうした姿を絶えず宣伝に使ってきた。１９８０年代には、クレオパトラと名付けられたフランスの石鹸ブランドがあった。巨額な広告費を使ったテレビ広告の中で、クレオパトラはゆったりと浴槽に浸り、後ろには宮仕えの女性たちと楽器演奏者、筋肉隆々なボディガードを従えていた。

クレオパトラの美に関する多くの伝説は事実ではなかったが、クレオパトラには独自の美容法があったはずだと思う。この点は、永遠の美を手に入れることを願った、エジプトの国王たちと同じである。

古代の美

まず、コール墨のアイシャドーが必要である。このアイシャドーは鉱石の粉と動物の油脂を混ぜ合わせて作られた。人々は小枝や骨、象牙などで作られた尖った筆でアイシャドーを顔につけていた。古代にはこの筆は小さな箱に入れられており、それはさながら優美な〝コンパクト〟だったと、エジプト観光局が発行した小冊子『古代エジプトの美容法（*Beauty Treatment in Ancient Egypt*）』に記載されている。その中には次の事実も記されていた。アイシャドーを使用する理由は蚊を避けるため、そして太陽の光から目を守るためである。ハヤブサの頭を持つ天の神ホルスをイメージし、細長い目尻に描かれる。

古代のエジプト人にとって、清潔であることだけではなく、見た目が美しいことも敬虔の証《あか》しであった。ドミニク・パケは1997年に出版した『美女の歴史：美容術と化粧術の5000年史（*Miroir, Mon Beau Miroir: Une histoire de la beautè*）』の中で、エジプトの支配階級は、清めの儀式で自分と神との距離を縮め、自分たちを綺麗に見せることで、民衆たちに統治者としての存在感を高められると考えていた、と述べる。肌の色はその人の社会的地位を意味していた。例えば、肌が白い女性は日焼けした肌色の労働者とは異なる生活をしているはずだ。肌の色による社会的地位の区分は、その後も、数世紀もの間続いた。

裕福な古代エジプトの女性には、朝起きた後に自分を美しくするための一連の日課がある。まずは沐浴し、ボディソープを使って体を綺麗に洗う。このボディソープは、「ネトジェリ」と呼ばれる、湖の中に沈殿したミネラルで作られた万能の洗浄剤であり、それを動物の油脂と混ぜ合わせ、石鹸に仕立てたものである。この他にも、エジプト人はネトジェリの抗菌作用を生かして、異なる稀釈率で、歯磨きや怪我の消毒液、ミイラづくりなどに用いていた。

沐浴の後には、体にソーボウという粘土と灰の混合物を塗り、香りの付いたオイルで体をマッサージする。

光が強い夏の日には、エジプト人は香料とテレビン油で作られた軟膏を体につけ、よい香りを保っていた。彼らはさらに、顔のニキビ、しみ、しわなどを治すためにも様々な工夫をしていた。「例えば、しわを少なくするために、雪花石膏とナトロンの粉末に、北部産の塩と蜂蜜を配合したものが用いられた。」と、ピエール・モンテ（１９８０年）が書いた『ラムセス時代のエジプト人の日常生活（*Everyday Life in Egypt in the Days of Ramesses the Great*）』の中で紹介されている。

エジプトの女性たちは黄色の土をはたいて肌色を明るく黄金色に整えた。コール墨でアイシャドーを引き、クジャク石や、トルコ石、テラコッタや木炭で瞼を彩った。彼女たちは眉毛を抜いて細長く整え、まつげを濃くし、唇をカルミンで赤く染めていた。

ヘアスタイルも時代と場面によって変化してきた。我々が知っているように、女性は金属の髪留めと象牙のピンを使って、髪の毛を留めていた。ピエール・モンテによると、ラムセス時代の女性は通常、髪を短く切り、細かい三つ編みにしていたと推測される。別の情報では、その時代の女性たちは髪を剃りあげ、シルクか馬の毛、あるいは人の髪の毛で編んだかつらをつけていたという。かつらを金色の糸で頭に固定することで、髪の毛をより多く見せていたという。裕福な人々は、金、クジャク石、トルコ石、ガーネットなどの宝石でできた頭飾りや王冠も身に着けていた。宝石は純粋に装飾の目的以外にも魔除けの目的もあったため、一般的に多く用いられた。

手と足もきめ細かなケアが必要である。ネイルは美しく見せるためにヘナで染められた。当時ヘナは、肌を装飾する目的でも用いられた。裕福な家庭には、美容のための道具がたくさん揃っていた。くし、ピンセット、マニキュアとペディキュアのためのカギ型のナイフ、剃刀。剃刀は、当初、石を削って作ったものだったが、やがて青銅のものになった。青銅製の皿のようなものは、鏡として用いられた。考古学者は他にも、銅、銀、金で作られた鏡も発掘している。

当時のエジプトは美容産業の中心であった。ハトシェプスト（エジプトの第18王朝の女王）は美容産業の成功者である。彼女は紀元前１４７９年から１４５８年のその治世の間、香水と化粧品の重要性を認識していた。即位から19年目には、伝説上のプント国へと化粧品関連の貿易団を派遣した。プント国は、ハトシェプスト時代にも難破船の乗組員が、蛇神が統治する肥沃な島へと辿り着いたという昔話として伝わっていたが、場所は定かではなかった。この国がどこにあるかについては、現在でも、学者たちの間で、ソマリア、あるいはサウジアラビアであった、という対立した見解がある。

それにもかかわらず、ハトシェプストに命を受けた5つの船団は紅海を越えてプント国にたどり着き、現地人の温かい歓迎を受けた。帰航する時には、船の上にミルラ（没薬《もつやく》）の木が満載され、まるで神話の世界に入ったかのような香りが溢れていた。その後、プント国はハトシェプストの貿易ネットワークの重要な拠点となった。ドミニク・パケは著書の中で、紀元前1世紀まで、エジプトは化粧品の天然原料の貿易を独占していたと述べている。

クレオパトラと同じように、ハトシェプストも香料と化粧品を人々を統治する道具として考えていた。美とは神性の表現であり、香水と粉おしろいはその地位の象徴だったのである。

ギリシャの体育館とローマの浴場

エジプト人が立派な身なりを飾りたてることに注力したのに対して、古代ギリシャ人はより素朴な美を好む傾向があった。コスメティクスという言葉（cosmetics）がギリシャ語で、「着こなしと装飾の技術」を意味する言葉（kosmetike tekhne）から派生したのは、皮肉なことである。

ギリシャ人が考える美しさとは、顔の化粧ではなく、自然な調和の中にあるものだった。実際にスパルタでは、化粧はむしろ売春婦と関連づけられており、化粧をすることは禁じられていた。女性の薄化粧が許されたのは、新婚の初夜だけである。この時代に、男女が一緒に過ごす時間は少なかった。古代ギリシャは男性社会であり、女性たちは幼い頃から家の中の特別に与えられた女性部屋で過ごしていた。祖母、母親、娘、女の奴隷の皆がこの部屋の中で過ごし、外部の社会とは隔離されていた。

しかし、もしギリシャが男女平等の社会であったのならば、男だけではなく、女性も体を鍛えることを強く意識したはずである。古代ギリシャ人にとって、美しさは体のバランスを指していた。男性たちは体育館で体を鍛え、芳香オイルで体をマッサージし、贅沢な美容法を使っていた。愛と美の女神アフロディーテの肖像から判断すると、当時の理想は、卵形の顔とワシのような鼻、若々しい体付き、豊満な胸を持った女性の姿だったのだろう。その肌色は均一で、今日からみると驚くべきことに、飛び抜けて青白いのである。

紀元前6世紀の初頭、化粧の技術は東方からアテネに伝わっていた。女性たちは鉛白と白墨の粉で顔を白くし、その上にイチジクとクワの実から作られた頬紅も加えた。サフランの粉を瞼の上につけ、眉の形を整えた後、墨で黒く描いた。化粧支度の道具は通常、母親から娘へと受け継がれた。

内乱はギリシャの勢力を弱め、とうとうローマに統治されるようになった。この文明大国が終焉を迎えた時期、一般の女性たちは自由に外出することができた。彼女たちの美貌は、他の人からの評価の対象となったのである。

ローマ人は、女性に対する要求が非常に高い人々である。古代ローマの詩人、オウィディウスは、その作品『恋愛術（*Ars Amatoria*）』の最後の節で、女性たちが美を追求することを次のように励ました。「努力が美貌をもたらし、美貌を軽視するものは枯れていく。」しかし、彼は女性たちに化粧品はこっそり使うべきだと指摘した。それはどんな些細な偽装でも、愛する人の気持ちを冷めさせてしまうからである。「あなたはおしろいによって色白に見せることができるし、美容技術で顔色が悪い人でも綺麗に見せることができる。サフランの粉で目を美しく見せることは恥ではない。しかし、愛する人に化粧台の上に化粧品を置いていることを絶対に見せてはいけない。秘密の化粧だけが人々に喜びをもたらすのだから。」

オウィディウスの言葉は売春婦に向けられたものだと解釈する人もいる。しかし周知のように、ローマ人は自分たちの外見に誇りを持っていた。風呂は彼らにとって社会的機能を担っていたが、それは清潔であること以外にもっと魅力的に見せたいという欲望を反映していた。流行に敏感なローマの女性たちは、優美な女性が魅力的だという考えを強く持ち、美しくなるために、あかすりをし、毛を抜き、体を縛るなどした。ローマ人は鉛白を頻繁につけると肌に毒素が残り、歯が黒くなり、神経システムが破壊されることを知っていたにもかかわらず、ギリシャ人と同じくそれを使っていた。鉛白から得た白さは、文字通り、死人のような白さを意味するのだ。

暗黒から光りへ

暗黒時代の女性たちは、肌色を明るくすることを絶えず追求してきた。当時の絵画は、こうした虚栄心の追求に彼女たちが払った代価を描いている。かつて白くて若かった女性の肌は、鉛白によってデコボコになり、髪の毛も抜け落ちて、ひどく醜い姿である。

キリスト教の普及も、美を追求する女性たちの圧力を緩めることはなかった。その時代には、少女のように純潔で、永遠の若さを保っていることが要求された。この時期の美しい女性の定義には、小ぶりでも豊満な胸、長い髪の毛、やや膨らんだ小腹などの要素が含まれていた。当時の女性たちは「自然」な外見を求めるこうした清教徒的な要求と、理想とされる姿を非現実的に演出するための東方の美容法との間で揺れ動いていた。

中世期の1230年頃、ギヨーム・ド・ロリスが書いた物語『薔薇物語（*The Romance of the Rose*）』では、「美しく可愛らしい少女」が描かれていた。「彼女の髪の毛は磁器のような光沢感があり、その肌は、幼鶏よりも柔らかくきめ細かく、広いおでこに弓形の眉、目はワシのようにきらめいていた。」さらに少女は、「薄紅が差した白い顔」、「肉付きのよい唇」、「魅力的なえくぼ」を持っている。ロリスは少女の柔らかくて白い首について2度も描き、それに少女の肌にはニキビやソバカスなどが一つもないと述べた。それでも、彼女の姿がまだイメージできない我々のために、ロリスは次のように補足した。「少女の首はまるで枝に落ちたばかりの雪のように白く、その体はバランスがよくスマートだった。」中世の男性の間にそうした理想が引き起こす道徳的綱引きを結論づけるかのように、ロリスはこの可愛らしい少女のような薔薇を「怠惰」と名付けた。

このことは、かつての美容が裕福で怠惰な女性たちの特権だったことを間接的に表している。しかしこの時期には、新しい美への基準も生まれた。眉はカットされ、色染めで整えられた。広い額は高い教養と知恵を象徴していたため、新しい美の基準として注目されるようになった。広い額を得るため、女性たちは髪の生えぎわの毛を抜いたり剃ったりして整えた。彼女たちは、三硫化ヒ素を含む石黄を使い、生え際に髪の毛が生えないようにした。透き通ったヘッドスカーフと装飾用のヘアバンドは、その広い額をより際立たせた。残りの頭髪は長く伸ばされて時々編まれ、金と真珠で美しく装飾された。しかし既婚の女性はスカーフと帽子で髪の毛を包み、素朴さを保つことが要求されていた。中世の美は矛盾に満ちている。

ドミニク・パケは、15世紀の印刷術の発明が美容法の普及に大きく貢献したと指摘している。その中で最も影響力のあった印刷物は、カテリーナ・スフォルツアの著作である。彼女はフォルリの領主夫人で、ルネッサンス期に錬金術にも手を出した女傑であった。１４９２年から１５０９年の間、彼女は『実験（*Gli Experimenti*）』という本を出版した。それはルネッサンス時代の女性たちに向けて書かれた、紛れもない美容マニュアルである。領主夫人は我々に、顔の色つやを再生させるには、蛇皮を煮込んだワインを飲むことが効果的で、発毛にはカタツムリとゼニアオイを煎じたものを飲むと良いこと、髪を明るくしたければサフラン、硫黄、硫化水銀を混合したものが髪染めとして使えること、などを勧めている。『グリーンウッド百科事典：世界史上の服飾（*The Greenwood Encyclopaedia through World History*）』（ジル・コントラ編集、２００８年）の第二巻では、彼女がソバカスを無くし、肌色を明るくする「化粧水」を配合したと記述している。おそらく、領主夫人がこれらの美容方法を世の中に披露したのは、魔法のような神秘的な実験を実行した女性として権威ある地位を固めるためであろう。

同書では、当時の類似した印刷物も紹介している。例えば、イサベラ・コルテスが１５８４年に出版した『秘密（*Secreti*）』では「神秘の混合物を用いた」レシピが提案された。例えば、コルテスは自分が東ヨーロッパへ旅行する際に、ソバカスを無くし、肌を15歳のように若返らせることができる混合物を発見したと言う。肌を白くするその配合には、「ローズウォーター、岩塩、シナモン、ユリの粉末、卵白と牛乳」などが含まれている。あるいは、「レモン汁、白ワイン、パンの屑、ナツメグ」を代わりに用いることもできるという。

多くの古代文明の中でもそうであったように、光、明るさ、生命を与える太陽の光は、神の光と関係づけられている。金色の髪の毛もまた、その希少性と同時に、若々しさと神性との関係性から、人々が追い求めた姿であった。美しい金髪を手に入れるために、ベネチアの女性たちはレモン汁、アンモニア、尿を配合したものに髪の毛を浸し、ベランダに座って頭頂部を切り取った麦わら帽子のつばに髪を乗せてそれを乾かしていた（麦わら帽子は日焼けを防ぐ効果も持っていた）。真偽は疑わしいが、これがベネチア女性の金髪の由来だと言われている。

スフォルツァとコルテスの著作から分かるように、ルネッサンス期の美容は、科学と魔術が怪しく混在した産物であった。

コルセットとクリノリン

当時、美しさを追い求めることの究極の代価は、鉛の中毒で命を落とすことだったが、少なくとも女性たちは、何らかの苦痛を覚悟しなければならなかった。16世紀に、胸を強調し腰を抑圧するためのコルセットを使い始めたことによって、この苦痛はさらにひどくなった。青春期に入る前に、女の子は鉄あるいは髭クジラのひげで作られたコルセットをつけなければならなかった。コルセットは彼女たちの肋骨を絞り込むことで、骨の変形と内臓の損傷をもたらすことが多かった。このような奇妙に誇張された胸と細いウェストは、一般的に、下半身を完全に隠してしまう大きなスカートと組み合わせて用いられた。

ジョルジュ・ヴィガレロは、2004年に出版した『美人の歴史（*Histoire de la Beauté*）』で、このような女性の姿には、当時の審美観が彫像と肖像に由来するという事実が反映されていると指摘した。その結果、顔、肩、胸のような上半身の部位は賛美すべきで、腰以下の部分はスカートの下に隠すべきと思われていた。スカートはまるで、胸の下にある装飾用の土台である。加えて、体の階層構造は宇宙の規則に一致していると思われていた。つまり、足が地の上にあるのに対し、頭は天に近いものと位置づけられる。

化粧の仕方にも、芸術からの影響が認められる。薄い頬紅を塗られた白い顔は、ルネサンス期のフレスコ画に描かれた天使ケルビムのように美しい。男性も含めおしゃれな人々は、汚れた粗野な自然状態からどれほど進化できたかを判断基準にするため、人工的な状態が最高であるとされた。当時の男女は美白のために皆が鉛白製のファンデーションを用いており、かつらを被っていた。17世紀には、パリのチュイルリー宮で散歩する女性たちはベネチア式のマスクをつけて日焼けを防いでいた。欠点を「蝿」と呼ばれる人工のホクロで隠すやり方は、ヨーロッパ全土で人気を集めるファッションとなった。

18世紀に入ると、肌の白さへの情熱は一時的に低下し、フランスの貴族とイギリスの王室が使う頬紅が人々の好みの主流となっていた。頬紅を使うことで、ゲームやギャンブルの台で過ごした長い夜の疲れを隠すと同時に、性的な興奮状態を真似ることもできた。ドミニク・パケの示す数字によると、１７８１年のフランスでは、二百万箱以上の頬紅が販売された。その中には、マリー・アントワネットが使っていた、シゾー通りのドゥブソン氏が作ったものも含まれている。

その後のフランス革命は貴族からかつらを奪ったが、それ以上にこの革命は美を自然な形に回復させた。人々の服装はギリシャの素朴さを取り戻し、肌の美白も再び流行りだした。ただし、この時期の美白は憂うつなローマ的な青白さへと発展し、おしゃれな女性たちは憑かれたかのように、一斉にこの顔色を追い求めた。パケは、「女性たちは（その顔色を得るために）酢だけを飲み、レモンだけを食べ、目の周りに黒いクマを作るために深夜まで読書をした」と説明した。彼女たちはまさに、アン・ラドクリフの『ユードルフォの謎（*Mysteries of Udolpho*）』、あるいは、マシュー・グレゴリー・ルイスの『マンク（*The Monk*）』といった、ゴシック小説の中に出てくるヒロインであった。

しかし19世紀半ばまでには、初めて男性たちの領域に踏み込む、新しい女性像が現れた。パリではこうした女性は、「女ライオン」（La Lionne）と呼ばれた。乗馬、剣術、水泳、新聞などに精通していた彼女たちは、チャールズ・ダナ・ギブソンが１８９０年代に描いたアメリカ人の理想の女性像である、ギブソン・ガールの先駆者であった。背が高くて、スポーツ好きの美人で、濃い睫毛の下に美しい瞳が煌めいていた。髪の毛は無造作に見えるスタイルで頭の上に巻き上げられ、とても聡明に見える。

ギブソン・ガールがそうであるように「女ライオン」もまた、大部分は虚構の女性像である。実際には、女性たちはかつてないほど装飾的であることが理想とされ、コルセットは彼女たちの胸と腰のスタイルを誇張し、クリノリンは彼女たちの下半身を隠していた。

頬紅の王国

頬紅は、1世紀前よりも繊細な使われ方になったが、再び流行していた。１８９４年にイギリスの風刺作家、マックス・ビアボウムが書いた『化粧品の防衛（*A defence of cosmetics*）』では、美容の民衆化の傾向が示唆された。「色素の使用はますます普及し、大多数の女性はその顔に描かれた絵ほど、実際には若くない」と皮肉っている。彼の初期の評論では、次のような指摘があった。

「上流階級の女性たちが、加齢によってもたらされる残酷な仕打ちから逃れるために化粧台へと避難することを、もはや責められはしない。あるいは化粧品メーカーの取引額が僅か5年間で急速に伸びたことは不思議ではない。ある化粧品メーカーの成長率は20倍にものぼるという。おしゃれな通りを歩き、通りかかった馬車の中の帽子の下にある顔を覗きさえすれば、我々はその頬紅の王国がどれほど広範囲に支配しているかを理解できるのだ。」

パリに戻ってもやはり、当時の美容の民衆化は加速していた。ヴィガレロによると、１８３０

年、サンマルタン通りの高級ブティックでは、5フランから85フランまでの価格の頬紅が揃っていた。当時、一日の平均収入は3フランぐらいであった。ただし、1851年までショールシャーという名の化粧品会社が「社会の各階層の人々のため」の製品を約束する広告を出したが、その中には、1瓶当たり1フラン（半分の量で60セント）の頬紅と白粉ファンデーションもあった。

クリームの使用も広く普及していた。ジェフリー・ジョーンズは著書、『ビューティビジネス――「美」のイメージが市場をつくる（*Beauty Imagined: A history of the global beauty industry*）』（2010年）の中で、次のように語っている。

「19世紀の人々にとって、美容産業は小さく贅沢な業界であった。当時の市場には主に香料メーカーが生産した乳液とクリームの二種類だけが存在していた。乳液類は、薔薇などの植物の種を潰して水などを混合し、肌を活き活きと美しくする目的で作られた。クリーム類は、油脂と水などを混合し、肌の調子を整えるために作られた。」

これらの商品はもちろん、家庭に伝わるレシピのように代々受け継がれてきた自家製のクリームや化粧品と競合していた。

しかし世紀の変わり目までに、「美容製品」の製造は次第に一つの産業として確立していった。特に、ファーヤという名のある若い女性は、この時代の変容を象徴していた。彼女は１８７０年にポーランドのクラクフに生まれ、父親は商店の経営者であった。はじめ彼女は医学を学びたいと希望していたが、両親は、彼女を地元で妻を亡くした金持ちの男と結婚させたがっていた。両親の決めた運命から抜け出すため、彼女はオーストラリアに住む伯父の家に逃げ込んだ。

オーストラリアの女性たちの肌は日焼けで赤くなり、埃で荒れていたため、ファーヤの白くて美しい肌は羨望の的となった。彼女は肌を保つ秘訣を、ジェイコブ・リクスキー博士が作ったポーランドのクリームのお蔭だったと考えた。故郷のポーランドに手紙を書いて、そのクリームを送ってもらう約束を取り付けた。間もなく、彼女はクレーム・ヴァレーズ（Crème Valaze）というブランド名を使って、現地での販売に乗り出した。彼女が販売した商品はすぐ人気を集め、メルボルンで小さなサロンを開くようになった。

その後、彼女は自分の名前を西洋人のように変えて、後にグローバルブランドとなる「ヘレナルビンスタイン」を作ったのである。

ビューティーへのコツ

✲古代のエジプト人の美の追求は、宗教の儀式に由来している。

✲化粧をしていることは身分の象徴であった。

✲数千年にわたって、肌が白いことは美しいと考えられてきた。

✲印刷物の発明によって、ルネッサンス期のあるパワフルな女性が書いた美容法は最初の美容辞典として残った。

✲19世紀末、広告と大量に発行された雑誌によって、化粧は民衆に普及してきた。

✲昔の化粧品は自宅か工房で手作りされたが、工場で製造され、ブティックとサロンで販売される化粧品が誕生した。

✲これらの出来事のすべては、最初のグローバル化粧品ブランド誕生の背景となった。

第2章

魅惑的な専門家

高価な商品にしかお金を払いたくない女性たちがいる

1914年の冬のニューヨークに、クルーズ船から降り立ったヘレナ・ルビンスタインはこの土地にビジネスチャンスが溢れていることを感じ取った。「それはとても寒い日でした。」と、彼女は思い出を語った。「冬の寒さで、アメリカ人女性の鼻は紫色になり、唇も白くなっていました。粗末な粉ファンデーションを塗っているため、顔色はチョークのように真っ白でした。この光景を見て、私はアメリカで生涯の仕事に出逢ったと思いました。」

1965年4月9日の『タイム』紙の追悼記事コラムでは、ルビンスタイン「夫人」(彼女は自分のことをそう呼んでいた)を紹介する部分に先の彼女の話が引用されていた。彼女はその9日前に亡くなり、6000万ドルのビューティー帝国を遺した。この帝国の基盤はただ一つのクリームだけではなく革新的な優れたマーケティング理念にも支えられている。

オーストラリアにいた頃、ルビンスタインは自分の最初の製品を「クレーム・ヴァレーズ」と名付けた。このネーミングは、豪華さと洗練の永遠の象徴であるパリを連想させた。同時に、彼女はヨーロッパ中部のイメージを商品のストーリーに取り入れた。商品の広告では、カルパチア山脈で採集された貴重なハーブが美容クリームに配合されていると訴求した。

ルビンスタインによれば、この乳液はリクスキー医師がクラクフで発明したものである。しかし、最近の調査でリクスキー医師がクリームを発明したという事実に疑いが出てきた。特に、リンディ・ウッドヘッドは、著書『勝負化粧（*War Paint*）』において、重大な疑問点を挙げている。彼女はコールレーンに行った時、確かに多くの美容クリームを持ち帰ったが、しかし、その数量はすぐに底をついてしまう程度のものだった。それに、創業初期の彼女は自分の祖国から大量の商品を仕入れる資金がなかった。同様に、リクスキー医師がその時にクラクフで皮膚科を開業していたという証拠がほとんど見つかっていないという調査結果もある。彼女が自分でクリームを作った、という説のほうが可能性が高いのである。もっとも重要な成分である、羊毛脂（羊の皮膚から分泌された油脂で一種の天然保湿剤）は、オーストラリア現地で簡単に手に入れることができた。ヘレナは配合を工夫し、ラベンダーの香りで羊毛脂のきつい匂いを隠していた。

人々はクラクフから来た、ただ一人の若い女性がどこからこのような技術を手に入れたかを聞きたくなるだろう。ルビンスタインは生まれもった社交の天才である。彼女は、クラクフから憧れのメルボルンに来たばかりの頃、保母として仕事をしていた。この仕事のお蔭で、彼女は影響力を持つ多くの人と出会うことができた。その中には、薬品の製造と販売をしていたフェルトン・グリムウェイド社のフレデリック・シェパード・グリムウェイド氏もいた。

リンディ・ウッドヘッドは、グリムウェイドがルビンスタインにクリームの作り方、特にオーストラリア産の松の木の皮からクリームを作るための重要成分、フラボノイドを抽出する方法を教えた師であったと指摘する。この成分はピクノジェノールというブランド名で販売され、一種の酸化防止剤である。その効果についてウッドヘッドは次のように書いている。「フラボノイドは、細胞組織の修復と免疫力の増強、顔のコラーゲンを膨らませ、老化プロセスを緩和し、皮膚全体の状態を改善する効果がある。」

クレーム・ヴァレーズは羊毛脂、軟パラフィン、蒸留水、フラボノイドから作られたスキンケア化粧品である。1903年の広告で、ルビンスタインは次のように訴求した。「リクスキー医師のクレーム・ヴァレーズ。ヨーロッパでもっとも著名な皮膚の専門家、リクスキー医師が発明したスキンケア。ひどい状態の肌も、一か月以内に改善。エリザベス・ストリート138号にあるヘレナ ルビンスタイン社でお買い求めください。」

面白いのは、その後リクスキー医師が、クレーム・ヴァレーズの広告から忽然と姿を消したことである。ルビンスタインは自らリクスキー医師の役割を担い、自分を美の科学者として定義し、女性たちの若さを保つ製品の発明に注力していく事業目標を立てていた。

ルビンスタインの日常生活には、多くの神秘的な伝説が絡んでおり、どの話が本当なのかは判別しにくい。例えば彼女は、あるクルーズ船で出逢った裕福な夫婦が開業初期のスポンサーだと言っていた。その夫婦が提供した資金でヘアサロンの経営をスタートし、自分の事業を築いたのである。しかし他の伝説によれば、彼女が初めて開業した時の資金は、彼女がメルボルンで冬のガーデンティーハウスのウエイトレスをしていた時に知り合った茶商人で成功者の、ジョン・T・トンプソン、つまり彼女の「ファン」から提供されたという。

トンプソンは優れたセールスマンであり、彼が経営するロバー・ティー社は多額の広告予算を持っていた。彼はルビンスタインに広告とプロモーションのやり方を教え、彼女がその分野の絶対的な専門家になるのを手助けした。例えば彼女がすぐ気付いたのは、多額な広告費を投入すると、メディアからそれ相応の有利な報道をしてもらえる（もしくは、それを要求できる）ことだった。そのような訳で、ヘレナのサロンが開業するとすぐ、彼女と美容クリームに関する多くの報道がなされた。

大多数の美容専門家は、彼らがアンチエイジングというゲームで競争していることを認めているが、ヘレナはこのような偏執症をさらに発展させた第一人者である。『勝負化粧（*War Paint*）』によれば、１９０４年に「美は力（BEAUTY IS POWER）」という広告コピーで消費者に次の内容を訴求した。「リクスキー医師のヴァレーズ・スキンフードは貴方の肌色を改善し、肌をより美しくする…ヴァレーズはあなたの肌に赤ちゃんのように柔らかく、明るく、透明な見た目を与える。」

それについて、ウッドヘッドは次のように述べる。「ヘレナは常に一歩先にいて、新しいものを提供していた。肌の種類を『ドライ』『普通』『オイリー』と分類した美容業界の第一人者は彼女だった。すべてのヴァレーズ製品は、商品を売るというよりも、肌の治療という美容概念を販売している。あるいは、それが消費者に年を取ることの恐怖心を意識させ、購買意欲を喚起したのかもしれない。」その時にほぼ初めて、女性たちは自分の肌のしわ、ソバカス、テカリが肌の状態に何らかの異常があることのサインであり、そして、「クリームを買うと、良くない肌状態を改善できる」と考えるようになったのである。

発売から2年で、クレーム・ヴァレーズは大ヒット商品になった。この成功のお蔭で、ルビンスタインはメルボルンのエリザベス街にあった小さなサロンから、人気のファッション街、コリンズにサロンを移転した。そこでの彼女の顧客の一人はネリー・メルバという名前のオペラ歌手で、サロンの中でアイーダの曲を歌うことが好きだった。たった４フィート10インチ（訳者注：約１４７センチメートル）のヘレナは、背の高いオペラ歌手の肌色をチェックするためには椅子の上に立つしかなかった。

その後、発見に溢れたヨーロッパ旅行をきっかけに、ルビンスタインはパリのファッションショップのやり方を参考にして自分のサロンに金色の小椅子を装備した。実験室の白いコートを着用し、施設をヴァレーズ学院と改名し、皮膚の乾燥、しわ、ソバカスを治療する「手術室」まで設けた。そこではスキンケア、脱毛、マッサージが行われ、「二人のウィーン出身の専門家」による手入れを受けることができた。彼女たちは本当のヘレナの妹チェスカと従妹ローラで、ヘレナが成功させたビジネスを手伝うためにポーランドからやってきたのである。このように、ルビンスタインは現代的なビューティーマーケティングの核心となる要素、つまり美しいパッケージ、著名人の推薦、疑似科学を組み合わせた方法を考え出した。

しかし、彼女は自分自身が宣伝に用いた言葉を信じるような間違いを一度も犯さなかった。「私は商売人です」と彼女は語った。彼女は自分が決めた高価格設定を守り通し、「一部の女性たちは、高い商品にしか手を出したくない」ことを確信していた。

ルビンスタインの野心にとって、オーストラリアは狭すぎた。１９０８年に彼女はヨーロッパに進出した。彼女はロンドンの高級住宅地で「ヘレナ ルビンスタイン・サロン ボーテ・ヴァレーズ」を設立し、後にパリで子会社も設立した。この時期、彼女はポーランド出身のアメリカ人ジャーナリスト、エドワード・ウィリアム・タイタスと結婚した。彼は彼女の広告コピーをさらにレベルアップさせ、芸術と演劇の世界へと彼女を連れだした。結婚後、彼女のマーケティングには、もう一つ核心となる要素が加わった。それが文化である。彼女の美容院はディアギレフのロシアバレエ団の舞台デザインを真似た内装で、裕福な顧客たちが快適に過ごせるように設備を整えた。その数年後、彼女は卓越した芸術コレクターになり、オーストラリアの新貴族から、伝説のルビンスタイン夫人への変身を遂げた。

彼女の夫のアドバイスかもしれないが、ルビンスタインはヨーロッパでサロンを開業した際に、特定の貴族と有名人たちに無料でスキンケアサービスを提供していた。これは彼女が狙った高級なイメージを口コミで広める上で有効だった。

彼女の夫タイタスは、女遊びに熱中する人だった。彼はヘレナと離婚するが、その後も会社の顧問を務め続けた。彼は出版ビジネスの成功により、パリの芸術家社会との人脈を持っていたため、ヘレナにとっても重要だった。ルビンスタインと元夫は、ファッションと美容への芸術の影響力をよく知っていたのだ。

ヨーロッパで戦争が勃発したため、ルビンスタインは自らのビジネスを北米に拡大した。1915年にニューヨークでサロンを開業した後、ボストン、サンフランシスコ、フィラデルフィア、シカゴ、トロントなどの都市で次々に支店をオープンした。彼女は化粧品メーカーとして、初めて百貨店に出店した最初の一人でもあった。彼女は販売を完全に百貨店に委託せず、自ら販売員を育成することに注力し、化粧品売場の商品陳列にも工夫をこらした。

「鋭い観察力を持つヘレナはすべての店舗を視察し、各店舗に重い最低入荷額を課していた。さらに、販売員たちをニューヨークで行われる販売講習会にも参加させた。」とウッドヘッドは記している。「ブランドイメージが表現された販売カウンターを設置することを主張し、販売員に統一した綺麗なユニフォームを提供した。各支店に適応したローカル広告を使い、販促支援を行ったのである。」

20世紀の初頭、「顔の化粧」は人々から軽蔑され、女性の不品行と関連づけられていた。このような観念はハリウッドの人気が出始めた頃から、徐々に変わっていった。ハリウッドはセクシーさを女性の魅力として取り入れることに成功した。ルビンスタインは直ちに彼女のクリーム製品シリーズにメイクアップ化粧品を加えた。薄く着色されたおしろいからスタートし、徐々に口紅やウォータープルーフのマスカラまで製品ラインを拡張していった。しかし、スキンケア製品は彼女が最も注力した領域であり続けた。彼女は生涯をかけて、日焼けが肌に与えるダメージの危険性を顧客に訴え続けた。小麦色の肌が流行した時代においても、彼女は日焼け止めクリームの使用を奨励した。

ルビンスタインはまさに無敵だった。1928年に彼女はアメリカでの事業をレーマン兄弟に売却することで、ニューヨーク株式市場大暴落の危機を乗り越えた。そして、株価が60ドルから3ドルまで転落した時にそれを買い戻した。彼女はタイタスとの離婚後、1937年にロシアの亡命皇子アルチル・グリエリ－チコーニャと再婚した。この結婚はある意味で、彼女の「35歳以上の女性も魅力的な存在である」という主張を証明したと言えよう。彼は彼女より20歳年下であるが、ルビンスタインは彼より10年も長く生きた。

健康状態が衰えた後も、ルビンスタインは病床で仕事を続けた。彼女はニューヨークで94歳の時に亡くなった。おそらく、彼女が亡くなる寸前に非常に安らぎを感じたことは、第二次世界大戦以降の彼女の製品売上が500％も増えたことであった。

しかし彼女のアメリカにおけるビジネスには、強力な競合相手、エリザベス・アーデンが現れ、お互いに厳しい競争を始めていた。

美の変遷

過去の20年間、20世紀の初めから第一次世界大戦後まで、女性たちのイメージはダイナミックに変化してきた。ギブソン・ガールは人々が描いた理想に過ぎなかったが、女性たちは積極的に変わってきたというのは事実だ。チャールズ・ラッセル博士が執筆した『海水の利用（*The Uses of Sea Water*）』でなされた、「海水が温泉のように健康に良い」という主張がきっかけで、1753年以降海水浴が人気になった。水着は、扱いにくくて全身を隠す服から、おしゃれなワンピースの形に進化していった。これは20世紀末の社会的な受容性の進化とも言える。ジョルジュ・ヴィガレロは、1880年以降、水泳がヨーロッパの数か国とアメリカのいくつかの州の体育授業の必修科目に指定されたことに注目している。

鏡の生産の発展は、女性たちのスタイルの表現と、それに対する社会の受容性を促進する役割を果たした。19世紀末、全身鏡の生産量が伸び、おしゃれな寝室の必需品となっていた。加えて、多くの国で女性たちが選挙権を要求し始めた。この時期にも彼女たちの服装は保守的なスタイルのままだったため、デザイナーたちはこのような社会トレンドに敏感に反応し、女性像を新たに定義しようとした。ポール・ポワレは女性の体のラインに自然にフィットした服をデザインし、ガブリエル〝ココ〟シャネルは、ショートドレスをデザインし、女性たちに自由と解放感を与えた。

シャネルは女性用の帽子デザイナーとして事業を始めた。1990年に彼女は、金持ちの愛人で派手なイングランド人、ボーイ・カペルからの援助により、パリで小さな帽子店をオープンした。愛人と一緒にドーヴィル、ビアリッツに旅行をした際、シャネルは今後狙うべき市場とその可能性に気づいた。その直後、彼女はドーヴィルでブティックを開き、男性の馬上球技用服や運動服などのレジャー服にヒントを得た女性用リゾート服を販売し始めた。戦時中には、女性が男性が果たすべき役割も担っていたため、動きやすい服を必要としていたため、レジャー服の新たな用途が現れた。当時の名デザイナーたちに軽蔑されていたジャージーのような安い素材でも、シャネルの簡素な設計によってしゃれた動きやすい服に仕上げられた。戦争が終わった時、シャネルは既に女性たちのファッションの習慣に新たな基準を作り上げていたのである。

1920年代になると、シャネルがデザインした服を着た女性は一般に、細長い手足とショートヘアで、水泳、乗馬、テニスなどの競技で日焼けした肌をしているという特徴があった。彼女たちは日光浴に初めて挑戦した。この時期に、休暇は家庭で過ごすという伝統意識が変化し、海辺で休日を過ごすことが金持ちの間で流行り出した。女性たちが外で自分のスタイルを見せる機会が増えたのだ。

より自由な女性らしさの台頭が、21世紀初頭のインターネットの普及に似たメディア革命と同時に起こっていた。雑誌や新聞などの印刷物の値段は安くなり、内容もより充実したものになっていった。ファッション系の出版物や広告宣伝などにおいて、それまでのイラストが写真に置き換わり、ヘアスタイリストやメイクアップアーティストたちをスターへと仕立て上げた。１９２２年のアメリカでは、民営のラジオ放送局が現れ、音声で消費者たちに働きかけるようになった。

医薬品として生み出されたクリームが今や、自己改善や願望を表す言葉になった。典型的な例を挙げれば、ニューヨークに住む薬剤師セロン・T・ポンドが開発したハシバミの成分を含有した肌の炎症を緩和するクリーム、石鹸、バーム類の化粧品が挙げられる。19世紀末、彼はニューヨークの大手広告代理店ジェイ・ウォルター・トンプソンと働き始めた。１９１６年にその広告代理店の創始者であった「司令官」（彼の海軍歴とあご髭からそう名付けられた）が体調不良で退職した後、そのブランドの仕事はスタンリー・リーザーが跡を継いだ。彼と一緒に仕事をしていたのは、リーザーの妻、ヘレン・ランズドーン・リーザーで、優秀なコピーライターでもあった。彼女は常に消費者視点に立脚し、シャープなコピーを美容製品の宣伝に取り入れた。

彼女はポンズ・ヴァニッシング・クリームとポンズ・コールドクリームの宣伝活動を担当した時に、有名人をはじめ、社会活動家、ルーマニアの女王からも商品の推奨を求めた。その結果、元々化学者によって作られた美容クリームは、贅沢品の魅力も持つようになった。

この時期は、エリザベス・アーデンが彼女の名を築き上げた時期でもある。

アーデンの手腕

彼女の名は事実上、人名よりブランド名として知られていた。フローレンス・ナイチンゲール・グレアムは1881年に生まれ、トロント近くの農場で育った。ヘレナ・ルビンスタインの伝記と同じく、二人とも自分の育った環境をエレガントなものに偽装し、真実とは異なる物語がその時から展開された。そちらの物語のほうが、定義した自分のイメージに相応しいからである。例えば、フローレンスの父親ウィリアム・グレアムはイギリスの騎手であったと言われている。しかし彼はフローレンスの母親、スーザンとカナダで知り合い、結婚した。彼がかつて何の仕事をしていたのか疑問に思うが、実際は訪問販売員の仕事をしていたという。

フローレンスは確かに田舎出身で、生涯にわたって、乗馬とアウトドアが好きだった。この習慣はヘレナ・ルビンスタインの華やかな世界観とはまったく違うスタイルだった。彼女は惨めな子供時代を過ごしたようである。彼女が幼い頃、母親を結核で亡くし、父親は四人の娘と一人の息子がいる大家族を支えるために懸命に働いた。フローレンスは寒さの中で震え、健康問題で悩み、ロマンス小説、雑誌、５セント映画（映画館の前身であり、楽器で演奏しながら、短い映画を見る20世紀初期の映画劇場）などに心の支えを求めていた。おそらくはこれらの娯楽を源に、彼女は明るい未来を強く期待する夢を持ち続けていた。ここで注目すべきは、魅力的な職業に携わる人たちが質素なバックグラウンドを出自としていることである。彼女たちは自らの夢を描き、我々にその夢を売っているのだ。

家が貧しかったので、彼女は大学教育を受けることができなかった。ルビンスタイン、あるいは自身と同じ名前のナイチンゲールからヒントを得て、彼女は看護師の仕事を試みた。しかし、彼女はこの仕事にはまったく興味がなく、耳には映画館のピアノの音が響き続けていた。その後、彼女はニューヨークの魅力に惹かれ、１９０７年にニューヨーク５番街にあるエレノア・アデールの美容室のレジで働くようになった。

アデール夫人は、スキンケアというより、肌の整形を専門にしていた。彼女は「縛る」という手法（ゴム紐、あるいは締め金を下あごとおでこにつけて、人工的に肌のしわを平たく吊り上げ、一定の時間を経て、次の治療まで維持する方法）を推薦していた。20世紀半ばにアデールが出した広告コピーでは、「若々しさを取り戻せる」ことを約束していた。下あごの締め金を使い「二重あごをなくし、消えた顔の輪郭を取り戻す」、おでこ用の締め金で「眉、目じり、おでこの上のしわ」を治療していく。彼女のサロンでは、「濃い毛髪」を電気分解する治療と「垂れた乾燥肌を柔らかくてなめらかな肌に修復するフェイスマッサージ」を提供していた。

これらの治療をサポートする製品は、ガネーシュ（Ganesh）というブランドで販売されるクリームとオイルだった。その成分について、アデールは旅行中に偶然手に入れたインドの美容レシピに基づいたものだと主張した。ガネーシュのスキンケア製品は、東洋の異国文化とフランスの洗練さを融合させたものだった。

フローレンス・グレアムは、アデール夫人から多くのことを学んだ。マッサージへの情熱、率先してヨガを店に取り入れること、感情に訴えかける広告コピーを考案する才能などは、彼女が見習い時期に学んだことである。

次のステップは、美容クリームの発明者エリザベス・ハバードとのパートナーシップだった。彼女たちはアデールのサロンで知り合ったのだと思われる。いずれにせよ、フローレンスは以前の雇い主から学んだ手法を活用し始めた。5番街のサロンのやり方を真似て、彼女は自分の美容クリームに異国文化が漂う名前を付け、魅力的なパッケージと、高級市場を狙った広告戦略を打ち出した。しかし、なぜかこのパートナーシップは僅か6か月で打ち切りとなり、フローレンスがサロンを続けることになった。（「私のほうが家主に好かれていたから」と彼女は笑いながらその理由を語った。）

彼女が事業を始めた現場が今も残されている。彼女はサロンの外にかかげた金色の看板にエリザベスという文字を残し、その後にアーデンという名前を付け加えた。アーデンという名前はテニスンの詩『イノック・アーデン（*Enoch Arden*）』からの影響と見られる。しかしこの名前は、その当時亡くなった鉄道事業家で競馬主であった人物が、その事業王国を「アーデン」と呼んでいたという記事に影響を受けて名付けられたという説もある。この呼び方は事業をスタートしたばかりのエリザベス・アーデンの好みにぴったりだった。

彼女の名前は、ヘレナ・ルビンスタインも載っていた「グローバル・ビューティー・ブランドの先駆者のリスト」にすぐに加わった。

彼女はハバードと一緒に作った製品ラインのほかに、「ベネチアン」(Venetian)という新しい製品ラインも開発した。このラインでは、金色、白、ピンク色からなるパッケージの開発に注力した。彼女の商品パッケージは数年間に渡りヘレナ ルビンスタインのものよりも優れ、会社の強みであった。また、彼女は人々を魅了する広告コピーを積極的に用いた。自分のサロンを「サロン・ドーロ」(黄金のサロン)と改名して人々にヨーロッパを連想させ、「若い精神が充満し、あなたはそれに触れることを避けられない」という広告コピーを打ち出した。光沢のある赤色でサロンのドアが設計され、それもブランドイメージを構成する要素の一つとなった。

アーデンは良い時期に美容産業に参入した。化粧品イコール「罪深いこと」の観念が徐々に時代遅れになり、人々が新しい見方で化粧品を受け取るようになっていた。エリザベスは、1912年5月6日にニューヨークで行われた選挙イベントで、女性たちが自由を象徴する鮮やかな口紅をつけていることに気付いた。同じ年、ヨーロッパへの調査旅行に出かけ、彼女はパリの町で美しく化粧をした女性たちを見た。5セント映画に通い詰めたヘレンが、フルメイクの女優が洗練さの代名詞である銀幕に引き込まれていったのは、時間の問題だった。「化粧」は再び流行となった。ルビンスタインと同じように、アーデンは社会的に受容されていたクリームをラインの主力製品として展開した。

彼女の成功への道には、重要な３人の男性がいた。一人はファビアン・スワンソンである。彼は医薬品供給業者のスティルウェル&グラディング社に勤務していた。アーデンは彼を化粧品研究開発の仕事に誘い、化粧品成分の配合を開発させた。スワンソンは彼女の最初の主力製品、ベネチアン・クリーム・アモレッタ（Venetian Cream Amoretta）の処方を設計した。このおかしな商品名に加えて、広告コピーでは、当製品は「著名なフランスの処方」に基づき、製造されていると宣伝された。

アーデンは、美を追求する過程においては、どんなにでたらめな話にも消費者たちはお金を払うのではないかと思うようになっていた。スワンソンが次に開発した処方、アルデナ・スキン・トニック（Ardena Skin Tonic）という皮膚収斂効果を持つローションは85セントで販売されたが、化粧瓶とラベルも含めたその生産コストはわずか5セントだった、とウッドヘッドは指摘している。

アーデン社の最大のコストは広告費である。１９２０年初頭、エリザベス・アーデンの広告はヘンリー・セルという有名なジャーナリストが経営するブレーカー・エージェンシー社に委託されていた。彼は有名なファッション雑誌『ハーパーズ・バザー（*Harper's Bazaar*）』の元編集者だった。多くのコピーライターやアートディレクター、広告代理店がとっかえひっかえアーデンの広告に携わったにもかかわらず、セルはずっとアーデンの最もお気に入りの広告業界人であり続けた。1938年に発表された連邦食品・医薬品・化粧品法案（Food, Drug, and Cosmetic Act）は彼らの一部誇張しすぎた広告コピーを制限するようになった。しかし彼らは法に抵触しないやり方で、贅沢品のように作られたパンフレットを忠実な顧客たちに配り、特権とロマンチックな世界を持つライフスタイルを広告で描くことで対処した。

アーデンの夫はトミー・ルイスと言い、彼女がヨーロッパ旅行をした時にクルーズで知り合った元セールスマンだった。彼もアーデンが帝国を築き上げるプロセスにおける三番目の重要な人物である。彼は同社の卸売部門を管理し、世界各地で販売代理店の募集およびブランドイメージに相応しい百貨店の選定に努めた。エリザベス自身はピンクのリボンを付けた「トリートメントガールズ」（treatment girls）を率いて、各店舗での一週間単位のプロモーション活動に注力した。

そのうちに、彼女のサロンを象徴する赤いドアは世界各地でも見られるようになった。1930年代後半までに、エリザベス・アーデンのブランドはコカ・コーラのように有名になった。不況期においても、彼女は高価格を維持し続け、贅沢品のポジションを変えなかった結果、ブランドへの信頼を守ることができた。彼女のヒット商品の一つでスワンソンが設計した「エイトアワー・クリーム」（Eight Hour Cream）という化粧品は今日でも人気を博している。アーデンが、自分が投資していた競走馬が怪我をしたときに、このクリームをその馬に塗ったという伝説があるが、事実とは考えにくい。

アーデンの巨額な財産は、多くの田園を所有するという彼女の若い頃の夢を実現した。その中にはケンタッキー州にある放牧場とメイン州にある夏の別荘があった。1934年にメイン州の別荘は「メイン・チャンス」（Maine Chance）と改名され、健康リゾート地という新しい顔で一般向けにオープンした。この施設では、美容、マッサージ、ダイエット、運動管理を一体化させ、剣術、乗馬、テニスなどの運動もできる。もちろん晩餐時には、正式なドレスを着用することが求められた。

スポーティさと洗練という非凡な組み合わせは、生涯アーデンのキャリアに役立った。彼女は馬が好きで、競馬にも非常に興味を持っていた。同時に、ハリウッドが持つ都会的な洗練にも惹かれていた。彼女は映画製作スタジオに化粧品を提供し、1940年に「若さと美しさ」というタイトルの20分の映画広告を作った。彼女はメディアを操る鋭敏な経営者であり、美容ジャーナリストたちに無料のプレゼントを迷わずに配布した。彼女はどのように自分のブランドを拡張すべきかを、よくわかっていた。ブランド拡張として、彼女は「高級婦人用下着」（couture lingerie）シリーズも打ち出した。この商品ラインは普通の下着ではなく、寝室と衣装部屋の間で着る室内用ファッション下着と定義され、女性たちをより美しく見せることに焦点を合わせた。

1950年までには、メイクアップ化粧品の使用に関して不適切さを指摘する意見はなくなっていた。実際、化粧品業界は競争の厳しい巨大グローバル産業へと発展した。コピー商品、産業スパイ、盗聴などに対する告訴も現れるようになった。1966年にヘレナ・ルビンスタインとエリザベス・アーデンはわずか数か月の差で亡くなった。彼女らは激しい競争を繰り返してきた間柄だったが、二人は一度も会ったことがなかった。

ルビンスタインとアーデンの二人は、間違いなく現代美容産業の基礎を作り上げた。二人の個性は異なるが、地位を鼻にかけ、強い虚栄心を持ち、人を操ることに長け、露骨な嘘を平気でつきながら自分の商品を売り出すところはよく似ていた。ビジネスにおける優れた手腕によって、彼女たち二人は世界で最も成功したビジネスウーマンとなった。彼女たちの製品は数多くの女性たちの好みに合わせながら、女性をより美しく彩っていた。その一方で、その広告コピーは顧客たちに、老化が不快であるだけでなく恥ずかしいことだと説いた。彼女たちは同じように称賛され、同時に憎まれた。

多くのライバル同士と同様、彼女たちの間には共通するところも多かった。例えば、彼女たちはレブロンの創始者であるチャールズ・レブソンをひどく嫌っていた。

ビューティーへのコツ

✿ヘレナ・ルビンスタインは初めてのグローバルブランドを作り上げた。

✿彼女はストーリーを使い、老いの兆候は恥であるが、それは遅らせることができると、女性たちに信じさせた。

✿彼女は広告とクリニックによって、希望とあこがれを、科学の信憑性とうまく接合した。

✿オーストラリアで始めた彼女のビジネスは、現地の素材と理想的な「ヨーロッパ風」の洗練を完璧に融合しながらスタートした。

✿平民出身の夢想家であるエリザベス・アーデンは、豪華さとロマンスを商品パッケージ、サロンデザイン、広告に取り入れた。

✿ルビンスタインと同じように、彼女は自分の商品を置く百貨店の動きやそこでの商品陳列、販売方式などを注意深くチェックしていた。

✿二人の女性は、高い価格設定でも顧客の購買意欲は衰えず、その商品の価値を納得させる効果があると気付いた。

✿彼女たちは賄賂に近い手段を使い、ファッションと美容関係のジャーナリストたちとよい関係を構築した。

✽彼女たち二人は、女性たちの加齢への恐怖心を過剰に煽る天才であり、その才能は彼女たちの美容事業の土台となっていた。

第3章

ネイルからの出発

背徳へのサポート

1930年代の初めの頃、一人の若いセールスマンがニューヨークのビューティーサロンを歩き回っていた。彼の顔立ちは悪くないが、ネイルカラーを付けていなければ、全く目立たない存在であった。彼は爪の一つひとつに異なるネイルカラーをつけており、これが彼の最強のセールスツールとなった。サロンを訪れた時、彼のカラフルな爪が人々を引き寄せた。特に女性たちに人気があった。

ヘレナ・ルビンスタインとエリザベス・アーデンは女性の顔によって財産を築いたが、チャールズ・レブソンはもっと下のパーツから始めた。1932年に彼は弟のジョセフと化学者のチャールズ・ラックマン（Lachman）の頭文字である「L」を入れ、「レブロン」という社名のネイルエナメル会社を設立した。彼らは爪の色染料の代替物である顔料を開発した。この顔料は不透明な液体状の物体であり、鮮やかな色を多品種作ることができ、長持ちする。

レブソンがこの専門技術を開発したのには理由がある。彼はエルカ（Elka）という化粧品企業でセールスマンの仕事を長くやっていた。そこで、彼は全国販売代理店を管理する職位を望んでいたが、最終的に実現されなかったため、化学者を引き連れて自ら起業したのである。

レブソンは強い意志と優れた決断力を持っていた。チャールズ・H・レブソン財団のウェブサイトの紹介によると、彼は1906年にボストンで生まれ、ニューハンプシャーで育った。しかし、彼に関する物語は粉飾されているようである。インターネットに流れている複数の情報源によると、レブソンはモントリオールで生まれ、その後、アメリカに移住したという。1976年に出版された『火と氷：レブロン帝国を築いた男、チャールズ・レブソンの物語（*Fire and Ice:The story of Charles Revson, the man who built the Revlon empire*）』という本の中で、著者のアンドリュー・トビアスは次のように書いている。「レブソンは二人の兄弟と一緒にニューハンプシャー州のマンチェスターにある暖房のない借家で育てられた。彼の父親は葉巻製造業者で、母親は雑貨店の販売員を務め、その後は管理者に昇進した。彼らの生活には娯楽をはじめ、外食、電話、（その他ラジオやレコードプレイヤーも）などはほとんどなかった。子供たちは毎朝かなりの距離を歩いて学校に通っていた。

レブソンの母親は、彼を励ましながら、両親より上を目指すよう勧めた。下町で育った彼は自然に色々な人とうまく付き合うことができた。弁護士になってほしいという家族の期待に反して、彼は商売の才能に長けていた。そして、いとこが経営していたピックウィック・ドレス・カンパニーという会社に就職した。彼はそこで、それまで周りに知られていなかった自分の色彩の才能を発揮した。トビアスは次のように書いている。「彼はピックウィックを離れた時までに、自分の努力で反物バイヤになっていた。この仕事は彼に原材料と色彩に触れるチャンスをもたらしたので、彼はその仕事がとても好きだった。おそらく、彼が黒色の度合いを緻密に区別することができたのは、前の仕事で養われた鋭い目のお蔭だった。」

仕事上の冒険やショーガールとの短い結婚を含めて、いくつか人生の失敗を経験してから、彼はエルカ社との出会いで再出発を果たした。これが、早口で貧しい家の出身であるレブソンという男が美容業界に参入した契機となった。エルカ社はニューアークの小さい会社に過ぎず、「商品の種類も多くない」にもかかわらず、レブソンは、自社が生産していた不透明な乳液状ネイルカラーが他社の薄く透き通るようなネイルカラーよりも優れていることに気付いた。彼はエルカ社のネイルカラーを市内の美容サロンに提供する際、顧客の反応、好み、要望を注意深く観察した。彼は自分の爪にネイルカラーを塗ることさえも試みた。１９４９年のインタビューで、彼はこう話した。「私は、実演販売を通じてどのように商品を見せるかを学びました。今でも商品の色は自分で試しています。分かる必要があるときは分からないといけないんです。」

エルカ社がレブソンに全国卸売代理者の職位を用意しなかった時、彼はチャールズ・ラックマンと仕事上の連絡を取っていた。チャールズ・ラックマンは縁故によりドレスデンという大手化学会社に勤めていた。レブソンは経済的支援と、ラックマンの技術的専門性を必要としていた。ラックマンは、出資支援とドレスデン社で開発されたネイルエナメル製法を、レブソンに提供した。西21番街38号にある従兄弟のランプ工場の近くで、レブロンネイルエナメルブランドの店は開店した。

当時のレブソンは僅か25歳の若さだった。彼はマニキュアによって、母親が期待した最も壮大な夢よりもさらに輝く夢を描いた。

レブロンネイルカラーは、粘度が高く色彩豊かなマニキュアを、美容サロンや百貨店、高級医薬品店に販売し始めた。レブソンは特に百貨店と美容サロンに注目していた。女性たちが美容サロンで手入れを受けた後にレブロンのネイルカラーを試すと、帰りに同じものを買って帰ることが多いことを彼は察知した。彼はまた、レブロンを高級ブランドとして慎重にポジショニングした。その一つの理由は、レブロンが大きく成長した際に、顧客たちはその洗練された広告活動に対価を支払うと想定したからだ。平均的に言えば、レブロン商品の生産コスト（パッケージと管理費用を含む）は顧客が実際に支払っている価格の約33％である。だが、ルビンスタインやアーデンと同じように、レブソンは女性たちが魅力を低価格と結びつけては考えないことをよく理解していた。高い値段、大量の広告、輝くパッケージ、これらの全ては美しさの経験にとって欠かせない一部なのである。

ジェフリー・ジョーンズによると、1940年にレブロン社はアメリカのネイルカラー市場の80％のシェアを占めた。当時エリザベス・アーデンは、ネイルカラーが男性を誘惑する悪女の印で社会的モラルに反すると考えていたため、ネイルカラー商品を販売していなかった。レブロン社はフルラインのネイルカラーを市場に提供しながら、迅速に口紅市場にも進出した。

どうやってレブロン社は急成長を成し遂げたのか？　その答えを簡単に言えば、力強い営業力によってである。レブソンは非常に有能な商売人であった。トビアスは元同僚の話を引用し、次のように語った。

「チャールズは自ら営業に足を運び、自ら販売し、レブロンの販売カウンターを獲得するために、各地の半分の女性とも寝たほどです。彼は非常に親切な人で、魅力溢れるユーモアのある男です。毎日3箱の煙草を吸い、バーボンをよく飲んでいました。彼のカリスマ性がレブロン社を、そして業界全体を築きました。」

これらのストーリーから、レブソンがまるで『マッドメン』の登場人物のように感じられるかもしれない。しかし、少なくともこのストーリーは営業力が企業の成長に貢献することを物語っている。彼は全国に事業を広げるため、美容サロンと美容コンテストに頻繁に姿を現し、営業活動に励んでいた。広告業界誌の『プリンターズ・インク（*Printer's Ink*）』の1950年の記事の中で、レブソンは1934年にシカゴのシャーマンホテルで行われた中西部のビューティーコンテストでの思い出を語った。

「私は、自社の乳液状のネイルカラーの使い方を潜在顧客たちに紹介しながらセールストークを始めました。一週間もたたないうちに、私は美容サロンの店長と従業員たちにネイルカラーの使い方を教えることになりました。商品紹介を聞きたい人がどんどん増え、隣のブースに新たに大きな講習会場を借りることになり、展示会は工場の面積よりも大きくなりました。」

こうした活動の結果、レブロン社はシカゴにある百貨店のマーシャルフィールドから巨額の商品注文を受けた。しかし、当時の商品在庫はこの注文を受け入れるには十分でなかった。

レブソンの弟マーティンは1935年に入社し、セールスマネージャーを務めた。弟もセールスの天才として周囲に認められていたが、彼の会社への最大の貢献は、全国の営業組織を設立したことである。営業員たちはよく働いた。マーティンは自分が考え出した「レブロン精神」と呼ばれるイノベーション施策の中で、ロールプレイング・セッションを設けた。そのセッションの中で、営業員たちはそれぞれのセールステクニックを披露し、上司たちから厳しい指摘を受ける訓練が設計された。トビアスは「この営業部隊は実行力が高く、怠ける人には居場所がないほどでした。上層部からのプレッシャーが営業現場の人々にしっかり伝わっていました。エリア営業マネージャーは業績が低い営業員に、業績が改善するまで二時間毎に営業進捗状況を報告するよう要求しました。」

強い営業力だけではなく、優れたアフターサービスもレブロンの成功要因の一つであった。チャールズ・レブソンは自分の顧客以外の人に頭を下げることがなかった。彼は「顧客が本当のボスである。」と語った。創業初期、彼は寝る前にまずネイルカラーと口紅を付け、翌朝にその変化をチェックしていた。その後、彼は厳しい品質管理部門を設立した。

彼は自ら顧客にサービスすることを誇りに思っていた。トビアスの『火と氷』によると、ある広告代理店が彼を試したことがあった。広告代理店は一人の女性秘書を使い、彼女の買ったレブロンの口紅が柔らかすぎると彼にクレームの電話を掛けさせたのだ。

「1分以内に、（レブソンは）電話を取った。『口紅を手元にお持ちでしょうか？　その裏には製造番号が書かれているはずです。その番号を読み上げて下さい。この口紅をつけた時、どのような服を着ていましたか？』そして、その服を着ている時は五番街という色の口紅ではなく、ピンクライトニングという口紅を付けるべきだと彼は丁寧に答えた。彼女がクレームをつけた電話は、口紅と服のアレンジ術の講座となった。その後、彼女の名前は顧客リストに記載され、彼女宛の新商品サンプルやアンケート調査票などが届けられた。」

レブソンは女性たちの好みをよく知っていた。以前のファッション業界での仕事経験によって、彼はネイルカラーを、環境と場面に合わせるファッションアクセサリーと定義したのである。彼はファッション市場の変化が非常に速いことを認識していたため、プロクター・アンド・ギャンブル社流の市場調査とテストマーケティングの手法を嫌悪していた。彼はファッション業界の「季節感」というコンセプトを美容市場に導入した第一人者である。レブロン社では毎年、冬と春に新色の新商品を市場に送り出してきた。

会社の成長に伴い、レブロン社は新たな顧客ニーズに対応する商品を開発した。例えば、エセレア（Etherea）という低アレルギーの製品ラインとアルティマ（Ultima）というプレミアム製品ラインがその代表である。多くのマーケティングの天才と同じように、レブソンは物語を語ることに長け、彼はこれを「正直なフィクション」と呼んでいた。トビアスが指摘しているように、濃い赤色のネイルカラーをベリーボンボン（Berry Bon Bon）という名前にすることは、普通の濃い紅色を作るより多くのコストがかかるわけではない。しかし、前者は後者より六倍も高い値段で売れる。

１９４０年にレブロン社は口紅を市場に導入し、色彩の概念が化粧品業界に有益であることが証明された。現代の化粧品ブランドの広告で表現されるように、女性たちは口紅とネイルカラーを組み合わせて使っている。この色彩を組み合わせる概念は、レブロン社が行う華麗な統合型マーケティング活動の指針となっていた。１９４５年、レブロン社はフェイタル・アップル（Fatal Apple）と名付けたアイカラーを発売した。そのマーケティング活動では、ファッション誌での色彩視覚表現、百貨店の展示カウンターにおける実物展示、発表会で人目を引く本物のリンゴの樹と蛇使いのショー、カルティエの黄金のリンゴの展示などを行った。

チャールズ・レブソンのような完璧主義者は、自社のブランド広告にも常に完璧さを求めていた。しかし実際には、広告は彼の熟達したセールス方法の飾りに過ぎなかった。例えばもし広告物の右下のいくつかの色使いが彼の好みではなかったら、すべて作り直さなければいけなかった。マーケティング会議は何日も続くことがあった。（１９５０年代にパッケージとデザインの部署に勤めていた女性がその証人だ。レブロン社のような5500万ドルの売上のほぼすべてがマーケティングによって成り立っているような会社では、ごく当たり前のことだろう。）

二つの有名なプロモーション活動によって、レブロン社は広告の歴史書に名を残すことになった。当時、レブロン社の有能な広告のリーダーはノーマン・B・ノーマンという人であった。彼はノーマン、クレイグ&クメル（Norman, Craig & Kummel）代理店の創立者の一人である。しかし、実際の広告制作は、レブロン社のマーケティング責任者のビー・キャッスルによる指示の下、ノーマンの代理店に勤めるコピーライターのケイ・デーリーが行っていたと言われている。その後、デーリーは1961年にレブロン社に転職し、クリエイティブ・ディレクターを務めた。

1950年に、レブロン社の初めての大ヒット広告作品は『ニューヨーク・タイムズ』紙に現れた。それは極端的に簡潔で抽象的な表現であり、ある穴から煙が漂う画面の上に「火はどこ？（WHERE'S THE FIRE?）」というコピーだけが目立ち、新聞紙が全面燃やされたような作りだった。これがすべての広告内容で、ブランド名と商品などを語る文字はほとんど見つからなかった。これは「ティザー広告」（teaser advertising）（訳者注：じらし広告ともいう。消費者やユーザーに好奇心を起こさせるための手法で、商品やサービスの発売前に、その全貌は隠して一部だけ見せるのが一般的）と呼ばれ、今日でも広告主が業界内での「イノベーション製品」を発表する時によく使う広告手法の一種である。数日後、レブロン社は「火はどこ?」という名の新製品の口紅を発売し始めた。

このブランドは1952年に再度市場投入され、「火と氷」(Fire and Ice) という製品を送り出した。製品の広告はケイ・デーリーの企画で、彼はカメラマンのリチャード・アバドンとスーパーモデルのドーリス・リーを起用した。デーリーとアバドンはリーにぴったりした輝く銀色のワンピースを着せ、肩には深紅色のケープをさりげなく掛けた。彼女の赤色の爪は軽く顔を撫でながら、鮮明な赤色の唇が人の目を引く。彼女のもう片方の手は誘惑的にヒップに置かれ、爪の角は矢のように下に向いていた。

この広告では、文字がポイントになった。そこには次のように書かれていた。「あえて危険な火遊びをし、薄い氷の上でスケートをするあなたのために生まれた。唇と爪先につけて、欲望と情熱が満ちる深紅色、まるで燃えているダイアモンドが月で踊っているよう!」

この息をのむような魅力的な広告コピーでもまだ足りないようで、両面広告のもう一面では、質問が羅列されていた。その質問リストのタイトルは「あなたは火と氷の主人公になりたいですか?」そして、次の質問が並んだ。「あなたは靴を脱いで踊ったことがありますか? あなたは新月に願いを込めたことがありますか？　あなたは浮気をする時に恥ずかしいと思いますか？　周りの女性に嫌われていると思いますか？　あなたは手錠を掛けられたいですか？　あなたは黒い毛皮のコート、あるいは他人の女性がそれを着ているのを見て興奮しますか？　他人が本当にあなたを理解していると思いますか？　あなたはキスされる時に、目を閉じますか？」

デーリーは後で、女性たちに「背徳への些細なサポート」を与えたかったと言った。これこそレブロン社と、ルビンスタインやアーデンとの違いだ。チャールズ・レブソンが売っているのは、永遠の若さではなく、純粋かつ無邪気な女性の魅力である。彼は、ハリウッドが提示したように、魅力には邪悪な成分も含まれているということを知っていた。

ノーマン・Ｂ・ノーマンは、レブロン社の広告は、雑誌の評論よりも世の中の関心を集める力があると述べた。「レブロン社のすべての広告は、感情に訴えかけます……女性たちがどのように考え、どのように生活し、どのように愛するかということ……私たちは製品に、このような要素を融合させました。これは我々のやり方と他社との違いです。他の会社は自分の商品とその商品のメリットだけを語っていますから。」

当初、チャールズ・レブソンはテレビ広告を敬遠していた。その明快な理由は、１９５０年頃のテレビが白黒放送だったからだ。全ての美容関連企業がこの可能性が溢れるメディアに注目していなかったわけではない。無名だったヘーゼルビショップは「滲まない口紅」（No Smear）を率先して市場に売り出し成功した。テレビで初めて広告を出した美容企業の一つとなり、彼女の口紅はアメリカ市場シェアの4分の1を占めた。しかし、多くの強力な競争相手が彼女の方法を研究し、さらにレベルアップさせたため、彼女の成功は長くは続かなかった。競争の中で、マックスファクター社が開発したテレビ女優専用の化粧品が登場し、テレビのビューティーコンテストへの協賛を始めた（第7章「星くずの輝き」を参照。）。もし、ハリウッドが化粧品を罪悪感から魅力的な贅沢品に変えたと言えるなら、テレビは化粧品を日常の生活習慣に変え、女性らしさの不可欠な構成要素に変えたといえるだろう。

ノーマン・B・ノーマンは、「6万4000ドルの質問」（*The $64,000 Question*）というCBSのクイズ番組に協賛するようレブソンを説得した。初めの頃、レブソンはこの協賛について不安を抱いていた。自社製品のファッション性と高級感に対して、この番組は果たして適切かどうかと疑っていた。しかし、彼は直ちに誤りを認めた。第1回の番組は四週間放送され、1955年6月7日にこの番組の視聴率は第1位となり、レブロン社の製品も早速売り切れた。

アンドリュー・トビアスは次のように記述している。

「クイズ番組はレブロン社の売上高、利益、顧客認知度に大いに貢献し、競争相手との距離をかなり引き離しました……売上高は……１９５５年に突然54％も伸びたのです……。翌年、売上はさらに66％伸び、売り上げは８５００万ドルにも及びました。その利益は２倍以上になりました……。クイズ番組が始まる前、ヘレナ ルビンスタイン、マックスファクター、コティ、ヘーゼルビショップなどのブランドは先頭を走っていましたが、番組の放送後、これらのブランドをはるかに追い抜きました。」

レブロン社は毎週、１分間の広告を３回放送する許可が与えられたため、当社は大量に広告を制作した。彼らは人々の生活に焦点を当てた広告を作り、観客たちに演劇のような楽しさを与えた。これらの努力によって、レブロンブランドの宣伝効果は最大限に高められた。白黒テレビのスクリーンで色彩を表現するという難題に対して、どの広告もハリウッドのミュージカルと同じくらい華々しく制作することで挑んだ。ドライアイス、瀑布、柳、生きた子ガモまでも（もちろん暴れ回っている）が、この短い劇の呼び物となった。

クイズ番組がブランドにもたらした効果は、それほど長続きしなかった。１９５９年にもう一つの人気番組「21」（*Twenty One*）の八百長が発覚した後、「６万４０００ドルの質問」の人気は下がり始めた。「21」の番組の出演者たちは、最初からクイズの答えを知っており、彼らのすべての反応は事前に設定されていた（ロバート・レッドフォードはこのスキャンダルを暴露し、1994年に映画『クイズショー』（*Quiz Show*）として世の中に公開した。）。公聴会では、クイズ番組の編集は、完全な作り話ではないがその問題設定は出演者たちのレベルに合わせて作られていた事実が明らかになった。レブロン社がクイズ番組の協賛企業として、この出演者が好き、あの出演者が嫌いと強く意見を出せることが判明した。しかし当然、人気のない出演者を番組から排除することなどしなかった。誰がそんな指示を出せただろう？

レブロン社はこのスキャンダルから比較的大きな被害を受けずに済んだ。今回の事件は、会社が大きくなる途中の小さな出来事で終わった。その後のレブロン社は、フランスをはじめ、イタリア、アルゼンチン、メキシコ、アジアにまで事業を拡大した。日本市場では、レブソンは賭けに出た。彼は現地用に特別に処方した製品と日本人モデルを起用する適応化戦略ではなく、アメリカ本土で人気があるセクシーなモデルを起用し、際どいアメリカのライフスタイルを売り出そうとした。この方法は非常に効果的で、日本は、同社が最も成功した市場の一つになった。

それと同時に、レブソンは多角化戦略を始めた。最初に靴磨き、電気カミソリ、女性用のスポーツウェアなどの分野で買収を行ったが、すぐ撤退した。しかし、業績の優れたとある糖尿病薬の会社を買収したお蔭で、彼の医薬品市場でのビジネスは順調になった。その後、他の医薬品をポートフォリオに入れる代わりに、彼はこの会社をチバガイギー社に売却した。レブソンはスキンケア製品と医薬品がじきに一部重なり合うと察していた。1968年に彼は、エターナ27（Eterna 27）（プログレネンアセテート成分）という保湿クリームを市場に送り出した。プログレネンアセテートを口から服用した場合、体内のエストロゲン（女性ホルモン）のバランスに影響するが、皮膚につけると肌の状態を整える効果があると言われている。

レブソンは今や、かつて競争相手が席巻した領地にしっかりと踏み込んだ。1973年に彼は「チャーリー」（Charlie）という香水を発売した。この商品のブランド広告は現代的な若い女性をターゲットにし、情熱と自立、性別から解放されたイメージを表現した。爆発したような巻き毛をしたモデルのシェリー・ハックはテレビ広告の中で、ラルフ・ローレンのパンツルックで踊っていた。最初、これはただの香水の広告だった。しかし女性たちが得たメッセージは、チャーリーをつけた女性はパンツルックであるということだった。テレビ番組、『チャーリーズ・エンジェル』の中でハックは同じスタイルで若い女性を演じていた。「今は女性が生まれ変わる時期です。」彼女は2008年にオプラ・ウィンフリーが行ったインタビューでそう語った。「女性たちは広告を見て、『私もそうなりたい』と言ったんです。」と彼女は付け加えた。ジェフリー・ジョーンズはチャーリーを、「現代のライフスタイルを持つ香水」と表現した。1980年、この香水はシャネル№5よりも多く売れた。

しかし、チャールズ・レブソンは自分の成功を長くは味わえなかった。彼は1975年に膵臓癌で亡くなった。彼の周りには、死ぬまで常に美女たちが傍にいた。その年、彼はチャーリーを市場に送り出し、40万ドルの契約料で、すきっ歯が目立つ笑顔のローレン・ハットンと最高級化粧品の専属モデル契約を結んだ。この金額は当時、最高額のモデル契約料だった。リチャード・アバドンも専属カメラマンとして入社した。この話は当時ビッグニュースとなり、ハットンの写真は『タイム』誌の表紙にもなった。

レブソンは会社の将来を守るために、鋭いビジネスマン、マイケル・ベルジュラック（フランスで生まれ、1963年にアメリカ国民になった。）を後継者として選んだ。レブソンはヘッドハンティング企業を使って、世界で最も優秀なビジネスマンを探し回っていた。ベルジュラックは彼が考えた基準をパスしたのだ。ベルジュラックはビアリッツ電器会社の幹部の息子で、ソルボンヌ大学で法律と政治学を学んだ後、スタンフォード大学の大学院で経営学修士号も得た。卒業後、彼はロサンゼルスにあるキヤノン社（Canon Electrical Company）に、同社がITTに買収されるまで勤めていた。レブソンが彼を見つけた時、彼は同社のヨーロッパ業務を管理していて、次期社長に昇進する予定だった。レブソンは彼に前例のない「契約料」、つまり150万ドルの報酬を提供し、レブロン社の幹部になるように誘った。（『ピープル』誌、１９７５年12月8日、「マイケル・ベルジュラック：１５０万ドルの男、レブロンを経営する（Michel Bergerac: a 1.5 million dollar man takes charge at Revlon）」）

レブソンは会社のレストランに貼り紙をしていた。「ああ神様、才能のあるやつをください。」ベルジュラックは確かに才能があり、その才能を大いに発揮していた。彼の「柔らかい話し方、無頓着」なイメージは、荒っぽいレブソンとは正反対だった。別の言葉で言えば、彼は軌道に乗せた機械のように動く会社を管理するのに最適な人物だった。彼は同社のヘルスケア事業を拡大し、歯のケア、視力検査機械、コンタクトレンズの製造までを買収し、医薬品分野にも参入した。これらの経営判断により１９７９年までに、レブロン社を17億ドルに達する上場企業に発展させた。

しかしこうした発展によって、会社本来の個性を失くしてしまった。美容業界の巨人にはなれたが、流行を作り出す組織ではなくなった。レブソンはこの事態に非常に怯えていた。彼が亡くなる数年前、彼は自分の会社が市場で第三の脅威を受けていると感じた。この脅威はヘレナ・ルビスタインとエリザベス・アーデンから受けた脅威より恐ろしいものだ。その名は１９５０年に現れ、今でも無視できない存在である。

ビューティーへのコツ

✻チャールズ・レブソンがネイルエナメル市場で成功できたのは、人々に下品と思われていたネイルカラーの価値を無視しなかったためである。

✻厚かましさと魅力的な個性を持つ彼は、美容サロンで彼の製品を販売し、その後、強い営業部隊も育成した。

✻彼はネイルカラーと口紅を贅沢品のように販売していたが、商品に今までなかったセクシーさの要素も付け加えた。

✻彼は独自の統合マーケティングキャンペーンの手法を使って、ファッション誌上での色彩表現をはじめ、百貨店でのショーウィンドー、メディアが報道したがる新製品の発表会まで、多くの要素を組み合わせた。

✻1950年に、レブロン社は率先してテレビを使った化粧品ブランド広告を行い、商品の売上に大いに貢献した。

✻海外市場では、レブロン社は完全に現地適応する戦略を採用せず、本場アメリカのライフスタイルを世界に売り込んだ。

✻1970年に、レブロン社が発売した香水「チャーリー」

(Charlie) は、陽気な広告で自由と解放を望む女性たちをうまくターゲットにできた。

第4章

コロナのビューティークイーン

いつか、私はほしいものをすべて手に入れる

1960年代の初めの頃、エスティ・ローダーとチャールズ・レブソンは五番街666号にある同じ建物で働いていた。ネイルカラーの巨人である競争相手を、エスティは用心深く観察していた。彼女はこう言った。「私は彼と同じことをしたくないんです……レブソンは今、私の友達です。彼は私を大した者と考えておらず、単に金髪のかわいい女性と思っていることでしょう。でも私が彼と競争できる商品を市場に送り込めば、彼は怒り、手強い相手になってしまうでしょう。私にはまだ彼と戦える力はありません。」

ローダーはその後、低アレルギーの化粧品の流行に対応したブランド、クリニークを打ち出し、レブソンが彼女と競争しなければならない状況を作り上げた。このように、エスティ・ローダーは、レブソンと同じぐらいに業界で知られるようになったが、彼女は彼を刺激するような別のやり方も取った。レブソンの会社規模にはとても及ばないが、エスティは自分のほうがより世間慣れして、上流社会での人脈が多いことを強みにしたのだ。

しかし、レブソンは彼女の主張が見かけ倒しであることをよく知っていた。ローダーは彼よりもさらに貧しいところから出発していたのだ。

『エスティ・ローダー：マジックを超えて（*Estèe Lauder: Beyond the magic*）』（１９８５年）の著者であるリー・イスラエルが暴露した事実によると、このビューティークイーンが育てられた環境を最も適切な表現で言えば、「ゴミ捨て場」であった。そこはコロナと呼ばれ、ニューヨーク市のクイーン地区にあった。

１９０７年、マイケル・デグノンという投資家がそのエリアの多くの土地を買った。彼はまず、周囲の行政に対して、このエリアをゴミ捨て場として使用するように促し、埃とゴミだらけのおぞましい光景をわざと作り上げた。その後、彼はこのゴミ山を取り除き、新しい港基地として建設する計画を立てていた。しかし、「忘れられたニューヨーク」（Forgotten New York）と呼ばれるウェブサイト（www.forgotten-ny.com）で提供された情報によると、「第一次世界大戦の勃発がこのエリアの建設計画の障害となった。１９３７年まで、コロナの居住環境にはゴミ捨て場の腐った匂いが漂っていた。住民たちが東を眺めると、地平線に積み上がった醜い灰色のゴミ山しか見えない。」まさに、Ｆ・スコット・フィッツジェラルドが彼の小説『華麗なるギャツビー（*The Great Gatsby*）』の中で、このエリアを「灰の谷」（valley of ashes）として描いたとおりであった。

1939年から40年に、万国博覧会が開催される前にコロナは整備され、ゴミ山が公園に生まれ変わった。このエリアは多くの移民が住むコミュニティだった。まずはヨーロッパ系、その後は、スペイン系とアジア系の住民が続々と入ってきた。それに、ポール・サイモンの歌にある歌詞「さよならロージー、私のコロナクイーン、校庭で私とジュリオにまた会いましょう（'Goodbye Rosie, Queen of Corona. See me and Julio, down by the schoolyard'）」で少し有名なエリアとなったのである。

エスティ・ローダーは、コロナのクイーンではなかった。少なくとも最初はそうではなかった。彼女の本名はジョゼフィーン・エスター・メンツァーと言い、1908年7月1日にローズとマックス・メンツァーの間に生まれた。ローズは最初の結婚で、5人の子供を授かった。エスティ（有名になる前はエッツィーと呼ばれていた）には同じ父親と母親の間に生まれた姉がいた。グレースという名前で、彼女より2歳年上であった。彼らの家の周りは、「ほとんどがイタリア系だった」とリー・イスラエルは記述している。「エスティが成人になっても、通りは未だ舗装もされていなかった。そこに住むほとんどのイタリア人は工場で働き、町周辺はひどい悪臭が漂っていた。」

エスティの母親はハンガリー人で、父親はチェコ人である。１８９８年にローズが29歳の時、ＳＳパラチア号（訳者注：１９２８年に造られた、ヨーロッパの港とアメリカを運航していた定期船）に乗り、ニューヨークにやってきた。父親のマックスは１９０２年にアメリカの市民権を取得し、洋裁師の仕事をしていた。エスティが子供の頃、父親が金属製品の店を経営し始め、家族の生計を立てていた。

幼いエスティが最初に美しさへの関心を持ったのは、劣悪な周辺環境への反動だったのかもしれない。イスラエルが引用したあるインタビューで、彼女は次のように語った。「私は幼い頃から、人々を綺麗にすることが好きでした。母親はこう言ったことがあります。『あなたは私の髪の毛にブラシを二回もかけていた。』私は美しい人の髪の毛、顔…などにとても興味を持っていました。人々が歩く姿、テニスをしている姿を見るのが好きでした。皆の顔に表れている表情が真剣でしたから。」

『ニューヨーク・タイムズ』紙に掲載された彼女の追悼記事では、記述が少し異なっている。「ローダー夫人は女性たちの顔に完璧さを追い求め、そこから莫大な金を稼ぐことを望みながら、幼少期の下町の記憶を忘れようとしていた。『いつか、私はほしいものをすべて手に入れる。』彼女は数年前に予言していたようである。」この記事では、彼女を次のように描いている。「小柄な金髪の美人…美しい肌をいつも綺麗に保っている。」（『ニューヨーク・タイムズ』紙、2004年4月26日号、「エスティ・ローダー、美の先駆者と化粧品の巨人、97歳で死す（Estée Lauder, pioneer of beauty and cosmetics titan, dies at 97）」）

彼女がスキンケア化粧品の経営者に成長した物語について、おとぎ話バージョンと平凡バージョンの二通りの解釈がある。おとぎ話バージョンはエスティ自身が『パームビーチ・デイリーニュース（*Palm Beach Daily News*）』1965年4月号で語った内容である。「私の伯父はウィーンの有名な皮膚の専門家で、世界博覧会の時にニューヨークを訪れました。その後、世界大戦が勃発し、彼は祖国に帰れなくなりました。彼は製作所を見つけ、もちろん上品な製作所だったのですが、その中にリノリウムを敷いて、保湿クリームを作り始めました。時間がある時は、私はいつも手伝いに行っていました。」

彼女の伯父はジョン・ショッツというハンガリー人である。エスティの母親の弟で、1900年にニューヨークを訪れた。彼は医者ではなく、化学者である。1924年に彼はニューウェイ研究所（New Way Laboratories）という小さな会社を創業した。彼は「シックスインワンクリーム」、「ドクターショッツ・ウィーンクリーム」、「ハンガリー 口ひげワックス」などの製品を開発した（それに、彼は家畜専用の殺虫剤、疥癬治療薬、座薬、皮膚再生クリーム、防腐剤などの製品も開発した。）。彼はエスティの最初の助言者となり、彼女は彼のクリームを美容サロンに販売するビジネスを築き上げた。

彼女がこの道に踏み込んだばかりの時、エスティはジョセフ・ローター（Joseph Lauter）（tに注目）というかわいい顔をした巻毛の若い男性と出会った。二人はゴルフ場で知り合ったようである。彼は絹布とボタンを販売するセールスマンだった。その時の彼女は19歳で、二人は交際をはじめ、３年後に結婚した。彼女はローター夫人（訳者注：Ｌａｕｄｅｒの「ｄ」からＬａｕｔｅｒの「ｔ」に名前が変わった）になり、１９３３年にレオナルドという男の子を生んだ。１９３７年に「エスティ・ローダー」の名前がはじめてニューヨークの電話帳に現れた。二人は１９３９年に離婚したのだ。エスティは欲張りで、現状の生活に満足できなかったようである。彼女の伝記作家は、彼女がもっと裕福になりたかったために離婚したと暗示している。

その頃から、彼女の自信も大きくなっていた。彼女はマイアミを訪れ、コリンズ通りにあるロニー・プラザ・ホテルで伯父が開発した化粧品の特売会を行った。彼女はリゾート地とビーチクラブで年配のお金持ちたちを相手に顔のマッサージを提供しながら、クリームも販売した。しかし、エスティのキャリアに大きな転機をもたらしたのは、人生で二番目の重要な助言者との出会いであった。二人はその後、生涯続く友人となった。彼の名前はアーノルド・ルイス・ヴァン・アメリンゲンといい、オランダ生まれの実業家で、当時はインターナショナル・フレーバー・アンド・フレグランス（International Flavors & Fragrances）（第8章を参照）という開発した香りを香水販売会社に提供する会社を経営していた。

ヴァン・アメリンゲンはエスティが仕事に励む姿に感動し、創業初期の彼女のビジネスをサポートし、彼女の名前で開発した化粧品用に調合も提供していた。二人は一時は恋人関係だったのかもしれないが、実際にはエスティはジョー（訳者注：ジョセフの愛称）を忘れていなかった。ジョーもエスティに愛を伝え続けていた。「ジョーは素敵な男で、なぜ彼と離婚したのか、自分でもわからない。」とエスティは友達に愚痴をこぼしていた。１９４２年、二人は再婚した。

数年後、エスティローダーの名前で売り出された美容クリームは、伯父の処方で作られたにもかかわらず、そのブランドはドクター・ショッツ（Dr Schotz）よりも有名になった。彼女の販売チャネルはどんどん拡張し、卸売業者と代理店を通じて、全国の美容サロンに彼女の製品が販売されるようになった。彼女が大成功を収めた勝因は、自ら営業活動を行い、疲れを知らないほど顧客たちに自分の製品を売り込んでいたことに尽きる。ある友人は、「彼女はストッキングを履いた脚で売り場に立ち、販売を行っていました。非常に優秀なセールスガールでした。」と思い出を語った。

エスティは情熱的な美しい女性である。少量のクリームを顧客の手首に軽くつけて、柔らかく伸ばし、顧客たちにクリームが肌を柔らかにしていく効果を実感させた。彼女は販売員たちに次のように語った。「顧客に触れることができたなら、半分は成功したのと同じことよ。」ドクター・ショッツが開発した製品は間違いなく効果があるが、エスティの魅力は魔法のようである。当時のエスティは、別の供給者から提供された口紅も販売していた。リー・イスラエルによると、エスティは女性たちに美の秘訣を伝える公開巡回美容講座を開いてニューヨークを回った。ウォルドーフ・アストリア・ホテルで開催したチャリティー・ランチパーティーでは、参加者の女性たちの席の上にエスティローダーブランドの銀色のメタリックな入れ物に入った口紅が置かれていた。金属の箱が貴重で珍しかった戦時中に、である。その日の午後、女性たちはローダーの口紅を買いにサックス百貨店に駆け込んだが、なんとエスティは当時、サックスに店舗を持っていなかった。その後、エスティはすぐにそこで店舗を開くことにした。

１９４７年にエスティローダーは会社名として正式に使われるようになった。彼女がどのようにジョン・ショッツに報いたかについては、誰も知らなかった。『ニューヨーク・タイムズ』紙に掲載された彼女の追悼記事では、「彼は1960年代にかわいそうな生活状況で亡くなった」と書かれていた。エスティはコロナを後にして、とうとうビューティークイーンへの道を歩み出したのである。

エスティが美容市場の発展に影響を与えた重要なイノベーションは、必要性から生まれたものである。創業期の頃、彼女は広告を出稿する資金を持っていなかった。彼女は広告代理店BBD&O社に5万ドルの広告を出稿したいと申し込んだ。この金額は、当時の彼女のほぼ全財産だったが、相手には丁重に断られた。そこで彼女はダイレクトメールを使って、潜在顧客にアプローチすることにした。運よく、彼女はサックス・フィフス・アベニュー（訳者注：ニューヨーク市を拠点とする高級百貨店）の郵送先名簿を持っていたのだ。この優れたデータベースは、ダイレクトメールのマネージャーが彼女に持たせたものだ（エスティは小柄で金髪の美人は得をする、という自分の強みに気がついた。）。顧客は、彼女の製品を購入すると、店舗から素敵なプレゼントが贈られることを知らせる非常に丁寧な手紙を受け取った。この「おまけ」(gift with purchase) 戦略は現在でも、化粧品小売業者でよく使われている。無料の口紅サンプルの逸話から分かるように、気前のよさによってより多くの見返りを得ることができるのだ。「与えれば、返ってきます。」と彼女は語っている。

しかし１９５３年に起きた偶然の転機がなければ、エスティローダーブランドは終わりを告げていたかもしれない。同社は突然、自社に強力な商品があることに気付いたのである。この画期的な製品は、ブランドの運命を決定的に変えた。その製品はスキンケアクリームではなく、「若さのしずく」（Youth-Dew）と呼ばれる入浴オイルである。この製品は、エスティとインターナショナル・フレーバー・アンド・フレグランス社（ＩＦＦ社）のヴァン・アメリンゲンとの友情の産物と言われている。

リー・イスラエルによると、エスティはＩＦＦ社と接触した時、香水への夢を抱いていた。結果的に、エスティは百貨店でサンプル配布の手法を使い、その夢を形にすることができた。イスラエルは次のように書いている。「試してみれば好きになる。人々は試したら好きになり、そして買うようになる。」彼女は「若さのしずく」を「浴槽に入れると、濃度の高いエッセンスオイルが肌に浸透します」と書いている。この製品は「自信、粘り強さ、本質」という付加価値を創造し、市場に打ち出したのである。

イスラエルはエスティの同僚の話を引用しながら、この製品がヒットした理由をさらに分析する。「この製品にブレンドされた香りは気持ちよく爽やかで、しかも長続きします。アメリカの女性たちに、香水の代わりに使える入浴オイルとして売り出されていました。僅か８・５ドルで、

24時間持続する香水の香りが得られるのです。これはまったく新しい売り出し方で、多くの人にとって負担にならない金額でした。アメリカの中流階級の人々にとってはこの金額で非常に値打ちがある商品でした。」

「若さのしずく」はエスティローダー社の主力製品となり、バリエーションも増え、香水まで出すようになった。彼女は経験から得た過去の販売戦略に基づき、顧客たちが香水を買う時にスキンケア商品のサンプルもプレゼントした。重要だったのは、彼女がほとんど広告を出稿しなかったことだ。彼女のやり方は今日では、「センサリー・ブランディング」(sensory branding)と呼ばれる。「エスティはどこに行くにも自社の新しい香水をつけて、友達にもそれを吹きかけた。サックス百貨店にはこの香水の香りが漂っていた。彼女はエレベータの中にも香水を振りかけて、すべてのエリアが『若さのしずく』のメッセージを発信していた。」

「若さのしずく」の成功に伴い、エスティローダー社の全ての運営が大幅にレベルアップした。家族も大きなマンションに引っ越した上に、エスティはパームビーチでファッションパーティーを開くようになり、上流社会に進出し始めた。会社のマーケティングテクニックも、さらに洗練されていった。同時期にレブロンは(公平に言えば、ヘレナ・ルビンスタインには数年前に既に分かっていたことだが)、スキンケア化粧品の効果を科学的に分析すれば、販売に非常に役に立つことに気付いた。広告コピーを巧妙に洗練させなければ、アメリカ食品と薬品管理局（ＦＤＡ）に、事実に反した誇張広告として厳しく取り締まられる。しかし適切な言葉さえ使えば、その境界線を守りながら、美容クリームを購買する顧客たちに、製品のアンチエイジング効果が科学的に確認されていると信じ込ませることができる。

これはローダーの「リニュートリブ」（Re-Nutriv）という製品の、「何も語っていないようだが、全てを語っている」ように感じる製品名の背景にある考え方である。この製品は非常に高価だが、その値打ちを証明するためにエスティが『ハーパーズ・バザー』誌に打ち出した広告は、製品の宣伝活動すべてと連動していた。広告に起用した金髪の美人の写真、これはローダーが定義した自己革命の概念を訴求し、ビューティーマーケティングにおける最高（あるいは最悪）の特徴を持っている。それは、ご機嫌取り、見栄、崇拝、詭弁、擬似科学である。

その広告のタイトルは、「美容クリームが、なぜ115ドルもするのか？」（WHAT MAKES A CREAM WORTH $115?）だった。「エスティローダー社のリニュートリブ発売。貴重な成分を特別な処方で配合しました。しかし最も重要なのは、エスティ・ローダーのような女性の認識でした。彼女が誰よりも精通しているのは、どうすれば、人々が思っている自分の理想像をさらに若く、可愛く、フレッシュにできるかです。彼女は自分が思う『美の金鉱』を完成させました。それがクリームの中のクリーム、リニュートリブだったのです。」と書かれていた。そして成分リストには、「肌の状態を整え、ハリ感を引き出し、顔色を若々しく、輝かせる若さを保つ」と書かれていた。

この広告について、ローダーの同僚の一人は次のように評価している。「時代を先取りした宣伝文句でした…曖昧さという意味で」

しかし写真は言葉と同じく重要だった。ローダーはシカゴ生まれのカメラマン、ビクター・スクレブネスキーを起用した。彼は若い頃にフランス映画の影響を受け、エスティと同じエレガントな夢の世界に住んでいた。彼の写真はモノクロが中心で、ゆえにより手軽な価格でファッション誌に出稿できたが、広告の内容は非常に豊かだった。リー・イスラエルが言うように、「その広告は女性だけではなく、彼女たちの生き方を表現していた。明朝の花瓶、シノワズリー、前コロンブス期の芸術品、オリエンタルな絨毯、ピカソの陶芸品などを通して。」コピーライターのジューン・リーマンは、スクレブネスキーと一緒にブランドの広告を担当した。彼女は、エスティローダーブランドのユーザーに会うとなぜか、「彼女のクローゼットは完璧で、彼女の子供は礼儀正しく、夫も彼女を愛している。彼女は友人へのもてなしも上手だ。」と分かる、と付け加えた。

エスティローダー社の専属モデルはカレン・グラハムといい、澄んだクールな瞳を持った洗練された上品な女性だった。彼女は1970年に初めてエスティローダー社の広告に登場した。彼女は企業イメージを効果的に表現できたため、1973年から1980年までずっとエスティローダー社の専属モデルを担当した。彼女の名前は公開されていなかったため、多くの人々は彼女がエスティ・ローダー本人であると思っていた。これは非常に巧妙なイメージ設定であった。もっとも、彼女はエスティ自身の投影だったのだ。（皮肉にも、都会の洗練された女性の代弁者であったグラハムの真実の姿は、ミシシッピ生まれの土くさいアウトドア好きで、フライフィッシングと乗馬に熱中する女性である。）

1965年までには、エスティローダー社は1400万ドルを稼ぐようになっていたが、レブロン社と対抗できるレベルにはまだまだ達していなかった。当時のレブロン社は1万5000店舗を持っていたが、エスティローダー社は僅か1200店舗だった。しかし同社は、既に人々に注目され初めていたのである。その後、同社はクリニークブランドを市場に送り出した。これはまさに、正真正銘のブランディングの天才による作品である。

クリニークと飛躍

イメージとコンセプトにおいて、クリニークとエスティローダーは正反対である。しかし、これこそ成功の秘密であり、会社の先見性を証明している。レオナルド・ローダーは今や完全に母親の事業を継承し、次のように説明する。「想像しうる限り最も恐ろしい競争は自分との戦い、あるいは自分の理想像との戦いです。私たちがクリニークブランドを創立した理由は、もし我々がエスティローダーと競争するなら、これしかないと思ったからでした。」

クリニークの歴史は、１９６７年にアメリカ版『ヴォーグ』誌に掲載された「完璧な肌は創れるか？（Can great skin be created?）」という記事に遡る。この記事は美容雑誌の編集者だったキャロル・フィリップが皮膚科医のノーマン・オレントレイヒに対するインタビュー内容に基づいて書いた記事である。タイトルへの答えは「イエス」であった。その皮膚科医は、石鹸と水で顔を洗うことが完璧な肌への第一歩で、次は化粧水で肌の状態を整え、そして乳液をつけるステップが必要だと指摘した。彼の理論では、皮膚の表層の新陳代謝に合わせて、肌表面の水分を逃さないように保湿クリームをつけて、肌深層部の水分も保ち、「皮膚を若々しくふっくらさせる」ことが重要だと主張している。クリニークによる訴求では、「オレントレイヒという人物がエスティローダー社から依頼を受け、キャロル・フィリップと一緒に作ったブランドです。、皮膚科学の実験済みで無香料の世界初のブランド、クリニークを作り上げました。」オレントレイヒはその後も、ブランドとの関係性を保ち、彼の息子デイビッドと娘キャサリンと一緒にブランドの「指導皮膚科医」を務めた（www.cliniquetv.com.au/heritage）。

この元となった記事から示唆を受け、クリニークは３ステップというスキンケアの方法論を定義した。それが、洗う、除く、潤すである。

シンプルな薄いグリーンの包装の色は病院の院内をほうふつとさせ、中性的なイメージを作った。クリニークは、実用的で、かつ「科学」的なソリューションを求めるスキンケアのニーズに応えた。その背景には、化粧品アレルギーに関する記事が増え、人々は化粧品に含まれる化学成分の、健康に対する影響を意識していたことがある。クリニークは清潔感があり、防腐剤なし、安心感がある……そして医学的と、思われていた。

だが、このブランドのメッセージの中心である「アレルギーテスト済み、１００％無香料」に関して面白い判断がある。「低アレルギー反応」（hypoallergenic）というよく使われていた専門用語があったが、アメリカ食品・医薬品管理局（ＦＤＡ）はこの用語を好まず、数年間にわたり使用を禁じようとしていた。ようやく１９７５年に同局は、人を被験者とし、科学的にテストした後にしかこの用語を使うことができないとの規制を打ち出した。しかし、この規制は法廷でアルメイ（Almay）とクリニークに反対され、１９７８年に却下された。

現在の状況については、次のようにＦＤＡのウェブサイトに掲載されている。（www.fda.gov）

現在は「低アレルギー反応」という用語の使用について規制する連邦政府の定義や基準は存在しない。従ってこの用語の定義は、使用する企業に委ねられている。低アレルギー反応と表記する化粧品の製造者は、ＦＤＡに対して低アレルギー反応の主張に関する証明を提出する義務はない。「低アレルギー反応」は、小売の現場で化粧品を顧客に販売する際に市場価値を高めるのに非常に役立つが、しかし皮膚科医の見解では、ほとんど無意味に近い。

多くの論争が「低アレルギー反応」という用語に集中しているため、クリニークは「アレルギーテスト済み」（allergy tested）と訴求するに留めたのは当然のことだった。そのウェブサイトでは、製品は「アレルゲン不含有」とする製法で作られ、６００人を対象に12回ずつ、テストを実施していると説明している。

それでは、「無香料」はどう解釈すればよいだろうか？　この意味解釈にも地雷原が潜んでいる。クリニークはこれに関するコメントを拒否したが、ＦＤＡによれば、この用語も「低アレルギー反応」と同じく無意味である。事実、化学成分を使って、化粧品に含まれた匂いを隠し、無臭にすることができるのだ。

クリニークはまた、見た目による誘因もうまく使った。リー・イスラエルは次のように記している。「ＦＤＡは……、クリニークの医学的な響きの宣伝文句を制限することができる。しかし、地球上には彼らが医学的に見せることを規制する法律は存在しておらず、彼らは医学的なイメージを満喫している。美容部員たちは、『コンサルタント』と呼ばれることに喜びを感じている。彼女たちは実験用の白衣を着て販売活動を行う。」コンサルタントたちが、顧客の肌質に関するいくつかの質問に対する答えを「クリニークコンピュータ」に入力すると、コンピュータから、お勧めの製品リストが出力される。これは非常に新しい体験で、まるで科学小説のようであった。技術革新の時代に相応しい体験販売の手法だった。

広告物も同じく斬新だった。事実、それは非常に優れた化粧品広告の一つと認められている。雑誌広告は光の配置と使い方に長けたカメラマン、アービング・ペンによるアート作品で、静物にパーソナリティが宿っていた。その全ての広告物には、物だけが表現されている。こうした表現手法は今日でも使われている。１９７４年に『ニューヨーク・タイムズ』紙に掲載された広告には、ガラスコップの中に一つの歯ブラシが置かれたシンプルな画面で「一日二回」という言葉が書かれていた。新鮮なイメージで、クリニークのケアの必要性を表現していた。それ以降のクリニークの製品を掲載した他の広告も、ペンのレンズのお蔭で繊細かつ上品な仕上がりだった。この広告表現によって、商品はスキンケアや化粧品ではなく、最新のファッションアクセサリーに変身したのである。

アービング・ペンが２００９年10月に亡くなった時、クリニークは『ヴォーグ』誌で彼を追悼する広告を出した。その内容は、次のようなものである。「アービング・ペンは我々に真実を示し、つまりファンタジーなど全く必要のないほど真実を美しいものにしてくれました。彼は、私たちにとっての、そして世界にとっての美しさを一変させました。」

彼とクリニークとのパートナーシップがどのように生まれたかについては、誰も知らない。ペンはキャロル・フィリップと一緒に『ヴォーグ』誌で働いていたようである。しかしそれは、ブランドイメージと広告クリエイティブとの完璧な融合だった。その広告は今でも使われているが、まだ独創的である。

クリニークは新しい分野を切り拓いたブランドであり、初期には赤字経営が続いたが、エスティローダー社がブランドの成長に投資し続け、１９８０年には社会の流行がようやく企業の先見の明に追いついた。クリニーク以外にもこのような出来事は数回起きている。１９７０年初頭、エスティローダー社は男性用香水アラミスの発売を試みた。この香水は髭剃り後の保湿と芳香の二重の効果を持っている。１９７８年、アラミスは最も成功した男性用化粧品ブランドとして知られるようになり、製品ラインは石鹸から整髪料まで広げられた。この成功例により、会社は１９７６年にクリニークブランドの男性用スキンケア製品を打ち出し、これは女性用化粧品ブランドが男性用製品ラインに拡張した初めての試みとなった（第17章「現代男性からのオーダー」を参照。）。

私たちが目にしたとおり、成功した化粧品は多くの場合、パッケージや処方のみならず広告訴求によっても支えられている。１９８３年にエスティローダー社が発表した最も成功した製品、ナイトリペア（Night Repair）は、その名前が示しているように、夜にだけ効くのである。考えても見てほしい。いや、考える前に広告訴求を見てほしい。

「ナイトリペアは生物学上における大発見であり、あなたの身体の休息時間を使い、日中（年中、夏はもちろん冬も）に浴びた紫外線で破壊された皮膚細胞の自然な回復を手助けします。ナイトリペアは肌の保湿力を大いに向上させます。」

ヘレナ・ルビンスタインとエリザベス・アーデンのように、エスティ・ローダーは詩と科学的な言葉を巧みに組み合わせ、時計の針は止められるのだと表現する技術に長けていた。

彼女は自社製品に完璧な額縁を設《しつら》えることにも長け、百貨店内でのブランドのカウンターの1インチのためにも闘った。1965年頃、彼女はブルーミングデールズ百貨店で1軒目の美容スパを開設した。彼女は自ら店舗デザインを手がけ、全てのカウンターが「小さく輝くスパ」になると宣言した。彼女は、「ささやくようにエレガントで上流階級の整った浴室の壁紙」の雰囲気を演出する、「ブルーとグリーンの中間色」を選んだ。彼女は、空間デザインへの洞察力が非常に鋭く、美容部員たちにもその洞察力を鍛えるために訓練するよう求めていた。彼女は、広告の宣伝文句がいくら夢を膨らませても、売上は接客、営業部員、商品によって産み出される物だと知っていたのである。

1995年にエスティローダー社が上場した時、50億ドルもの価値があった。エスティ・ローダーには創業会長の肩書が与えられた。彼女は他の競争相手より長く生き、エリザベス・アーデンの葬儀にも出席した。ある報道によると、アーデンの英国秘書モニカ・スミスは彼女に気付き、

「ご参列をいただき有難うございました。」と挨拶したところ、エスティは次のように返答したという。「もし彼女が私の出席を知っていたとしても、そんなことは言わないでしょうね。」

彼女はヘレナ・ルビンスタインに対して否定的な見解を持っていた（彼女の首元の肌は完璧ではないわね、と言っていた。）。チャールズ・レブソンに対しては、彼が亡くなるまで、「最も容赦できない敵」だと見なしていた。

今や、エスティは美容業界の王者である。彼女は注目を集める社交パーティーに参加し、また主催することで人的ネットワークをパームスプリングス以外にも広げ、多くの友情を結んだ。その中には、モナコのグレース王妃を始め、ベガム・アーガー・ハーン（訳者注：イスラム教の指導者アーガー・ハーン4世の妻）、ナンシー・レーガン、ダグラス・フェアバンクス・ジュニアなどの有名人が含まれていた。彼女は自らが最初に出した広告の中に描いた世界の生活を実現できるようになったのである。

彼女が2004年に亡くなるまでに、同社の市場価値は100億ドルにも及んでいた。2万1500名の従業員を雇用し、世界130か国でビジネスを展開していた。本書を執筆している時点で、エスティの企業は27ブランドを有し、株の多くはローダー家によって所有されている。

彼女を成功に導いた戦略について誰が何と理由をつけても、エスティ自身は、成功要因は自分の製品の効果にあると確信していたようだ。「美しさへの追求は賞賛されるべきです」と彼女は語っている。コロナで生活した日々があったからこそ、彼女は人生の目標を見つけたのである。会社のウェブサイトには、「願ったり、望んだりするだけではなく、私は行動したから実現できたのよ」と彼女の販売員たちに対する励ましの言葉が載っている。

ビューティーへのコツ

❇彼女の先輩たちと同じく、エスティ・ローダーは低い身分から脱出するために、物語を作るスキルを身に付けた。

❇彼女は創業当時、スキンケア講座の開設と無料サンプル配布の方式で製品を販売していた。

❇彼女は積極的にダイレクトメールと「おまけ戦略」を使った。

❇彼女の広告では、曖昧だが「貴重」「若さが蘇る」「天然」「輝き」などの感情的な言葉が多く使われていた。

❇彼女の広告は非常に野心的で、お金持ちの女性たちが豊かな暮らしをする場面をよく描いている。

❇ローダーは安くて、香りが長持ちする「若さのしずく」（Youth-Dew）で自らの帝国を築いた。「若さのしずく」は彼女に大量の資金をもたらした。

❇エスティ・ローダー社は「アレルギーテスト済み」の製品、クリニークを市場に送り出し、３ステップというスキンケアの方法論を創造した。

❇クリニークのスキンケア製品は男性ラインまで拡張され、女性用美容ブランド史上初めての男性用の製品ラインだった。

✽ローダーは、接客販売が広告を打ち出すよりも効果的だと判断し、自分の営業部隊を築いた。

第5章

フランスのビューティー工場

私が若々しくいられるのは ― ロレアルが傍にいるからだ

本書の執筆のための調査を始めてから、私はパリで新しい住居を探し始めた。過去十年間、市の中心部の物価が急速に上昇してきたため、私と妻は郊外に注目し、貴族たちが住んでいたエリアで負担できる範囲内の中古アパートを見つけようとしていた。最終的に、私たちは郊外の国際的なエリアであるクリシーに完璧な住処を見つけた。モンマルトルから地下鉄で10分ほどで着く場所である。ここは、作家のヘンリー・ミラーが1930年頃、居住経験をもとに書いた『クリシーの静かな日』という本で有名になった場所だ。

多くのパリ市民にとって、クリシーは重要な意味を持つエリアである。ここは年間売上180億ユーロの、世界最大のコスメティック・ビューティーカンパニー、ロレアルのグローバル本社の所在地である。ロレアル社周辺のあちこちに工場が設立されたが、その中心となる生産基地は、天気と時間によって色彩が変わる鋼で覆われた建物である。その工場はモンマルトルへの古い道路の途中にあり、私がこの文章を執筆している場所から5分ほどの距離である。

運命は私をロレアル社のドアの前に導いたが、中に入れてもらえるわけではない。この企業は自らの秘密を厳格に守っている。メディアの中でも、特にビューティーと関係のないメディアに対しては昔から用心深い。しかし２００９年に起きたスキャンダルは企業イメージを低下させた。創業者の娘で80歳の大金持ちの、リリアンヌ・ベッタンクールの私生活がメディアに暴露されたのだ。

この会社の魅力的でない一面がメディアに報道されたのは、これが初めてではなかった。ベッタンクールの父親ウージェンヌ・シュエレールは、フランスのビューティー工場の創始者であり、論争の的であった。１９３０年に彼は自分の独自のマーケティング手法を「人々に、自分たちは無愛想で、悪臭がして、魅力的ではないと伝えてあげること」とまとめた。（『ル・モンド・ディプロマティーク（*Le Monde Diplomatique*）』２００９年6月号の、「ベッタンクール物語（*La Saga des Bettencout*）」から引用。）

ロレアルのルーツ

シュエレールの職業観は幼い頃から形成されていた。彼はパン職人の息子で、一家は１８７１

年にアルザスからパリに移住した。彼は10歳頃から、学校でしっかり勉強すること、将来は良い職につくこと、「お客様は神様」であることの重要性を既に意識していたようである。ジャック・マルセイユが書いた『ロレアル　１９０９―２００９（*L'Oréal 1909-2009*）』の百年史で、若いウージェンヌが最も恐れていたのは、勤勉な両親が彼を「怠け者だ」と叱る言葉だったと記述されている。

そう叱られる可能性は低かった。学校以外の時間には、彼は両親のパン屋で働いていた。その後、化学専攻だった彼は、パリ大学に進学するチャンスを得た。この大学で学んでいたある日、大学を訪れた一人の美容師が学生たちに質問を投げかけた。「どのようにしたら、長持ちし信頼性の高い方法で白髪を染められるか?」教授からも解決策を見つけるようにと言われ、シュエレールは懸命に研究に取り組んだ。彼の初期の努力は実らなかったが、彼は熱心に研究を続け、遂に正しい処方を開発した。最終的に、彼は自分の研究成果に相当の自信を持って特許を申請し、ビジネスの世界に入った。

１９０７年の彼の特許申請では、当時の鉛ベースのヘアカラーリング剤を次のように述べている。「鉛は有毒で、数か国で使用禁止となっている。それに、そうした製品で染めた髪色は長持ちしない。」これに対して、シュエレールは自分の製品が無毒で、たった一瓶で、髪の毛を金から黒まで、使用者が求めるどの色にも染められると説明した。髪色を瞬時に変化させることもできるし、数時間を掛けてゆっくり変化させることもできた。

別の言い方をすれば、シュエレールはこの時すでに完璧なヘアカラーリング剤を開発したと信じていた。

多くの記録で示されているように、彼は最初にこの製品を「オレアル」（L' Auréale）と名付けた。これは、「光栄」とか「栄光」を意味するあるヘアスタイルからインスピレーションを受けたものらしい。しかし、ロレアルの広告の保管記録では、1910年にこの製品の名前が広告の中ですでに「ロレアル」と呼ばれ、「知られている限りでは、最良の製品」で、僅か2フラン50セントで買い求められる、という宣伝文句が書かれていた。

もう一つの広告は、ある若い女性が古い「時計」の前に立ち、「私が若々しくいられるのは——ロレアルが傍にいるからだ」（I no longer age- I dye with L'Oréal）というコピーが付けられていた。

多くの美の先駆者たちと同じように、シュエレールは深夜まで働くことや指関節の痛みに慣れていた。彼は夜に自分の小さい実験室にこもり、製品を作っていた。日中には美容サロンを歩き回っていた。知り合いの一人だったジョルジュ・スペリーという会計士はシュエレールの努力に感動し、資産の大部分をシュエレールの会社に投資して彼をサポートしていた。この若手化学者はセールスマンと美容師を一名ずつ雇い、後者を「ロシア王室御用達の美容師」と宣伝したらしい。この宣伝はシュエレールの誇張するマーケティングの才能を暗示するものだ。

歴史の変遷はシュエレールの味方をした。1900年代初期、フランスは産業技術革命を迎え、車、カメラ、映画館、大衆メディアなども現れ、それらにより発展が促され、利得も増大した大衆広告も生まれた。有名な美容師アントワーヌは1912年に、「車が誕生すると共に、ファッションに敏感な女性たちは髪の毛を短くした。」と書いた。しかし、ジャック・マルセイユは、自転車で工場へ通勤する女の子でも、ファッション誌に掲載される女性のように美しくなりたいのだと指摘した。そして、身分が低いパン職人の息子であるシュエレールも、街を歩き回り、新しいクライアントを探しながら、女性たちがそう思わない訳がない、と思っていた。

シュエレールの成功は、サロンのオーナーと美容師との緊密な関係性を維持し、同時にヘアスタイルをファッションに欠かせない要素として位置づけるマーケティングをする、双方向戦略に基づいていた。1909年の初め、シュエレールは創立したばかりのファッション誌『ラ・コワフュール・デ・パリ（*La Coiffure de Paris*）』誌でコラムを持ち，毛染めの技術に関するあらゆる質問に答えた。1923年に彼はさらに前進し，会社の新商品を美容サロンに知らせるための，自らのファッション誌『ロレアル・ブレティン（*L'Oreal Bulletin*）』を発行した。その後，1925年には顧客視点に立って編集され，美容サロンで閲覧できる雑誌『ロレアル・ヒューモリスティック（*L'Oreal Humoristique*）』も消費者向けに発行した。それに続き，1933年に成熟した女性向けの雑誌『ボートル・ボーテ（*Votre Beauté*）』も世に出した。

よい広告を作るために，シュエレールはハーバート・リビゼウスキーとハリー・ミーアソンのような，完璧なヘアスタイルを追求するイラストレーターやカメラマンと一緒に働いた。美容産業の発展には，ハリウッドの貢献が非常に大きかった。ジーン・ハーロウが1931年に映画『プラチナ・ブロンド（*Platinum Blonde*）』に出演したことをきっかけに，瓶詰めのカラーリング剤が爆発的な人気を博した。運よく，ロレアル社はその数年前に即効性を持つカラーリング剤，イメディア（Imédia）を開発していた。

ファッションへのロレアル社の洞察力は，他の方面にも同様に反映されている。1928年に同社は多角化経営を始め，石鹸会社，モンサヴォン社を買収した。この時期のロレアル社はイノベーションを積極的に行っていた。日焼けした肌色が当時の流行になると，シュエレールは直ちに研究プロジェクトを立ち上げ、日焼けせずに塗るだけで理想な肌色が得られる乳液を開発し、アンブル・ソレール（Ambre Solaire）という新製品が誕生した。ジェフリー・ジョーンズはこの製品が１９３５年の「ちょうど夏のバケーション前の発売だった」と述べている。

ロレアル社は徐々に顧客たちの美容習慣と容姿を変えていった。もう一つの革命的な製品は１９３４年に開発されたドップ（Dop）という大衆向けシャンプーである。このシャンプーは驚くほどの発明とは言えないかもしれないが、当時は、美容師が熱湯で混合石鹸とソーダを混ぜて、自分でシャンプーを作っていた。この手作りシャンプーは、石鹸の結晶が混ざった白い液体で、髪を洗う度に雪のように小さい破片が残った。シュエレールはこれに気付き、美容室から出てくる時、髪が「シャンプーする前と同じくらい汚れている。」と指摘した。ドイツでは、化学者兼調香師のハンス・シュワルツコフが１９０８年に粉シャンプーを既に開発していたが、その成分はやはり石鹸であったため、洗髪後は同じ白っぽい残留物があった。シュワルツコフが「シャンプー」（shampoo）という言葉を普及させた。この言葉はヒンディー語「*Champo*」に由来し、その意味は「マッサージ」である。彼は非アルカリ性シャンプーで１９３３年に成功する。

ドップシャンプーは、洗髪はあらゆる繊維を洗う原理と同じである、というシュエレールの洗髪理論に基づいていた。繊維処理を研究するある化学者からアドバイスをもらい、石鹸の残留物がないアルコール硫酸塩をベースにした洗浄液の開発に成功した。実際、この洗浄液は髪の毛を柔らかくし、つやを出すことができた。シュエレールはこの製品の特許を申請し、ドーパル(Dopal）と名付け、市場に導入した時にドップと省略した。1938年までロレアル社が販売していたドップシャンプーには、普通髪用、白髪用、子供用の三種類があった。人々が一週間に一回以上髪を洗う必要がないと思っていた時代に、この細分化は非常に独創的であった。

シュエレールはセールスマンたちにシャンプー市場についてこう語っていた。「フランスには4300万人います。もしこの4300万人が毎週一回、髪を洗えば、私たちの売上は今よりも20倍に増やせるのです。」

この夢のような目標を実現するため、シュエレールは製品広告を積極的に行った。旧来の印刷物、看板やバス停広告以外に、彼は当時、新興メディアであったラジオにも注力した。ラジオは感情が溢れる声で、調子のよい宣伝文句を繰り返し語ることができる。それに、彼は街中の広場で子供たちのシャンプーコンテストキャンペーンも企画した。この時期、あらゆる場所にドップの製品が並んだ。

商売人になったウージェンヌ・シュエレールは、カラーリング剤、ボディーソープ、シャンプーの帝国を築き上げようとしていた。

しかし政治的には、彼は汚職にまみれていた。

汚い戦争

1930年代後半、経済と政治の不安の中で、一部のフランスの政治家と実業家はヒトラーに譲歩することが国家の崩壊を救う唯一の方法であり、自分たちの財産も守れると考えていた。はっきりした証拠は見つかっていないが、シュエレールはラ・カグール（*La Cagoule*、訳者注：日本語で、頭巾の意味）と呼ばれる極右団体と密接な関係を持っていたようである。この組織は元砲兵部隊将軍ウージェンヌ・デロンクルが創立した革命行動を行う秘密組織で、公式の組織名を持ち、「国と経済の復興」のために戦い、この目標に反対する人を敵にすると誓っていた。事実上、この組織の趣旨は反政府であった。

まるで安っぽい雑誌で書かれる陰謀論のように聞こえるかもしれないが、ラ・カグールは確かに存在し、勢力も強かった。1930年代の終わり、この組織は一連の暗殺行動を行った。ターゲットの中には、旧ソ連の銀行家でフリーメーソンの会員、ディミトリ・ナヴァシン、及び反ファシズムのイタリア人記者、カルロ・ロッセーリと彼の兄弟のサバティーノ（この見返りにイタリア秘密組織から１００丁のビレタ軽機関銃を受け取った）も含まれていた。フランス共産党を陥れるために、この組織はパリの金属工業団体が所有していた二つの建物を爆撃した。政治的な組織というより、民営の軍隊と言うほうが相応しく、恐ろしい量の軍需物資を所有していた。（『ヒストリア（*Historia*）』誌、２００７年６月１日号「ラ・カグール、仮面を脱ぐ（La Cagoule tombe le masque）」）１９４１年10月には組織メンバーが７つのユダヤ教の礼拝堂を爆撃した。

ジャック・マルセイユが書いたロレアルの歴史によると、シュエレールは「カグラール（Cagoulards）」の組織メンバーと親しかった。１９４０年、フランスの陥落に伴い、彼はデロンクルが作った次の革命組織に経済的な援助を提供した。この組織の目標は「ドイツ及び他の諸国と一緒に新しいヨーロッパを作り出し、自由資本主義、ユダヤ教、ボリシェビキ、フリーメーソンの束縛から解放する」ことであった。この時期、シュエレールの名前が同組織のポスターや政治パンフレットに現れた。彼の名前の傍にデロンクルの秘書、ジャック・コレズの名前も載っていた。その後、コレズはロレアルアメリカ支社の会長になった。（『ニューヨーク・タイムズ』紙、１９９１年６月28日号、「ジャック・コレズ、ロレアル社役員、ナチスの協力者、79歳で死す。

（Jacques Correze, L'Oreal official and Nazi collaborator, dies at 79）」）

戦後、ナチスの協力者を見つけるための協議会が設けられ、シュエレールもそこに呼ばれた。そこで、戦時中の彼の行動について新しい事実も明らかになった。フランスが占領される前後の数年間、彼は自分が思う最適な方式で経済発展を推進したというものだ。特に「歩合制」、つまり従業員の貢献度によって給料を支払う制度を作り出していたのである。1942年までには、彼はデロンクルと距離を置いていた。ナチスに抵抗する運動に積極的に参加し、人々のナチス収容所からの逃亡を手伝ったり、ナチスに占領されていない地域に逃げるユダヤ人を助けたりするなどした。

協議会は、1940年7月から1944年8月の間、シュエレールが占領者に販売した製品はロレアル社の総売上の2・5％とモンサヴォン社の12・5％に過ぎなかったことも調べ上げた。

1947年、同協議会はシュエレールの名誉を回復した。審判記録に記載されているように、彼の行動は軽率だったが、しかし後に彼の愛国行為はナチスの共犯者ではないことを証明した。彼の不名誉な点は徐々に消えていった。彼が亡くなった後の長い間、これらの不名誉な出来事は表に出ることはなかった。

シュエレールの後、ランコムからネスレへ

1952年、ウージェンヌ・シュエレールはフランス広告協会から「オスカー広告賞」を受賞した。翌年、映画広告代理店グループがもう一つの奨励策であるザ・ライオンズ賞（訳者注：カンヌライオンズ）を設立している。後にこの賞は広告業界で国際的な選考基準となったが、興味深いことに今になっても、フランスのマーケターたちにとって獲得する最も栄誉ある賞は、フランスのオスカー広告賞なのである。

シュエレールは、フランス人は広告に対して矛盾した気持ちを持っていることをよく知っていた。彼は広告が確かに、「高い値段で安い商品を売る」パワーを持っていると世論が思っていることを認めている。しかし、彼はこうした矛盾はもう一つの側面を併せ持つと考えた。彼はこう語った。「広告によって、生活の質を高める消費者の意識を創造し、より効果の高い製品を開発するための研究費を生み出します。」これが、ロレアル社の広告において、美しさの裏に科学的な説明による訴求が付いている理由なのだろう。

1957年、シュエレールは76歳で亡くなった。フランソワ・ダルがロレアル社の会長兼

ＣＥＯに就任した。ダルは１９４２年にモンサヴォン社の財務部に入社し、すぐに実力を認められ、１９４５年に社長に就任した。ダル自身は、広告に対して詳しくはなかった。彼はこう語っている。「もしある企業の理念が、製品よりも広告に力を入れることだとすれば、非常に危険な状況に陥っていると思います。」彼はシュエレールと同じように、ロレアル社の最も重要な使命は、マーケティング活動をサポートする研究開発とイノベーションだと考えていた。

１９６２年に発売されたヘアスプレー、エルネット（Elnett）は、さらにダルの考えの正しさを証明した。映画の効果にもう一度感謝しなくてはならない。特に巧みに膨らませたブリジット・バルドーのヘアスタイルが流行したことによって、フランスの女性たちは美容師に頼らなくては、自分でヘアスタイルを整えることがだんだん難しくなっていた。彼女たちはそのヘアスタイルを固定する製品が必要になった。エルネットはこうしたニーズに完璧な答えを出した。フランスの女性たちはエルネットを使って、美容師に頼らなくても、初めて自分でヘアスタイルを整えることができるようになったのだ。ジャック・マルセイユの言葉を借りると、「厚紙のようにヘアスタイルを固めることができた。この新製品の広告は最小限で、口コミが非常に力を発揮した。エルネットは直ちにフランスの整髪料市場で28％のシェアを占めた。実際にロレアル社の研究員たちは、この製品を仲間や友達、家族に配布し、試用した彼女たちの口コミが新製品発売の成功に大きく貢献したという。

ダルはその後30年間にわたり、ロレアル社の経営に卓越した指導力を発揮した。背後で彼を支えたのは、ウージェンヌ・シュエレールの娘リリアンヌである。彼女は１９５０年に政治家のアンドレ・ベッタンクール（リリアンヌの父親の友人でその政治的背景は同様に曖昧である）と結婚していた。ダルはロレアル社がグローバルな巨人に発展する基盤づくりに大いに貢献した。例えば、ランコムがその一例である。

アルマン・プティジャンは、１９３５年にこのブランドを作り上げた。ランコムのブランド名は、フランス中部のアンドル県にあるランコズム城の傍に咲いていた野バラに由来する。それ以前のプティジャンは少なくとも３つの顔を持っていた。ヨーロッパの商品をラテンアメリカに輸出する貿易商、第一次世界大戦時の外務省におけるラテンアメリカに関する顧問、香水会社のコティ社の役員である。これらの経験はプティジャンに、フランスの優雅さを世界に紹介したいという気持ちを生み出した。この夢を実現するために、彼はコティ社から優秀なメンバーを選抜し、セールスに長けたドルナノ兄弟とボトルデザイナーのジョルジュたちとチームを組んだ。

ブリュッセルで開催された世界博覧会で、彼は最初の５つの香水、テンドル・ニュイ（Tendre

Nuit)、ボカージュ（Bocages）、コケット（Conquête）、キプル（Kypre）、トロピック（Tropiques）を発表し、そこでイノベーション賞も授与された。一方で、この大志を抱いた贅沢品の使徒は、以前働いていた場所に小さな工場を建設し、人工真珠を製造し始めた。加えて、フランス郊外の有名なサントノーレ地方でプティックもオープンした。

プティジャンは獣医と一緒に馬の血清４％を含む美容クリームを共同開発した。馬の血清は馬の血液から抽出した抗毒素で、通常ワクチンに使われる成分である。１９５０年の広告では、ランコムの美容クリーム、ニュトリックス（Nutrix）を「奇跡的なクリーム…肌を守る天使」と表現した。しかも、英国防衛省が核放射能を防ぐ製品としてこのクリームを推薦したそうだ。（「かつてのランコム（Il était une fois Lancôme）」、www.joyce.fr、２００８年。）

プティジャンは伝統的な広告よりも、口コミマーケティングを好んでいた。しかし皮肉なことに、今日ではランコムは世界で最も活発な広告主の一つになっている。イザベル・ロッセリーニ、ジュリエット・ビノシュ、ユマ・サーマン、ケイト・ウィンスレット、ジュリア・ロバーツなど多くのスターをイメージキャラクターに起用した。

プティジャンの厳格な完璧主義は、会社の未来を終わりに向かわせることになった。１９３７

年、彼はソフトで贅沢な口紅「フランスのバラ」（Rose de France）を新発売し、「子供のような唇の輝き」を作り出すと宣伝し、大ヒットさせた。ランコムの口紅には、芸術品のように銀か金めっきが施されていた。しかし１９６０年になると、ファッションの動きは、安くて便利なプラスチック製ケースの口紅に向かった。プティジャンはこの変化を恐れながらも、女性たちがそんな変なものを鞄に入れようとしたがるなど最後まで信じなかった。消費のトレンドに追いつこうとしなかった結果、ランコムの売上は下落した。

１９６４年、白馬の騎士の姿をしたロレアル社とフランソワ・ダルが現れた。プティジャンはロレアル社による買収の誘いに合意し、その条件として、ランコムが持つ高級ブランドのイメージを壊さないことを提示した。ロレアル社には元々そうするつもりもなかった。実際、ロレアル社はランコムの買収を通じて、会社のポジションを高級化粧品メーカーとして再定義しようとしたのである。そして高級市場における新時代の幕開けを象徴するかのように、同年、ロレアル社はモンサヴォン社を売りに出した。

60年代における若者たちの美への執着は、ロレアル社のような会社にとって非常に有利に働いた。美容市場を受けて、ロレアル社はより大きな研究所と生産設備に投資した。ロレアル社傘下の高級ブランドのリストには、ランコムに加え、ジャックファット社やアンドレクレージュ社、ヘアケアのガルニエ社も加わった。それに、ロレアル社のグローバル化のスピードも加速し、アルジェリア、カナダ、メキシコ、ペルー、ウルグアイなどの国で子会社を設立した。

ロレアル社は1963年に上場していたが、最大の株主はリリアンヌ・ベッタンクールのままであった。ロレアル社の野望は、家族経営の継続を許さなかった。未来の発展のために、この会社はかなりの資本力を持つパートナーを必要とした。1974年、リリアンヌは協定書にサインし、会社のほぼ半分をネスレ社に譲渡した。

この協定はロレアル社の多角化戦略を、医薬品分野にまで発展させた。同社はシンセラボ(Synthelabo、訳者注：現サノフィ）の53・4％の株を買収し、フランスのファッション誌『マリ・クレール』誌と『コスモポリタン』誌の株も所有している。さらにロレアル社は、1950年から研究開発のパートナーとなっていたスキンケアブランド、ヴィシー・ラボラトリーズ（Vichy Laboratories）の支配権を得た。その後、ロレアル社のグローバル展開は、オーストラリア、ニュージーランド、香港、日本にまで拡大した。1984年、ダルはロレアルの社長を辞任するという安全な選択をした。会社の発展が、当初の彼の野心を遥かに超えたためである。

科学とスキャンダル

ダルの後任となったシャルル・ズヴィアックは、経営判断が素早く、成果志向であった。現在62歳のズヴィアックは、１９４２年からロレアルで働き始めた。当時の彼は研究員としてモンサヴォン社に入社し、「コールドパーマウェーブ」（cold permanent wave）といった女性たちのヘアスタイルを変化させる方法を開発した。数年後、彼は研究部門のディレクターに昇進し、さらに副社長に就任した。ズヴィアックは美容と科学の関係性をはっきり理解していた。事実、ジャック・マルセイユが指摘したとおり、ズヴィアックは成功したほとんどのビューティーブランドが、研究、マーケティング、品質という「黄金の三角形」の上に成り立っていると確信していた。

ズヴィアックはロレアル社を率い、皮膚科学の研究に舵を切った。１９８０年、同社はガルデルマ（Galderma）、グーピル（Goupil）、ラロッシュポゼ（La Roche-Posay）を買収した。これらのブランドの研究所はすべてスキンケアの研究に注力していた。ランコムのニオソーム（Niosome）クリーム（新しいリポソームによって開発した製品）のお蔭で、化学者と研究員たちは成長するアンチエイジングクリーム市場でロレアル社が競争できることを確信した。

しかしフランソワ・ダルは、ロレアル社との関係を決して断ち切った訳ではなく、同社の映画産業への参入を推進した。

ダルは、テレビと映画のプロデューサーであったジャン・フリードマンと手を組み、パラビジョン（Paravision）という映画製作会社を設立し、75％の株をロレアル社が所有した。フリードマンはユダヤ人強制収容所の生存者で、抵抗運動の英雄であった。彼は一時、イスラエルで暮らし、そこで衛星放送に興味を持つようになった。そのメディアが持つ重要性をはっきりと理解していた。

1989年、パラビジョン社の将来の発展方向に対する、二人の言い分は食い違っていた。新聞を通じて、フリードマンはロレアル社が彼を追い出そうとしていると訴えた。その理由は、ロレアル社がヘレナ ルビンスタインのブランドを買収したが、アラブ諸国によるボイコットのに抵抗に遭う脅威にさらされることを警戒したからだと言う。アラブ諸国は、ロレアル社とイスラエルの密接な関係を疑っており、ロレアル社はフリードマンが重荷になると考えていると新聞は示唆した。どのような情勢においても、このことは好ましいことではないが1977年にフランスの法律は、企業がボイコットに協力することは違法だという見解を示した。フリードマンはロレアルの不名誉な過去を明るみに出し、特に創始者のウージェンヌ・シュエレールとアメリカ支社の前社長ジャック・コレズとラ・カグールの関係を暴露した。戦後、法廷での判決が既に会社の汚点を洗い流したはずだったが、この事件によって、新たに水面へと浮上し、世の中を驚かせた。

スキャンダルが表沙汰となり、ジャック・コレズはロレアルアメリカ支社のマーケティング会社、コズメール社の社長職を辞めざるを得なかった。そして彼は癌に苦しみながら、辞任した日の夜に亡くなった。ダルとフリードマンはその後、法廷外で和解した。メディアの注目が他の出来事に向けられるにつれて、同社の苦々しいスキャンダルは徐々に薄れていった。

しかしフランスのメディアが「フリードマン事件」と呼んでいるこの事件は、ロレアル・グループの新社長リンゼー・オーエン－ジョーンズにとっては、有益な経験となったようである。

そのために彼が生まれたのかもしれない。

１９８８年にオーエン－ジョーンズがロレアル社の会長兼社長を就任したことは、ロレアル社のグローバル化にとって象徴的な出来事だった。彼にはグローバル化に躊躇する理由があった。ヘアケアを本業にする企業文化は、ロレアル社に根付いている。彼の管理下で、ロレアル社は、ベルリンの壁が崩壊してから、最も早く東欧に参入した西欧企業の一つとなった。同社はアジアにまで拡張し、競争相手より早く中国市場に着目した。最も重要なのは、ロレアル社がアメリカ市場を獲得したことだ。コズメール社を完全にコントロールし、代表的なアメリカのブランドも買収し、世界市場でそれらのマーケティング活動を展開するようになった。ロレアルの社史では、リンゼー・オーエン＝ジョーンズ就任の前後での明確な違いが存在している。

ウェールズ人であるオーエン＝ジョーンズは、オックスフォード大学で文学を、インシアード（ＩＮＳＥＡＤ、パリ市外にある著名なビジネススクール）で経営学を学んだ後、１９６２年にロレアル社に入社した。最初は外交官になろうと思っていたが、彼はグローバルビジネスが異文化を体験するもう一つの手段だという結論に達した。彼の多文化的な側面は、彼が成功した要因であり、ロレアル社を徹底的に変革した原動力となった。

お気づきかもしれないが、ロレアル社は自分の努力で管理職に昇進したリーダーを好む傾向がある。オーエン＝ジョーンズも例外ではない。彼はロレアル社に入社してから、伝統である徒弟制の社風に気が付いた。エルネットのプロダクトマネージャーになる前、彼は工場と研究所（そこで彼はパーマと毛染めを学んだ）で研修を受け、ノルマンディーで営業職を務めていた。『バロン（*Barron*）』誌によるインタビューでは、彼はビューティーの世界が好きだと語っている。

「私は自分が本当に女性たちを好きなことに気付きました。私は姉たちと一緒に育てられ、男らしさが足りないぐらい繊細でした。ほかの男性よりも、口紅についてよく理解できたのです。」
（『世界伝記百科（Encyclopaedia of World Biography）』オンライン版、２００４年。）

このことは、オーエン－ジョーンズが自分の行動を信じるための助けとなった。美容製品は単なる商品ではない。乳液やクリーム化粧水には、人々に自信を持たせ、他人との関係性を円滑にする効果もある。ロレアルでの仕事を通じて、オーエン－ジョーンズは社会に対する前向きな貢献を積極的に行ったのである。

彼は昇進への階段を昇り続けた。ベルギーでのプロダクトマネージャー、コンシューマー部門のマーケティングディレクター、イタリア支社長、最後は社長及びアメリカマーケティング部門の最高責任者に昇進した。彼はアメリカ市場におけるランコムの業績を大きく伸ばした。

そのカギになったのは、メイシーズ百貨店である。メイシーズはフランスからやって来たブランドのランコムに、アメリカ生まれのエスティローダーと同じ広さの販売カウンターを与えることを拒否した。ジェフリー・ジョーンズの話によると、オーエン－ジョーンズは「ヨーロッパ発祥のファッションやＢＭＷのような車は富裕層たちが住む郊外に広く浸透し、百貨店の顧客たちは既に『洗練されたヨーロッパスタイルに慣れ親しんでいます』」とうまく説得した。さらに説得力を持ったのは、「もしランコムが競争相手と同じ売上高に達した場合、メイシーズ百貨店にとっての総利益額はより大きくなる」というメリットに、彼が気づいたからであった。メイシーズ百貨店は彼の主張に同意した。自らの競争力をより高めるために、オーエン－ジョーンズは女優兼モデルのイザベル・ロッセリーニをイメージキャラクターとして起用し、広告予算を三倍も増やした結果、1983年から1988年までにランコムのアメリカにおける年間売上は30％も増加した。この時期におけるアメリカ市場の売上は、ランコムのグローバル総売上の35％を占めたのである。

この出来事は、パリを世界的な注目の的にするのに十分であった。しかしジャック・マルセイユは、オーエン－ジョーンズがロレアルに評価されたのは、売上を上げたからではなく、同社の文化に合っていたからだ、と述べた。「他の言い方をすれば、彼が評価されたのは、成功へのアイディアを持ち、仕事を過剰に増やさず、よい製品を創るための市場を盛り上げ、予測することが、得意分野だったからだ。」オーエン－ジョーンズがロレアル社の社長に昇進した時、彼はフランス企業でこのような地位を獲得した、初めての外国人であった。彼の秘訣はロレアル社を純粋なフランス企業として維持しながら、それを本当のグローバル企業に変えたことである。彼は

『ビジネスウィーク（*Businessweek*）』誌に次のように語った。「私はフランスと英語圏の国々の架け橋になろうと試みました。」（「ロレアル：グローバル・ブランディングの秘訣（L'Orèal : the beauty of global branding）」、１９９９年6月26日号）彼はブランドを均質化させるのではなく、個々のブランドの文化的ルーツを強調していった。アメリカでのメイベリン（Maybelline）社の買収は、そのアプローチの一例である。

Ｔ・Ｌ・ウィリアムズという化学者が、１９１５年にニューヨークでメイベリン社を設立した。メイベリンは彼の妹の名のメーベルに由来し、彼女はワセリンと粉炭でまつ毛を濃く見せようとしていた。これが彼にまつ毛を黒くする製品を開発するヒントを与えたのである。１９１７年、彼は世界初の現代的なマスカラを発明し、１９６０年まで、メイベリン社は目元用化粧品を専業にしていた。１９６９年にメイベリン社はプラウ社（後のシェリング・プラウ社）に買収され、事業の基盤をテネシー州、メンフィスに移し、化粧品の種類も増やした。１９９１年、メイベリンが広く知られるようになった広告「彼女の生れつきのせいかもしれないし、メイベリンのせいかもしれない（Maybe she's born with it' maybe it's Maybelline）」が始まった。

オーエン－ジョーンズの働きにより、ロレアル社は１９９６年にメイベリン社を７５８百万ドルで買収した。彼はこのブランドを発祥の地に連れ戻し、「ニューヨーク」という言葉をブランドネームに加えながら、「その都市が持つ独特な魅力をサイズ、スタイル、色、成功」などの要素に込めて、ブランドの拠り所として定義した。（Maybelline.com）

オーエン－ジョーンズは、（レブロンが数年前に発表した）マンハッタンのクールなイメージに人気が集まると確信し、この都市が持つイメージを世界に売り込み始めた。「私は非現実的な野心を持っているのかもしれません」と彼は『タイム』誌に語っている。「中国のすべての女性にメイベリンの口紅を持たせたいのです。」これは非現実的ではなかった。１９９８年にメイベリンは中国支社を設立し、２００４年までに98％の中国人女性がメイベリンを認知しているという。事実、メイベリンが10億ドルの売上の半分以上をアメリカ以外の市場から得るようになるのに時間はかからなかった。日本市場単独で言うと、メイベリンは２０００年のマス消費者向け化粧品ブランド売上ランキングのトップブランドになった。（『タイム』誌、２００４年４月26日号、「美しくなる夢（Dreams of beauty）」）

他にも成功は相次いだ。ロレアル社は、アフリカ系アメリカ人が使うヘアケア化粧品を製造する米国系のソフトシーン（Soft Sheen）とカーソン（Carson）を買収し、それをソフトシーン・カーソン（Soft Sheen/Carson）にブランド合併を行った上で、南アフリカとセネガルに輸出した。

間もなく、新規参入市場からの売上は、このブランドの総売上の30%を占めるようになった。

2004年、ロレアル社は日本の化粧品ブランド、シュウ ウエムラ（Shu Uemura）を買収した。このブランドはメイクアップアーティストである創始者の名前に由来している。1962年、シュウは女優シャーリー・マクレーンのイメージチェンジを手掛け、彼女が映画『青い目の蝶々さん（*My Geisha*）』の主演を務めたことで、このブランドが一躍ハリウッドで有名になった。ロレアル社はこの買収で、多国籍企業の名を欲しいままにした。ロレアル社は日本での足場を固めるきっかけを得たと同時に、東京発の前衛的なビューティーの概念を、洗練された欧米の消費者たちに売り込む基盤を得た。このブランドのポジショニングは「ビューティーの芸術性」と定義されている。

ロレアル社のもう一つの賢明な買収は、ニューヨーク発のヘアケアとスキンケアブランド、キールズ（Kiehl's）である。この会社は、1851年にジョン・キールズというホメオパシー療法の薬剤師によって創立された。創業当初の店舗はニューヨークのイースト・ビレッジにある店で、今でも変わらず運営されている。これは当時キールズが所有する唯一の小売店であり、他は選り抜きの百貨店チャネルで流通していた。このブランドのまじめなイメージは、実用的なパッケージとともに男性消費者に人気があった。化粧品企業にとっての男性顧客は、捕まえるのが難しいターゲットである。同ブランドは、気前のよいサンプル配布のマーケティング活動と顧客たちからの支持を基に、口コミによって広がった。2000年にロレアル社がブランド買収に飛びついた後、キールズの販売店は世界中で見られるようになった。皮肉にも、この展開は最初に顧客たちに認められたブランド本来の品質を破壊する恐れがあった。常連の顧客たちは同ブランドが信頼性を失ったと嘆いたが、その控えめなマーケティング戦略はずっと変わらなかった。

2006年の、ボディショップに対する買収も同じ非難を受けた。このブランドは1976年にデイム・アニータ・ロディックと彼女の夫ゴードン・ロディックによって創立された、イギリス発の「自然派」化粧品ブランドである。マーケティング目的で製品の植物成分を誇張しているとしばしば指摘を受けたが、同ブランドは、フェアトレードや持続可能な発展、動物実験反対といった問題と密接な関わりを持っていた。消費者たちのこれらの問題に対する関心が高まってきたため、この買収はロレアル社にとって有利だった。

舞台裏では、オーエン-ジョーンズがロレアル社の組織構造の合理化に着手していた。彼はロレアルパリブランド傘下の化粧品ラインを拡張しながら強化し、最終的にそれをグローバルなミドルマーケットにおけるビューティーブランドに作り変えた。彼は業績の良くない、あるいはグローバルに展開しにくいブランドを削減し、グローバル「メガブランド」を会社のコアとして維持した。このプロセスを支えるために、彼はブランドマネージャーで構成されたグローバル組織を設立した。その組織メンバーたちはそれぞれが担当するブランドの、グローバルに標準化されたブランドアイデンティティを整備すると同時に、現地に適合したブランド戦略も導入する権限を持つ。（その一例は、メイベリンである。メイベリンの口紅、ウォーターシャイニーシリーズは日本で発売し、潤いとツヤという現地のニーズに応えた製品である。この製品が大ヒットしその後世界で販売されるようになった。）

ウージェンヌ・シュエレールの理論によれば、ブランドの成功は研究とイノベーションに基づいている。オーエン－ジョーンズはロレアル社の研究員を8倍に増やし（現在の人数は約3000人を超えている）、全世界14か所の研究所の設立を監督した。スキンエシック（SkinEthic）という会社の買収により、細胞組織工学の研究を促進した。この研究所では皮膚培養を研究しているため、化粧品の動物実験を根絶することができる。その他、ネスレ社の栄養研究所とパートナーシップを組み共同研究を行った結果、イネオブ（Inneov）という美容サプリメントシリーズを開発した。

これと同時に、オーエン－ジョーンズはロレアル社の古いブランドに輝きを取り戻すための取り組みを実施した。ランコムに「フランスの魅力に触れて」（With a touch of French charm）

(Lancome.com)というグローバルスローガンを与え、洗練されたフランスビューティーを表現させた。傘下に収めたヘレナルビンスタインを「科学的なビューティー」と再定義し、新世代のためのブランドとして包装し直した。

2006年、リンゼー・オーエン－ジョーンズ(2005年にナイト爵位を授与)はロレアルグループ最高経営責任者としての任期を満了し、その後は2011年の初めまで会長職を務めた。彼がロレアル社の舵を取っていた数十年、会社は二桁台の成長を維持し、野望を抱いたフランスのヘアケア企業から、6万4000人の従業員と世界130か国に拠点を持つ巨大組織へと発展してきた。当社は柱となる23個のグローバルブランドのポートフォリオで、現在の成果を達成したのである。

オーエン－ジョーンズの後任者はジャン－ポール・アゴンというフランス人である。素晴らしい経営成績を残したジョーンズの後を務めるのは簡単ではない。アゴンはジョーンズの時代にアジア市場を開拓した際の中心人物であり、彼は「マーケティングに長けている」とロレアル社は説明している。その後、彼はロレアルブランドを率い、ガルニエブランドのフルクティス(Fructis)シリーズでアメリカ市場に旋風を巻き起こした。さらに、彼はボディショップの戦略も考案した。

前任者と同じように、アゴンはビジネススクールを卒業してすぐに、ロレアル社に就職した。どのような企業文化が、転職など考えもしない社員を育てるのであろう?

あなたにはその価値があるから

私たちはパリのモンパルナス区にあるレストランのテラスで会った。私はそこでロレアル社の元社員に、同社がどのように社員に最高の忠誠心を教えたのかを語ってくれるよう口説いた。彼は多くのことを教えてくれたが、その中の一つの出来事が最も印象深かった。ここでは彼をアレックスと呼ぶ。彼は次のように語った。「彼らはいつも、あなたは才能を持っていると言っています。そして、それは決して『潜在能力』ではなく、いつでも『才能』でした。その違いを考えてみてください。」

その時、私はロレアル社の有名なスローガン「あなたにはその価値があるから（Because you're worth it)」を思い出していた。高級化粧品を扱う企業にとって、このスローガンは完璧な表現力を持つ。このスローガンは、1973年に発表した「私にはその価値があるから（Because I'm worth it)」に数回の修正が行われた結果である。このコピーは23歳のコピーライター、アイロン・スペヒトが書いたもので、彼女は広告代理店のマッキャンエリクソン社に勤めていた。初めは女優のシビル・シェパードに語らせたその言葉で、女性たちがより平等な権利を求める時代において、理想的な感情表現であった。このスローガンは２００４年まで使われた。その時までにフェミニスト的なメッセージは徐々に薄まっていった。特に百万ドル以上の契約料を稼ぐ女優の口から出ると、この言葉は傲慢とうぬぼれのように聞こえるようになった。そのため、このスローガンはより包容力を持つ「あなたにはその価値があるから」に修正され、消費者とブランドの関係を強化することが目的とされた。

この言葉は時折、企業の人事部門によって、従業員を一体化させる目的でも使われている。しかし、そこで働いてみれば、その言葉は、説得力がなくばかばかしい、などとは思えなくなる。ロレアル社は従業員たちに自分の価値を感じさせる社風を持っているのだ。事実、あなたをこの大家族に招き入れるプロセスも、それを感じさせるものである。

アレックスはこう述べた。「新入社員は、まず約6か月間の研修を受けます。初めは、研究開発、流通、マーケティングなどのバックオフィスを一通り見ます。まるで、経営幹部養成コースに入ったように感じました。その後、販売部門に配属されます。大変そうに聞こえますが、そうでもないんですよ。一流のホテルに泊まることができ、最大限に尊重されます。これは非常に貴重な経験です。会社に戻った時には、プロダクトマネージャー職を得られるようになっています。」

同時に、研修を受けた若者たちは絆を大事にするように言われる。「ロレアル社では研修生たちに向け、多くの交流イベントが組織され、そこで沢山の友達ができます。ロレアル社で勤める間は、皆が同じ階段を昇っているので、一緒に仕事をするようになることもあります。そしてすぐに、仕事以外の時間でも、会社のネットワークで生活していることに気付くんです。多くの会話はロレアル社と同僚たちについてなんです。」

これは非常に素晴らしいことだ―あなたがそこを離れるまでは。「私がロレアル社に勤めていた間、会社に解雇される人を見たことがありませんでした。自ら退職した人も少なかった。研修が終わった時、皆は他の企業で、ここより良い職を見つけることが難しいと考えるようになると思います。」

ベアトリス・コリンとダニエル・ローアックが執筆した『ロレアル・モデル（*Le Modèle L'Oréal*）』（２００９年）では、人々がロレアル社で勤める平均年数は13年であると発表した。世界における管理職の離職率は５・９％であり、全従業員の離職率は４・９％である。しかし、我々は離職率からロレアル社の経営がすべて順調であると推測することはできない。リンゼー・オーエン－ジョーンズは、企業内部に競争精神を養成したことでも有名である。彼はよく、社内で競合するブランドを同じ市場に送り出し、チーム間の競争を奨励する。従業員たちは自分の判断力を試すようにチャレンジし続ける。ある意味、ロレアル社の従業員たちは戦友であり、戦争の中で団結しながら、自分たちが求める高い水準と戦っていく。

アレックスははっきり語った。「ロレアル社は完璧さを称賛する社風ですが、なんでも初めから正しいとは限りません。上司の指示に完全に従ったにもかかわらず、初めからやり直し、なんてこともよくあります。パラメーターを変えたり、前の発言を覆す、なんてこともあります。しかしこの社風で育てられた従業員は、どんな時でも予備の計画を持つべきであることを、素早く学習します。」

若い管理職は自分の上司によい印象を残すために、早朝から晩遅くまでしっかり働く必要がある。しかしアレックスは、ロレアル社で働くことは非常に良い体験だったと考えている。「若者に多様性と多くのチャンスを与えてくれる企業はそう多くありません。早い段階から、従業員たちには裁量権が与えられます。それはロレアル社が彼らに自分で問題解決力と責任感を持ってほしいと期待しているからです。同時に、間違いも許され、これがイノベーションを奨励する企業文化の一部となっています。」

従業員たちにとって、ロレアル社の国際的なプロフィールも魅力の一つである。海外出張や海外で働く機会が多い。このようなチャンスがあれば、アレックスもロレアル社で働く期間がもっと長くなったはずである。しかし時々、人々はチャンスとすれ違ってしまうこともある。「私は、病気で休職中の人の代理だったので、その人が戻ってきたときに、私に正社員のポストが用意されなかったんです。」と彼は私に言った。

ロレアル社で勤めた経験を履歴書に書くと、新しい仕事がすぐに見つかる。しかし一晩を過ぎて分かったのは、ロレアル社を一度離れると、永遠の別れになってしまうことだ。「ロレアル社を離職した後、友達を家に招待しました。友達の内、一部の人は市外の友人でしたが、来た大多数の人はロレアルの元同僚でした。当然ですが、彼らの話題の全てが私が働いていない場所と知らない人たちについてでした。私の自宅で開催した夕食パーティーで、私は仲間外れのように感じました。ロレアル社で働いていた時、わたしたちはこの会社と深く結ばれていることには気付いていませんでしたが、この時、私はロレアル社が一つの教派であると認めざるを得ませんでした。」

当然ながら、教派はその守秘性で知られる。ロレアル社は社内階層間の情報閉鎖をしっかりと行っていることで有名である。「もし彼らにとってあなたが知り合い、あるいは彼らが信頼する人からの紹介者でない場合、彼らからは何の情報も得られません。」ある競合企業の広報担当者は、そう忠告してくれた。これが私のメールと電話が沈黙の壁に当たった理由だろう。

これは被害妄想などではない。コリンとローアックが書いているように、「ロレアル社に接近しやすいのは、広告内容とコーポレートコミュニケーションだけである。入り込みにくい理由は、競争が厳しい産業での企業の戦略優位性が知られてしまうことを避けたいからだ。企業の組織内も守秘を好む傾向がある。これはロレアル社の管理職たちの慣習になっている。」

先の著者たちが付け加えて言ったのは、ロレアル社で働く人々はある守秘契約にサインしたように感じていることである。彼らは会社を離れた後でさえ、会社の秘密を口に出すことを裏切り行為と考えているのである。

こうした「秘密好き」の社風は、2010年夏にピークに達したスキャンダルへの関心をそそった。事件はリリアンヌ・ベッタンクールと彼女の娘フランソワーズ・ベッタンクール－マイヤーズの間に起きた争いから始まった。娘のフランソワーズは、母親のリリアンヌとフランソワーマリー・バニエという社交界のカメラマンの交際に反対していた。彼は某雑誌社がリリアンヌの撮影を行う際に、リリアンヌに接近したのである。法廷では、フランソワーズはバニエが母親の「虚弱な精神状態」を利用し、およそ10億ユーロに値する贈り物と金銭を入手しようとした、と主張した。彼女は法廷に母親の財産を自分に管理させるように申し入れた。

この問題は最終的に、親子が和解することで決着した。彼女の母親はバニエとの関係性を切ることや、彼を生命保険金の受取人名簿から外すと言う約束をし、ベッタンクールーマイヤーズは法的訴訟を取り下げた。フランス最大の資産の未来が保証されるようになったこのスキャンダルがきっかけで、「メディアが披露した不法な録音」、「フランスの与党への秘密寄付金」、「驚くほど巨額な脱税」、及び「セイシェル群島にある一つの島を適切な贈り物とする」などの物語が明るみになった。

親子の間に起きた争いが和解し、リリアンヌ・ベッタンクールが娘と初めて公衆の前に姿を見せた時、このスキャンダルに終止符が打たれた。彼女たちは一緒にロレアル社が香水を作っている、アルマーニがパリで主催したファッションショーに参加した。

美の世界では、スキャンダルさえも、魅力的に終わる。

ビューティーへのコツ

✽ウージェンヌ・シュエレールは彼のカラーリング製品を双方向戦略を通じて販売していた。つまり、サロンのオーナーや美容師と緊密な関係性を維持しながら、ヘアスタイルをファッションと結びつけたマーケティング活動を行った。

✽彼は若く見せたいというニーズを購買動機として喚起した。

✽後に、彼は大衆向けシャンプーと日焼けローションの領域においてイノベーションを行った。

✽シュエレールの後任者はランコムとヴィシーなどのブランド買収を通じて、ロレアル社を贅沢品とスキンケア市場に参入させ、研究開発部門を大幅に拡張した。

✽シャルル・ズヴィアックは成功するビューティーブランドは、研究、マーケティング、品質という「黄金の三角形」の上に成り立つと確信していた。

✽リンゼー・オーエン－ジョーンズは1988年にロレアル社の社長を就任してから、ロレアル社をグローバルな巨大企業に発展させたことで評価されている。

✼彼はブランドが持つ伝統を重視していた。例えば活気が溢れるニューヨークのイメージを持つメイベリン、パリの洗練さを持つランコムのように、これらの伝統は世界でアピールできる魅力を持っている。

✼グローバルブランドマネージャーたちは、世界におけるロレアル社のグローバル「メガブランド」の標準化を維持しながら、参入国の現地ニーズに適合させるようにしている。

✼オーエンージョーンズは企業の活力を図るために、従業員とブランドの間での競争精神を奨励する。

✼ロレアル社の採用活動と研修制度は、高い忠誠心を持つ有能な従業員たちを育てた。

第6章

浴室にいる巨人

消費者のニーズを見つけ、それを満たしていく

1832年のある朝、ウィリアム・プロクターは元気よくロンドンの街頭を歩いていた。この先にはハードな仕事が待っているが、彼に不安はないようだ。彼は子供の時、雑貨店でローソクづくりの見習いとして、ローソクの液体に芯を入れる作業をしていた。今の彼は30歳を過ぎ、1000本のキャンドルより明るい未来が彼を待っていた。昨日、彼はウール製品と洋服を販売する自分の店をオープンしたのだ。これは彼にとって初めての起業で、先の道に疑いを持つ理由もなく、成功への自信が溢れていた。

店に近づいた時、プロクターは何かおかしな様子を感じ取った。店のドアは半開きで、窓ガラスにひび割れが残っていた。間もなく、最悪の事態を確認した。店が泥棒に入られ、棚の上にあった商品が全て盗まれていたのだ。この不法侵入によってプロクターには8000ポンドの負債だけが残った。これは当時非常に大きな金額で、彼は一夜で破産したのである。

不名誉、あるいは変わらず持ちつづけていた楽観的な気持ちに駆り立てられ、彼は新しい世界

を開拓しようと決心した。彼は妻と一緒にアメリカへと向かい、到着後多くの開拓者と同じように西部に出かけた。しかし、プロクターは悪運から逃れられなかったようだ。彼らの旅がオハイオ川に差しかかった時、妻が病気になってしまったため、彼らはシンシナティで足を止め、病気を治療することにした。数か月後、彼女は亡くなった。

これによって再度創業する夢が断たれたプロクターは、シンシナティの銀行で仕事を見つけた。負債を返済するために、彼は毎日一生懸命に働き、残りの時間でキャンドルを作っていた。これは論理的な選択だった。この都市では、最も重要な産業が食肉加工業であり、キャンドル作りに必要な油や油脂などが非常に簡単に手に入ったのである。暫くしてから、プロクターは銀行での仕事を辞めて、この高収益の事業を一人で始めた。

彼は妻を亡くしたこの土地をずっと離れなかったが、最後はようやく悲しみの中から立ち直り、オリビア・ノリスという若い女性と再婚した。彼女は著名なキャンドル生産者である、アレクサンダー・ノリスの娘であった。オリビアの姉、エリザベス・アンは、1819年に家族と一緒にアメリカに移住した石鹸製造者だったアイルランド人と結婚していた。偶然にもこの若い男も当初、病気のためシンシナティで足止めにあっていた。彼は病気から回復後、この土地に住むことにした。ウィリアム・プロクターが彼と出会った時、彼の石鹸とキャンドル製造ビジネスは既に軌道に乗っていた。このアイルランド人の名はジェームズ・キャンブルという。

プロクター・アンド・ギャンブル：運命の結びつき

アレクサンダー・ノリスは非常に賢い商売人だった。彼は夕食後、娘婿たちと暖炉の前に座り、タバコを吸っていた。どのような状況においても、彼は娘婿たちにいいアドバイスをできるのだ。彼が気付いたのは、二人の娘婿が同じ原材料を得るために競争していたことだった。ならば、なぜ彼らは一緒に事業を始めないのか、と考えたのである。1837年10月31日にプロクター・アンド・ギャンブル社が設立され、総資産は7192・24ドルであった。（同社が2006年に出版した『P&G社史：1837年—現在（*P&G, A company History: 1837-today*）』の中で、異なる形で、この話が描かれている。）

正確には、プロクター・アンド・ギャンブル社は美容関連企業とは言えない。その成功は大いに石鹸に支えられていたからだ。特にキャンドルが電球に取って代わられた後、石鹸が本業になった。しかし美容産業の先駆者たちと同じように、プロクター・アンド・ギャンブル社はブランドの達人であり、持前の才能と競争で磨かれた手腕の両方を持っていた。

ブランドの概念は産業革命の時に現れた。蒸気機関の時代に店の経営者たちは棚にあった商品をより遠いところで販売できるようになった。プロクター・アンド・ギャンブル社は鉄道路線とオハイオ川の近くに立地し、時代の変遷がもたらしたメリットを十分に活用した。他の製造者と同じように、読み書きのできない積み下ろし労働者でも識別しやすいよう、彼らは自分たちの荷物にマークを付けた。プロクター・アンド・ギャンブル社の最初の商標は輪になった星だった。最終的に、ウィリアム・プロクターは月と13個の星を加え、アメリカの13植民地を象徴させた。このロゴは１９３０年まで大きく変わることはなかった。そして会社は１８５０年終りまでに、百万ドル規模の企業までに成長したのである。

プロクター・アンド・ギャンブル社はチャンスを見つけることに長けていた。石鹸の製造はロジンという原材料をベースにしている。これは松の木の樹液から抽出された固形の樹脂である。南北戦争の時に流れた噂によれば、創業者の息子ジェームズ・ノリス・ギャンブルとウィリアム・アレクサンダー・プロクターは南部を訪れ、大量のロジンを非常に安い値段で買い付けた。その一方で石鹸の拡大する売上に対応するため、同社は新工場を建設した。１８６２年、ロジン供給量が減少し、石鹸製造者がロジンを手に入れにくくなった時にも、プロクター・アンド・ギャンブル社は北軍に石鹸とキャンドルを供給する契約を勝ち取った。

現在まで同社で最も長く続くブランドもまた、この新しい世代によって考え出されたという。アイボリー石鹸は、ジェームズ・ノリス・ギャンブルとプロクターのもう一人の息子ハリーによって開発された。そのきっかけは成分を配合する際に現れた幸運な偶然だった。通常より多くの空気を製品に注入すると、石鹸が丸ごと水面に浮かんだのだ。この石鹸の名前は、ハリーが教会で読んだ聖書の中にあった言葉、「象牙の宮殿を後にして」に由来している。この言葉には情緒的な効果も含まれる。当時の石鹸は、清潔さに関連付けられるだけではなく、白い肌と関連づけられていたからだ。

この時代のアメリカでの広告の評判はあまりよくなかった。インチキ商品を美化して売り付けている、と考えられていたほどだ。言葉で飾り立て、単純な消費者を騙し、疑わしい商品を買わせている、とも言われた。今の時代で言えば、袋いっぱいの効果のない薬を持って、乗り合い馬車から降りてくる薬の商人と同じような存在だと考えられていた。しかし、ハリー・プロクターはアイボリーが持つ特別な性質が、広告活動に最適だと考えた。彼はジェームズに当時としては、小さな金額ではなかった1万1000ドルの販促予算を用意してくれるよう説得した。1882年、この不思議な石鹸は『インディペンデント（*Independent*）』紙の全国版で広告を出した。広告のキャッチコピーは「純粋だから、水に浮かぶ」（so pure it floats）。これが大ヒットした。その後、女性誌が誕生すると、プロクター・アンド・ギャンブル社は１９８６年に『コスモポリタン（*Cosmopolitan*）』誌で初めてのフルカラー広告を出した。

プロクター・アンド・ギャンブル社が20世紀に向かおうとしていた時期にはすでに、今日の同社の雛形が出来ていた。１８８６年にシンシナティ市内から数マイル北の場所に、アイボリーデール（Ivorydale）と呼ばれる現代的な巨大工場が建設された。４年後、ここはアメリカ初の製品分析研究所の一つとなり、さらに優れた石鹸の配合と製法の研究に特化した。ところで、１９１１年のある大発見がプロクター・アンド・ギャンブル社から浴室用品の生産者のレッテルを外した。同社は固体状の水素で加工された綿種の油の常温下での実験を行い、それを石鹸の原材料にしたのだ。この研究によって、従来の食用油の代替品を発明し、クリスコ（Crisco）という名前で製品を販売するようになった。１９１２年、プロクター・アンド・ギャンブル社はクリスコの使用法を紹介するレシピ本を発売し、製品売上の大幅な増加に繋げた。

言うまでもなく、第一次世界大戦は会社を苦境に陥れた。しかし同社はこの困難な時期を乗り越える準備を事前に行っていた。アメリカが「狂騒の20年代」（訳者注：米国の１９２０年を表す言葉で、社会、芸術及び文化の力強さを強調するものである。）に入ろうとしていた頃、プロクター・アンド・ギャンブル社は有望な新興メディアであったラジオに投資し、クリスコはとある料理番組とのスポンサー契約を結んだ。オキシドール（Oxydol）洗剤ブランドも、マ・パーキンス（*Ma Perkins*）という番組シリーズによって有名になった。これらのスポンサー契約は大成功し、プロクター・アンド・ギャンブル社はこうした成功体験を他のブランドにも活用した。お察しの通り、この種の契約によって、「ソープオペラ」と呼ばれる昼の連続ドラマも付随的に生まれた。

ビューティーを再定義する

プロクター・アンド・ギャンブル社は消費者たちの広告に対する反応を知るために、新しい手法を開発した。1924年、同社は初のマーケティングリサーチ部門を設立した。それまでの製品開発は多くの場合、直感的な経験に基づく仕事だった。しかしプロクター・アンド・ギャンブル社は、消費者たちの日常的なニーズを満たすために、消費者の生活に関わる情報を多く集めようとしていた。

この部門は経済学者のポール〝ドック〟スメルサーが率いていた。トーマス・K・マックグロウが2000年に出版した『アメリカンビジネス、1920-2000：成功の仕組み（*American Business, 1920-2000:How it worked*）』では、ドックは「小柄で元気のよい熱心な人」で、彼のおしゃれなスポーツジャケットとネクタイの格好は，多くのプロクター・アンド・ギャンブル社の管理層のフォーマルな服装な中で異質だったと述べられている。彼はさらに，突然管理職層の隣に来て，例えば，「どれくらいの比率で，顔と手を洗う時にアイボリー石鹸が使われている？洗い物にはどうか？」などと質問をすることで彼らを挑発した。答えられる者はいなかった。

ドックは34年間，マーケティングリサーチ部門を率い，それを「世界の同種部門の中で最も複雑と言える組織」に作り上げた。彼の研究スタッフは数百人にまで膨らんだ。彼は数千人の訪問調査員を募集し，その中に多くいた女性調査員には「保守的な服装に，ハイヒール靴と帽子」を身につけることを要求した。彼女たちは礼儀正しく，調査対象者に料理，洗濯，家事などの習慣について尋ねた。インタビュー中，調査対象者が怖がらないように，「彼女たちはノートやアンケートを持参しない」ようにしていた。それは，インタビュー後，彼女たちが直ちに車に戻り，先ほど聞いた内容をすぐに書き留めなければいけないことを意味する。

リサーチ部門にやってくる情報に取り囲まれ，ドックは「当社の製品，そして競争力を持つ商品がどのように使われているか，あるいはどのように使われる可能性があるか，これらの製品はどの点で消費者に好まれ，どの点で嫌われるのか」などの情報をほぼ全て知っていた。その他に彼はメディアの研究にも注目していた。彼はラジオ局に聴衆がどれくらい存在するかを知っており、ラジオ局の管理者たちはこれらの統計データの正確さに驚かされた。事実、ラジオ局自身も自分たちにどれくらいの聴衆がいるかを知らなかった。

ドックの助けによって、プロクター・アンド・ギャンブル社はその使命「消費者のニーズを発見し、それを満たしていく」(Find out what consumers want and then give it to them) を実現することができた。この言葉は同社のもう一人の先駆者が創造したものだ。

彼の名前はニール・マッケルロイといい、ブランドマネジメントの発明者である。マッケルロイは1925年にハーバード大学を卒業後、プロクター・アンド・ギャンブル社に入社した。六年後、彼がキャメイ (Camay) 石鹸の宣伝を担当した際、マーケティング部門をより効率的に運営する方法を考え出した。彼は三ページ分のノートに自分のアイディアをまとめ、同じマーケターが同時に異なるブランドを担当するのではなく、各ブランドのために専属チームを設立すべきだと会社に提案した。これらの専属チームでは、チームメンバーがブランドマネージャーに状況を報告する個別の事業組織として運営される。マーケティングに加えて、彼らは販売、製品開発、及びブランドを成功させるまでの全ての関連業務を推進する。各ブランドはプロクター・アンド・ギャンブル社以外のブランドと競争するし、社内のブランドとも競争する可能性がある。これはブランドが新しいニッチ市場を発見するよう注力させ、イノベーションを促すことにもつながる。

プロクター・アンド・ギャンブル社はマッケルロイの意見を採用した。それは何年も後に、リンゼー・オーエンージョーンズがブランド競争を促すためにロレアル社に導入した手法の先駆的な取り組みだった。マックグロウは「ビジネス手法としてのブランドマネジメントは、二十世紀のアメリカにおけるマーケティング・イノベーションのシンボルだ」と語った。

第二次世界大戦後、プロクター・アンド・ギャンブル社は巨人へと成長し、逞しい競争力を持つ企業文化を作り上げた。マックグロウはその文化を「綿密に仕組まれた神秘性、野心、マーケティングをベースにしている」と表現した。いくつもの新製品の発売とブランド買収を通じて、プロクター・アンド・ギャンブル社は消費者の日常生活の隅々にまで入り込むようになった。20世紀最後の年に発表されたプロクター・アンド・ギャンブル社のブランドリストには、タイドの洗剤（１９４６年）、シャーミンのトイレットペーパー（１９５７年）、パンパースのオムツ（１９６１年）、ヘッド&ショルダーのシャンプー（１９６１年）、アリエールの洗濯用洗剤（１９６７年）、プリングルスのポテトチップス（１９６８年）、バウンス（Bounce）の衣類用柔軟剤（１９７２年）、オールウェイズ（Always）の生理用ナプキン（１９８３年）が並んだ。まるで、週末のショッピングリストのように見える。

プロクター・アンド・ギャンブル社は1985年にリチャードソン・ヴィックス（Richardson-Vicks）社（オイル・オブ・オレイ（Oil of Olay）、パンテーンとヴィダルサスーン）を買収した。1989年にノクセル社（Noxell）（『カバーガール（CoverGirl）』誌と『ノックスジーマ（Noxzema）』誌を創立）を買収し、一年後にはオールドスパイス（Old Spice）社、翌年はマックスファックター社とエレンベトリックス（Ellen Betrix）社の化粧品会社を買収し、美容業界へと事業を拡大した。

これらの買収によって、プロクター・アンド・ギャンブル社はジョルジオビバリーヒルズ（Giorgio Beverly Hills）ブランドを発売し、香水事業にまで参入した。最終的に同社はドルチェ&ガッバーナ、ダンヒル、エスカーダ、グッチ、ヒューゴボス、ラコステやプーマなどのブランドの香水を製造している。

プロクター・アンド・ギャンブル社のマーケティングリサーチとブランドマネジメントの手法は、この企業を恐るべき組織に作り上げた。トーマス・マックグロウの話によれば、企業目標の一つは、10年毎に売上を倍増することである。この目標を達成するために、会社は数十億ドルの広告費を支出し、その大半はテレビ広告に投下してきた。1993年までにプロクター・アンド・ギャンブル社の売上は300億ドルに達し、半分以上がアメリカ国外での売り上げだった。

美容部門での利益にもかかわらず、プロクター・アンド・ギャンブル社は大衆向け消費財企業のままだった。しかしジェフリー・ジョーンズが『イメージされた美しさ（*Beauty Imagined*）』で指摘したように、1990年代初期でこうした状況は全て変わった。1992年、プロクター・アンド・ギャンブル社の最高経営責任者エド・アーツは、「ビューティーを再定義する」というスピーチを発表し、その中で彼は美容産業がわが社の参入した「最もダイナミックな分野」で、「成長の可能性が最も高い」と述べた。「155年の歴史を持つ石鹸と洗剤の製造企業が、なぜファッションと美の世界に参入したのか」を解釈するために、彼は美容産業が過去と比べて研究と技術分野をより重視するようになり、「我々の業界」になったのだと語った。

10年間もたたないうちに、プロクター・アンド・ギャンブル社の最高経営責任者はA・G・ラフリーに代わった。彼は同社のビューティー事業グループを運営してきた経験から、美容関連製品の高利益率が高い投資収益率をもたらすことを熟知していた。ジョーンズは次のように書いた。「プロクター・アンド・ギャンブル社の強みは、ブランド作りとイノベーション、そして、ディスカウントストア、ドラッグストア、雑貨店チャネルについての深い知識である。」眠っていたブランド、オイル・オブ・オレイ（Oil of Olay）のために、同社は広告予算を作り、ヘアケア事業に参入するため、ヘアカラーブランドのクレイロール（Clairol）まで買収した。

２００５年、プロクター・アンド・ギャンブル社は５７０億ドルでジレット社を買収し、世界最大の消費財グループとなった。この買収は同社にジレットの髭剃り用製品だけではなく、電器製品のブラウン、デオドラントのライト・ガード（Right Guard）と電池のデュラセル（Duracell）ももたらした。そして、この出来事は男性美容用品市場という、プロクター・アンド・ギャンブル社にとって弱点だった領域の実力を大幅に高めることにもつながった。（『ＡＰ通信』、２００５年１月28日、「プロクター・アンド・ギャンブル社が５７０億ドルでジレットを買収（P&G to buy Gillette for US＄57 billion）」）

ラフリーの就任から10年を過ぎた頃には、プロクター・アンド・ギャンブル社は「石鹸と洗剤の会社」から、美容、パーソナルケアと健康用品が売上の半分を超える会社に姿を変えていた。

ユニリーバ：個人の魅力に貢献する

プロクター・アンド・ギャンブル社には、家庭用品とパーソナルケアのカテゴリーでの競争相手がいた。コルゲート・パームオリーブ（Colgate-Palmolive）、レキットベンキーザー（Reckitt Benckiser）やジョンソン・アンド・ジョンソンなどの名を知っている人は多いだろう。これらのブランドは、歯磨きから頭痛薬、シャンプー、粉ミルクまで色々な形で我々の浴室の内外に存在する。しかし、ユニリーバ社を詳しく見てみると、その有名ブランドの一部にはダヴ、ラックス、ポンズ、ライフブイ（Lifebuoy）、サンシルク（Sunsilk）、ＴＩＧＩ、ヴァセリン、そして生意気な男性用香水ブランドのアックス（イギリスではリンクス（Lynx）と呼ぶ）がある。

ユニリーバ社は個人の衛生向上の歴史に大きな影響を及ぼした会社でもある。同社の創始者の一人であるウィリアム・ヘスケス・リーバというイギリス人は、19世紀の終わりに、あるアイディアで石鹸の購買と使用の方式を変革したのである。

リーバは１８５１年に、ボルトンで生まれた雑貨商人の息子で、自然な成り行きとして父親の跡を継ぎ、同じ仕事を始めた。当時、石鹸は大きな塊で雑貨店に卸売され、雑貨店で顧客のニーズに応じて、小さく切り分けて販売されていた。若きウィリアムは小さい塊の石鹸を販売できるかを考え始めた。彼はまず、他の製造業者から仕入れた石鹸を販売することからビジネスを始めた。

ウィリアムは石鹸の品質をさらに向上できると信じ、商売から得た収益で研究を始めた。彼は弟のジェイムズと一緒にウォリントンで工場を借り、リーバ・ブラザーズ（Lever Brothers）という社名を付けた。（アダム・マックイーン、２００５年『サンライトの王様：ウィリアム・リーバは世界をどのように洗いあげたのか（*The King of Sunlight:How William Lever cleaned up the world*）』という本では、ジェイムズは当時では珍しい糖尿病を患っており、精神的に不安定だと見られていたため、企業内で力を発揮できなかったと指摘している。）

ウォリントンで多くの異なる石鹸の処方を実験した結果、あるパーム核油、綿実油、樹脂、獣脂から混合された製品の開発に成功した。彼はそれをサンライト（Sunlight）と名付けて販売し始めた。一つひとつの石鹸は人目を引く鮮やかな包装で包まれ、そして買いやすい価格で、清潔で、大量生産にも適していた。発売後、石鹸の売上が急速に増えたので、リーバは余儀なくチェシャーのマージー川沿いにより大きな工場を建設した。アイボリーデールと名付けたプロクター・アンド・ギャンブル社の工場と区別されるように、彼は新しい工場をポート・サンライトと名付けた。１８９５年の一年間に、そこで4万トンの石鹸が生産された。

リーバは自身を単なる実業家としては見ていなかった。彼は同時代のビクトリア朝のイギリス人の日常生活を向上させることを目指し、次のように述べた。「製品の使用者の生活が楽しく、価値のあるものになるように、清潔さという考え方を広め、女性の仕事を楽にし、健康を促進して、個人の魅力の向上に貢献します。」（www.unilever.com）

彼はまた、従業員たちが快適な暮らしをできるように努めた。ポート・サンライトは単なる工場ではなく、一つの村でもあった。そこで働く人々に、住まいや娯楽施設などを提供していた。しかし、その備え付けのデメリットとして、仕事を失えば、家も失うことになる。

アダム・マックイーンはリーバの従業員を次のように描いた。

「リーバの従業員たちはよい暮らしをしていた。広い部屋は細部の作りまでこだわっており、外観はチョコレートボックスのように作られ、リーバの好みに合っている。しかし、彼らの暮らしには様々な面で厳しい規則があった。彼らは前期ラファエル派の名作とリーバが集めた多くの芸術品が展示される、広くて区切られた食堂で食事をした。彼らは村の体育館施設で体を鍛え、村の芝生の隣の屋外プールで泳いだ。彼らは中世風の作られた教会でお祈りをし、控えめに酒を飲み、一緒に歴史、語学、文化などのレッスンを『絶対的な義務』として受けた。」

（『タイムズ』誌、2004年5月13日、「サンライトの国王（The king of sunlight）」）

このような家父長的なやり方は、彼らの社会生活にまで浸透していた。従業員たちは仕事以外の時間、1000席もある音楽堂で行われたオーケストラから演劇まで、村が行う様々なイベントに参加しなければならなかった。女性たちがもし男性の同僚と一緒に市民ホールで開催するダンスパーティーに参加したければ、会社の「社会部」の許可を得なければならなかった。規則違反、あるいは規則に慣れない人は会社から解雇される。リーバは身体の清潔さを啓蒙および繁栄と同じく見なした最初の人間ではないが、ここまで極端に行動に移した人はそういない。

仕事において、リーバはガラス張りのオフィスから各工程を注意深く見つめ、工場を監視した。社宅と社員食堂が用意され、一日8時間の労働、年金制度、失業と病気の手当などの福利厚生も他のところに見られないほどの手厚さだ。当時の就労条件について、マックイーンは次の例を用いて述べた。

「1888年にポート・サンライトが設立された時、東ロンドンにあるブライアント&メイ(Bryant & May)工場の1000名を超える労働者はストライキを行った。彼らは14時間のシフト制の職場で黄リンを処理しており、この発がん物質に頻繁に接触すると顔の皮膚が腐敗してしまうと抗議していた。大多数の工場労働者は、その僅かな給料から自分の作業服と工具の費用も負担しなければならなかった。工場の暖房装置の費用さえ、労働者から徴収されていた。」(前掲記事より)

リーバのイノベーションの全てが評価されたとは限らない。1906年に彼は他の石鹸製造者と共に独占的な「石鹸トラスト」を設立し、消費者と製造業者が原材料、生産と広告などの面における規模の利益を得ることを狙った。しかし、こうした独占販売はアメリカから非難を受け、イギリスのメディアもリーバの行動を厳しく批判した。『デイリー・ミラー（*Daily Mirror*）』紙に掲載されたイラストでは、彼の王国を「ポート・ムーンシャイン」（Port Moonshine）と書き換え、強欲な石鹸のボスに脅えている消費者に「私は全ての情勢を握っている。私以外に石鹸を製造できる人はいない。私は好きなように価格を上げられる。」（I'm boss of the situation, nobody else can make soap but me and I can raise the price to what I like.）ともじった。『デイリー・メール（*Daily Mail*）』紙も類似した批判をし、リーバは訴訟を起した。彼は5万ポンドの賠償金を得たが、その年の末までに独占が禁止されることになった。

そうした挫折もリーバの事業拡大を妨げることはなかった。彼は1910年にペアーズ（Pears）石鹸を買収した。この大衆ブランドは、アンドリュー・ペアーズという理髪師が18世紀終わりの頃に売り出した製品だ。ペアーズ石鹸を使った消費者が、この石鹸は皮膚への刺激が強いとクレームをつけたため、彼は自然で、肌にやさしい製品になるよう改良を行い、最終的に、グリセリンをベースにした新製品が開発できた。この製品はアンドリューの孫であるフランシス・ペアーズが主導して開発されたのであったが、新しい石鹸が持つ透明感とハーブの香りが非常に魅力的で、後にA&Fペアーズ社の事業基盤となった。

フランシス・ペアーズの事業は、マーケティングの天才である彼の娘婿、トーマス・J・バレットによって支えられていた。バレットが前期ラファエロ派画家のジョン・エバレット・ミレー卿を口説き、天使のような男の子が、天へと昇るシャボン玉を見つめる絵を売ってもらったことは広告の歴史に残る非常に有名な出来事である。彼はさらにミレーにその絵にペアーズ石鹸を一つ加えるように説得した。こうして、「シャボン玉」がペアーズ石鹸のアイコンに変わり、人々が家にその絵を飾ったために、一種の広告効果を発揮した。他にも、バレットは初めての有名人イメージキャラクター、リリー・ラングトリーを手に入れた。彼女は女優、高級娼婦、そしてウェールズ王子の愛人だった。

リーバはペアーズブランドを手に入れた後、その生産をポート・サンライトに移した。彼はバレットの本から一枚の絵を選び、その絵を購入した後、自分の商品広告に作り直した。バレットとは異なり、彼は原作者の承諾を得ないまま、それを広告に使うこともあった。

リーバは効果的な内部組織を設立し、独自の方法で広告を作った。リーバ国際広告サービス、リンタス（Lintas）である。この組織はその後、親会社から独立したが、主な業務は数十年の間、親元を離れなかった。この依存関係は、その社名が最終的に広告業界の買収と合併のサイクルの中で消滅してしまうまで続いた。

ウィリアム・リーバがイギリスで用いた利他的アプローチは、ベルギー領コンゴでの彼のパームオイル業務まで広げられず、そこでは入植者が使う恐ろしい強制労働制度を実施していたため、そこの雰囲気はポート・サンライトよりずっと暗かった。今日では、このような生産体制は消費者の不満と抵抗を引き起こしやすいが、植民地時代では、今とは異なる道徳規範が浸透していたため、リーバの慈善家としての評判は守られた。１９１７年に彼はレイバーフーム男爵の称号と１９２２年にレイバーフーム伯爵の称号を得た。そして１９２５年に肺炎で亡くなった。

５年後、パームオイル業務は新規事業基盤を作り上げた。リーバ・ブラザーズ社は、同じヤシオイルで製品を作るオランダのマーガリン製造者、マーガリン・ユニ（Margarine Unie）社と合併した。この合併を通じて、彼らは大量の原材料をより効果的で経済的に輸入できるようになった。合併後の企業はユニリーバと名付けられた。

ユニリーバ社は１９３０年代の大不況の危機を乗り切った。その理由の一端は、「固い石鹸」から粉の洗剤の使用へと，家庭の掃除習慣が変わったことにうまく適合したからである。この他、ビタミンが豊富に含まれるマーガリンの利点をキャンペーン活動で宣伝した結果、過去最高の売上を達成できた。1941年にはドイツ空軍によるロンドン大空襲の間、ユニリーバ社のライフブイ石鹸は無料の緊急洗浄サービスを提供した。ライフブイのブランド名を載せた小型トラックには、熱いシャワー、石鹸とタオルが装備され、空襲で給水できないエリアを走っていた。

1950年からのユニリーバ社の発展は、プロクター・アンド・ギャンブル社と非常に似ている。ポート・サンライトは研究開発をより一層重視し、衛生と栄養領域における消費動向や技術進歩を分析する研究所も設立した。十年の間に、ユニリーバ社は二つの最も成功したブランドを生み出した。それはサンシルクシャンプーとダヴソープだった。

1955年初期に、サンシルクはテレビ広告を出稿するようになり、そのキャッチコピーでは「競合ブランドと違って、一度で済むから、体の油分を落としすぎない」（–unlike rival brands– it required just one application, washing out fewer natural oils）と謳っていた。しかし、1967年に同ブランドの広告路線は大きく躍進した。これは『007』の映画音楽を作曲していた、ジョン・バリーのお蔭である。彼は「髪の毛に太陽の光が輝く女の子」（The girl with the sun in her hair）というメロディを創作した。その広告だけでも印象深い内容であった。広告の中で、清潔感のある顔の若い女性が彼氏と一緒に船を漕いでいる。そしてナレーションが流れる。「化粧をしていない彼女の顔は、女の子にとって最高の化粧品は、彼女のシャンプーだということを証明している……これは美しさの技術の一部なのである。」（A face without make-up proves it - a girl's most important cosmetic is her shampoo : it's part of the art of beauty.）しかし、この広告に最高の魂を与えたのはバリーが作曲したメロディだ。それが大ヒット曲となり、人気を集めた。

オイルショックの影響で、全ての人にとって1970年代は困難な時代であった。しかしユニリーバ社にとっては、スーパーマーケットチェーンの台頭が、この苦難の状況をさらに悪化させた。スーパーの購買力がユニリーバ社の交渉力を弱めたのである。ユニリーバ社は反撃を行い、ナショナル・スターチ社（National Starch）の買収を通じてアメリカ市場に参入し、リプトン社の買収を通じて世界最大の紅茶の供給者となった。この時期に、さらに防臭剤ブランド、インパルス（Impulse、「男は衝動的な行動を抑えられない」（Men can't help acting on impulse）の広告コピーで知られる）を売り出した。同時期のプロクター・アンド・ギャンブル社と同様に、ユニリーバ社は依然として美容市場へのあこがれを持つ消費財企業のままだった。

1980年になると、こうした状況は一旦変化した。当時のユニリーバ社は、運送や包装のようなコアでない事業を売却し、元々得意としていた洗剤、食品とトイレタリー事業に専念し続けた。買収の動きが活発化する中、同社はアメリカのチェスブロウ・ポンズ社（Chesebrough-Pond's）

を買収し、ヴァセリン集中ケア、ポンズ美容クリーム、さらに（少し不釣り合いだが）ラグー（Ragú）スパゲッティ・ソースを所有するようになった。

1989年に行った三度の買収を経て、ユニリーバ社は香水とコスメティック分野の大企業に生まれ変わった。同社はシェリング・プラウ社のヨーロッパ香水事業、カルヴァン・クラインとファベルジェ（Fabergé）社も買収した。その中には、エリザベスアーデンのブランドやクロエ、ラガーフェルド、フェンディなどの香水ブランドも含まれている。プロクター・アンド・ギャンブル社と同じように、ユニリーバ社は美容業界が利益率の高く、大きな投資が必要な産業だと認識していた。7年後、同社はシカゴを本拠地にするヘレン・カーティス（Helen Curtis）社も買収し、スアーブ（Suave）、フィネス（Finesse）、サロン・セレクティブズ（Salon Selectives）のようなボディケア、ヘアケアブランドも手に入れた。

2000年までに、ユニリーバ社は美容事業から得た収益を全てユニリーバ・コスメティック・インターナショナルという独立運営の会社に投下した。しかし皮肉にも、この行為は同社が高級化粧品領域における活動を打ち切るきっかけとなった。

真のビューティー

２００５年、ユニリーバ社は再びブランドポートフォリオの合理化を図った。１９８０年から１９９０年の間、会社の売上は平均して２・５％ずつ伸びていた。２０００年になると、同社は「成長への道」という経営戦略を導入した。この戦略は原料購買のような領域で確かに効率性を高めたが、売上の向上にはあまり効果がなかったようだ。

その理由は、ユニリーバ社が時代の変遷に適合しなかったからである。歴史的に見れば、同社はグローバル標準化というより、「市場に適合した」小規模での活動を行ってきた。独立して運営されるそれぞれのカンパニーは、参入した現地市場ごとにブランドポートフォリオを管理している。世界各国の距離が縮む中、会社にはより集中的なトップダウンの戦略が必要とされる。ユニリーバ社は統一したグローバルメッセージと強いグローバルブランドを持つグローバル企業に変わらなければならなかった。

こうした新しいやり方の一部として、ユニリーバ社は自社の強みと弱みを客観的に分析し、業績のよくないブランドを売却する必要性があった。分析では、パーソナルケア領域における高成長分野はデオドラント、スキンケア、ヘアケアだと示された。ここで注意すべきなのは、「香水」という言葉がないことだ。結局のところ、ユニリーバ社は、ヴェラ・ウォン（Vera Wang）やセルッティ（Cerruti）のような高級ファッションブランドより、サンシルクやダヴで世の中に知られている。結果、ユニリーバ・コスメティック・インターナショナル社は8億ドルの価格でアメリカ大手香水会社のコティに売却せざるをえなかった。（「ユニリーバ社は香水ブランドを手放す（Unilever parts with perfume names)」、２００5年5月20日、news.bbc.co.uk）

時をほぼ同じくして、ユニリーバ社は新しいミッションを発表した。「人々が美しく、健やかに、充実した毎日を過ごせるよう、私たちは栄養・衛生・パーソナルケアのニーズを満たすサービスを提供します。」(meet everyday needs for nutrition, hygience and personal care with brands that help people look good, feel good and get more out of life)、「人生に生きる力を」(bringing vitality to life) というポリシーは、同社の全ての行動の指針になっている。

この方向性は確かに特別なブランド、「ダヴ」に大きな影響を与えている。

私たちがこれまでの章で確認したように、ビューティーブランドの教科書に書かれた最も古いマーケティング手法は、消費者たちの自分の外見に対する不満を煽ることである。ニキビ、乾燥肌、オイリー肌、しわなどの存在はあなたにとって異常であると思わせ、製品はそれらを修復できると語る。しかし、もしダヴがこのような煽動に乗らない人たちのための化粧品だと定義するなら、どうだろうか？　もしダヴがあなたに、素直な自分に満足する気持ちを与えてくれるなら、どうだろうか？

ダヴは、オグルヴィ・アンド・メイザー広告代理店とエデルマン・パブリック・リレーションズ社の企画で、２００４年にリアル・ビューティー・キャンペーン活動を展開した。当初は、ファッションカメラマンのランキンが撮影した写真をベースに作った広告物とポスターを中心に宣伝していた。これらの写真では、肌着を着たごく普通の女性たちが自信ありげな顔で、不完全な自分を表現している。彼女たちの中には、モデル募集の新聞広告に応募してきた女性も多かった。彼女たちは専門のスーパーモデルではないが、素直な自分への自信をしっかりと表現できた。このような広告は、デジタル技術で作り変えたナイアード（訳者注：ギリシャ神話の美しい姿をした水の精）よりかえって印象深く、すぐに各メディアに報道されるようになった。

この広告が成功したもう一つの要因は、２００７年のオンラインビデオ「進化」（Evolution）である。このビデオでは、ニキビ面のごく普通の少女がカメラに向かって、所定の時間内で化粧し、ヘアスタイルを整えていくプロセスを撮影した。見所は、フォトショップのデジタル技術で、どこにでもいるような女の子が我々が広告の中でよく見るナイアードの姿に変身した点である。ビデオは「私たちの美意識が歪められているのも無理はない」(No wonder our perception of beauty is distorted) という言葉で締めくくりながら、ダヴの「ダヴ自信向上基金」(Self-Esteem Fund) のウェブサイトが表示された。これはユニリーバ社が設立した基金であり、「目的は、美の定義を女の子に教える教育機関の活動を支援する」ことである。例えば、この基金はオーストラリアのバタフライ・アソシエーションと共に、摂食障害を助ける活動を行っている。

「進化」はカンヌ広告祭(広告業界のオスカー賞)で二つのグランプリ賞を獲得した。しかし、ダヴの広告キャンペーンは多くの厳しい批判も受けた。ある評論家は、広告物の制作には、フォトショップのデジタル技術を完全に排除できないと指摘した。また、別の評論家は次の二つの事実を指摘した。ユニリーバ社はアジア市場で美白クリーム、フェア&ラブリー (Fair & Lovely) を出している。それに、男性ケア用品ブランド、アックス(イギリスではリンクス)の広告宣伝では、製品の匂いによって「アックスを使った男性に女性が惹きつけられる」という大胆でユニークなブランドメッセージを使っている。

インターブランド社のブランドチャネルというウェブサイトに、ジャーナリストのアリシア・クレッグが以前に執筆した記事では、広告倫理のジレンマが次のように考案されていた。「広告キャンペーンには、暗黙の道徳的目的がある。消費者運動が倫理的問題として掲げるもので言えば、自尊心についてだ。周りに順応しなければならないというプレッシャーと、摂食障害、そして加齢に伴う衰えを恥ずかしく思うという心理には、立証された結びつきがある。」彼女はこうも語った。「ダヴのマーケティングはテレビ番組の真実を正しく表現したが、日常生活の真実ではなかった。ダヴのモデルは必ずしも魅力的な女性ではないが、彼女たちは魅力的に見せられたのである。リアリティ番組が普通の女性をスターに変身させるのと同じように、ダヴの広告は、普通の女性を美人に変身させる。」（「ダヴ、真実を語る（Dove gets real）」、２００５年４月18日、brandchannel.com）

当然ながら、広告の最大の目的は商品を販売することである。「痩身クリーム」のためにランキン社が作った広告は、その訴求ポイントを「セルライトを目に見えて減らす」（visibly reduce the appearance of cellulite）と変えた。もし広告の倫理が偽善的なものではないなら、少なくとも、それは誠実ではない。

ただ、人々には効果的だった。ダヴの目的は、この製品を競合商品と明らかに区別することであった。この訴求方法は当クリームの売上を大幅に（一部の市場では７００％も）増やし、数百万ドル分のメディア露出も得られた。

しかし、ヒットのピーク時が過ぎると、同製品の売上は競合商品とほぼ同じ水準に落ちた。そうなると、新しい論争は女性たちが自分の「真実」の姿を本当に知りたいかどうかを巡って展開された。ひょっとしたら、彼女たちが本当に聞きたかったのは、「素晴らしい」女性と思われる女優とモデルたちもまた、不安と問題点を抱えているという事実ではないのか？ そして化粧品が彼女たちを理想的な自分に近づける手助けになれるかどうかではないのか？

あるフランス人の広告専門家は私にこう語った。「ダヴの広告の問題点は、希望を提供していないことです。これはビューティー広告で最も重視される点です。人々が化粧品を買うのは、自分を諦めていないからです。彼女たちは『平凡』に見えることを望んではいません。素敵に見せたいんです。彼女らは自分を徹底的に変えたいと望んでいます。道徳上、そして頭では彼女たちはダヴのメッセージに共感しますが、店舗に入れば、彼女たちの心は理性的でない方向に向かい、より美しくなれる期待感をもたらしてくれる製品に走ってしまいます。」

世界最大のスキンケアブランド

私たちの浴室の棚に、ダヴが占める「健康と自然」(healthy and natural) カテゴリーに、もう一つのブランドも領地を持っている。ユーロモニターの調査によると、これはスキンケアの領域で世界で最も売れている化粧品、ドイツ生まれのニベア（Nivea）である。

高級化粧品ブランドと比べて、ニベアは無害、友好的、無垢というイメージを持っている。年間売上が50億ユーロを超えるこのブランドは、我々にその一貫したマーケティング努力の効果を示してくれる。

ニベアは１９１１年に誕生したスキンケアブランドである。ウェブサイトによると、同ブランドは「研究開発、創造力、ビジネスノウハウ」を貫徹することで成長してきた。これらの要素はロレアル社のシャルル・ズヴィアックが描いた「黄金の三角形」理論を思い出させる。

このブランドはバイヤスドルフ社に所有されているが、会社の創立者ポール・カール・バイヤスドルフが作ったものではなかった。これはバイヤスドルフが創造性を持っていないという意味ではない。彼は薬剤師で、１８８０年にハンブルクで店をオープンし、ポール・ガーソン・ウナという研究員と一緒に、最初の絆創膏を発明した。この絆創膏は熱帯植物の樹液から抽出したラテックスをベースに作られた。この発明は１８８２年に特許を取得した。

１８９０年にバイヤスドルフは会社を別の薬剤師、オスカー・トロプロヴィッツ博士に売却した。この人こそ、バイヤスドルフをグローバル企業に育て上げたのである。彼は鋭い消費者目線を企業家精神と結びつけ、消費者ニーズを製品化する能力を持っていた。

ポール・バイヤスドルフの元科学顧問であったポール・ガーソン・ウナは、トロプロヴィッツにオイセリットという新型の乳化剤について教えた。この乳化剤の原料は羊毛脂で、この乳化剤で油と水を接合させて安定したクリームにすることができる。彼は素早く、その製品とそれを生産する工場の特許を買い取り、それをニベアの生産基盤として確保した。このブランドはラテン語の「雪」（ｎｉｘ）、「雪の」（ｎｉｖｉｓ）という単語から「ＮＩＶＥＡ」と命名された。油と水を接合するオイセリットの他に、「グリセリン、少しのクエン酸、バラオイルとユリの香料」もクリームに加えられた。この成分は今でもほとんど変わっていない。

この製品は純白で、ほのかな香りを持っている。これはトロプロヴィッツのマーケティング手腕を表している。彼はスキンケア製品には機能性だけではなく、情緒的価値も重要だと認識していた。初期の広告では、「女性の繊細さ」（femme fragile）を表現する傾向があったが、ニベアは現代風かつダイナミックなスタイルをとった。それはコマーシャルアートの仕事を専門とする新世代芸術家、ハンス・ルディ・エルトの作品だった。

トロプロヴィッツは1918年に亡くなったが、幸運にも、彼の後継者は彼と同じ先見の明を持っていた。ロレアル社、プロクター・アンド・ギャンブル社、ユニリーバ社などの企業が「メガブランド」戦略を導入する前に、ニベアは既にパーソナルケア事業におけるブランド拡張を行い、製品カテゴリーを石鹸、シャンプー、パウダー、髭剃りクリームなどに広げた。

「女性の繊細さ」という社会観念は1920年代まで続いた。ショートヘアで、スポーツを楽しみ、車を乗りこなす女性が現れると、この観念は明らかに時代遅れになった。時代の変遷の中で「若々しさとフレッシュさ」（Youth and freshness）がブランドが追い求める価値になり変わった。さらに、美容クリームはあらゆる年齢の人々が使う多用途の機能化粧品として新たに定義され、女性の肌と男性のあごひげにも使われるようになった。こうしたアプローチは、若い男の子三人がカメラに微笑む印刷広告物で表現されていた。同時に、ブランドは「ニベアガールズ」を探すコンテストを行った。その広告コピーには「私たちが探しているのは目を見張るような美人や、社交界にデビューするような華やかなお嬢様ではなく…自然の美しさを持った、健康的で、清潔な感じの女の子です。」（We don't want beauties or belles of the ball… but you should be healthy, clean and fresh and simply gorgeous girls.）と書かれている。

これはまたニベアが、象徴的なブルーとホワイトの色、すなわち無垢さと明快さを選んだ瞬間であった。

1930年代後半、同ブランドは広告宣伝の権限を天才エリー・ホイスークナップに委ね、その結果、彼女はこの分野の有名人になった。彼女はニベアを屋外に持ち出し、青空とスポーツに結びつけ、運動好きな若い女性を描いた。女性たちはギブソン・ガール（訳者注：ほっそりしているが豊かな女性らしい体のラインをして、彫像のように優美で美しい顔立ちをした女性の象徴。19世紀末から20世紀初頭にかけて西欧でもてはやされた）に憧れなくてもよいのだ。彼女は、ナチス時代を通して、かなりの部分においてブランドイメージの舵取りを行った。

バイヤスドルフ社の管理職層の中にいた、社長のウィリー・ヤーコブソーンを含むユダヤ人のメンバーたちは、ナチス党が政権を握った後、会社を離れた。会社の権限は、トロプロヴィッツの姪と結婚していたカール・クラウセンに渡された。ニベアブランドは海外の製造者にライセンス供与をしたことによって、さらに強化された。しかし、この戦略は戦後に問題を引き起こし、製造許可された海外企業が異なるマーケティングを展開したため、ニベアのブランドイメージが希薄化してしまった。その後、バイヤスドルフ社は数十年間をかけて、ようやくニベアのブランドイメージをコントロールできる範囲に整えた。つまりブランドの海外所有者と密接な連絡を取りながら、ブランドメッセージを同調させ、問題を修復したのである。

ジェフリー・ジョーンズによれば、その間のホイスークナップの広告は、「繊細なバランス感覚」と表現される。それらの広告は、「金髪と青い目の北欧人が持つ自然な美しさに対するナチスの優越感と協調するもの」と解釈されるかもしれないが、彼らは長年にわたって形成されたブランドアイデンティティの上にこのイメージを作り上げ、現代女性が持つ健康と活動性を強調しているのである。

優れた外交手腕と曖昧なブランドイメージのお蔭で、バイヤスドルフ社は戦争の中でも生き残ることができた。１９５０年代になっても、ニベアの人気は衰えず、ブランド拡張も行われるようになった。間もなく経済が復興し、海外旅行が日常的になった。バイヤスドルフ社は海外リゾート地で休暇を過ごすトレンドに応えて、ニベア日焼け止めクリームシリーズを発売した。

グローバル市場におけるスキンケア商品の競争が激しくなる中、バイヤスドルフ社は比類のない品質、効果効能と誠実さでニベアの地位を確立してきた。１９７１年の広告では、「クリームの中のクリーム」（La crème de la crème）と書かれ、素朴で古風な青いブリキ容器の絵だけが印刷されていた。モデルや華麗な背景を使わず、高級ブランドとも競争せず、広告は他社の仰々しさをあざ笑うかのように、「なぜそんなにお金を支払うのか？」（Why pay more?）と控えめな方法で問題提起した。

バイヤスドルフ社は他のブランド、有名な高級ブランド「ラ・プレリー」(La Prairie)も所有している。これについては、本書の第9章の中で詳しく述べるが、ニベアはそれ自体が一つの事件なのだ。バイヤスドルフ社の長期にわたって揺るがない目標と消費者からの信頼は、当ブランドのグローバル展開をサポートしてきた。現在では、ニベアは女性、男性、赤ちゃん、スキンケア、ヘアケア、ハンドケア、入浴剤、日焼け止めなどの領域で、500に及ぶ製品を持ち、髭剃りクリーム、アンチエイジング製品、ヘアスタイリングジェル、洗顔料などを世界の消費者たちに提供している。ハンブルクにあるニベアのスキンリサーチセンターは競争の研究所と同じ位先進的である。170か国でその製品が販売され、ドイツでのブランド認知度は100%に達する。最も重要なのは、ブランドがどのように拡張しても、そのマーケティングはずっと1920年に採用された「フレッシュ、楽天的、家族志向」(fresh, optimistic, family-oriented)の路線をずっと歩んでいることだ。ダヴの真の女性の「平凡さ」やロレアルのスーパースターの「卓越」などのメッセージと異なり、どのような状況においても、我々に心地よさをもたらしてくれる。

ニベアが発する信頼性の光は、他の有名ブランドにはほとんどない。よく考えてみると、あなたは赤ちゃんにシャネル、イヴ・サンローランのロゴが付いているクリームをつけるだろうか?

これはもしかすると、我々がシャネルとイブ・サンローランを思い出す時、まずは香水が持つ、きつくて強い匂い、そしてかすかな罪悪感、どうしようもない大人を連想してしまうからかもしれない。

ビューティーへのコツ

✽19世紀、アメリカのプロクター・アンド・ギャンブル社とイギリスのユニリーバ社は人々の暮らしの衛生向上に貢献してきた。

✽創業初期の二社は、創業者たちの英知で大きくなり、その後は先進的な科学とマーケティングリサーチ部門によって発展した。

✽同社の目標は、その製品を特定のターゲットに届け、消費者の日常生活のニーズを満たしていくことである。

✽プロクター・アンド・ギャンブル社とユニリーバ社は一般消費財市場に注力してきたが、美容産業に参入したのは、高い利益率を生み出せるからである。

✽ユニリーバ社は高級香水分野から退出し、消費者に「生活が楽しくなる」価値を提供するマスブランドに集約した。

✽ダヴが一つの例であるが、ダヴは巧妙にブランドを「リアル・ビューティー」と再定義した。

✽バイヤスドルフはニベアを健康によい、衛生によい、家庭的なイメージに育てあげ、世界最大のスキンケアブランドに成長させた。

✽一貫性を持つブランド路線と受け継がれた信頼性は、100年の歴史を持つニベアのスキンケアを始めとする多くのカテゴリーへのブランド拡張を可能にした。

✼かなり前から、「浴室の巨人たち」は美容製品の販売には、その効果だけではなく、期待と感情、及び経験を売り込むことが大事だと気付いていた。

第7章

星くずの輝き

メイクアップへの熱狂は、映画への熱狂と同じく、今でも続いている。

メイクアップはマックス・ファクターの命を救った。当時、彼はマキシミリアン・ファクトロヴィッツ（Maximilian Faktorowicz）と呼ばれ、ロシア帝国大劇場とニコライ2世（ロシアロマノフ朝最後の皇帝）王室の美容師だった。フレッド・E・バステンは２００８年に出版した本『マックス・ファクター：世界の顔を変えた男（*Max Factor: The man who changed the faces of the world*）』で次のように書いている。「彼の電話はいつでも鳴りっぱなしだった。それは、王室の貴族たちがヘアスタイルや美容のために急に彼を呼ぶからだ。貴族たちは、皇帝に謁見する前に、自分の目、頬、髪の毛を輝かせたいと望んでいた。」

しかしマックスは、他の意味でも監視下にあった。ユダヤ人であるため、彼は外来の異分子と見られ、皇帝の秘密警察に常に見張られていたのだ。彼はユダヤ人を排斥する法案の通過を目撃し、ユダヤ人居住地における大虐殺と暴動についても知っていた。当時、宮廷の法律で厳しく禁じられていたことにも挑戦し、彼は秘密裏に結婚をし、子供を三人ももうけていた。彼は「私は奴隷で、自由が欲しかった。」と語っていた。

美容業界の代表的な先駆者たちと同じように、マックス・ファクターの若年期の現実は後の粉飾と切り離すことはできない。しかし、彼に関する物語は、思わず信じたくなるほど興味深く、詳細な記述と偶発的な出来事に満ちている。マックスは宮廷で権力を持つ将軍の友達が一人いた。少しの虚栄心からかもしれないが、美容師としてのマックスは他人より彼をかっこよく手入れした。彼の髪の毛は本当の色より黒く、髭もいつもきれいに剃られていた。彼はマックスの逃亡を手助けしようと、マックスが病気のようだと宮廷内で言い続けたため、間もなくマックスを診察するようにと、ある医者が命じられた。医者がベッドに寝込んでいる苦しそうなマックスを見ると、彼の肌の色は古い羊皮紙のように黄色がかっていた。医者は彼が黄疸にかかったと診断し、カールズバッドで90日間のボヘミア温泉治療を受けることを勧めた。

黄疸は偽装だった。顔色が病気のように見えたのは、気付かれないように化粧をしていたからである。

宮廷警察は彼をカールズバッドの駅に置き去った。その後、彼は家族と再会した。彼らはこの古い温泉町の周辺の森に潜んで海岸方面に歩いた。そして、アメリカ行きの船に乗った。

1904年の2月のことだった。

皇帝の美容師

マックス・ファクターは、おそらく性的魅力にそそのかされる側ではなく、むしろそれを作り出す側の人間だった。彼は1877年にポーランド中部のルージで生まれた。自分がどのような教育を受けてきたのかについて、彼は何も話さなかった。当時の彼は小さな男の子で、クイーン劇場のロビーで果物とキャンディーを販売していた。その仕事は彼にとって、「作り物の世界への始まり」であった。その後、彼はある薬局でアシスタントとして働きはじめた。9歳の時、彼は有名なかつら職人兼美容師の下で見習い工をした。彼は非常に才能があり、上達するのも早かった。彼はベルリンのアントンというヘアスタイリスト兼化粧品のプロデューサーと一緒に働いた経験もあった。彼はモスクワに行き、ロシア帝国大劇場のかつら職人兼美容師のコルポ(Korpo)の下で働いた。18歳の頃、多くの人が将来の仕事の方向性に迷う時期に、彼は既にかつら作りと舞台化粧の技術に精通していた。

当時は化粧品の種類が少なかった。歴史上で、メイクアップが流行していなかった時期だったのだ。その本当の理由は、人々が化粧を悪いものと考えていたからだ。19世紀以前、鉛の美白製品と有毒な粉おしろいが広く使われ、その肌への悪影響のせいで、化粧品は悪魔のように思われていた。普通の女性たちはクリームで肌を柔らかくし、薄い頬紅を付け、たまに口紅を軽くつける程度だった。もう少し大胆な化粧は、女優か売春婦だけがするものだった。

兵役を勤め上げた後、マックスは宮廷の監視からほぼ逃れることができた。彼はモスクワ郊外で自分のブティックをオープンし、自ら製造したかつらと頬紅とクリームを販売していた。彼の才能についての噂がささやかれ始め、王室の劇団が彼の最大のクライアントになった。暫くして、彼は帝国大劇場に戻り、店を助手に任せて、週一回か二回だけ化粧品を取りに店に戻った。驚くべきは、彼がのちに妻となる女性、宮廷のリジーとデートする時間まで作っていたことだ。

バステンの本の中にマックス・ファクターの家族写真が載っている。三人の男の子は真剣な表情で、同じスモックを着ていた。リジーは黒い瞳をし、髪の毛は頭の後ろに束ねていた。大きなイヤリングは彼女にジプシーの雰囲気を与えたが、彼女の表情は厳粛で、青白く、明らかに化粧をしていなかった。マックスは彼女の隣に座っており、スーツとウイングカラーを着用し、小柄で敏捷に見える。彼の黒い巻き毛は整髪料で後ろにブラシをかけられ、とても輝いている。髭がかっこよく巻いていていて、反逆の激しさを表している。この写真は１９０４年、一家がアメリカに逃亡する数週間前に撮影された。

彼らはモルカ3世号に乗り、ニューヨークに辿り着いた。乗船の際に、彼は最下等船室どころか三等船室すら使わなかった。王室仕えのおかげで、金メッキのネックレスを付けることができ、家族は金持ち用の客室を利用した。エリス島（訳者注：ニューヨーク湾内にある米国政府入国管理局があった島）は見つからず、港にある入国管理局に行き、そこの公務員に、故郷での名前を簡略化することを余儀なくさせられた。それから、マックス・ファクターはメイクアップアーティストとして知られるようになった。

彼のニューヨークに対する第一印象は悪かった。この都市は忙しすぎ、また攻撃的だったため、あまり好きにはなれなかった。彼は町で人々にこう尋ねた。「アメリカにはこんなに忙しく、人が大勢いる場所しかないのか？」

マックスはまず自分でいろんな場所へ行ったが、語学学校には行かなかった。彼はポーランド語で質問をし、英語を決して口にしようとしなかった。人々の彼に対する印象は親切でおしゃべり、まるで映画『カサブランカ』の中のウエイター長、カールのようだった。

彼の発音は少しおかしかったが、マックス・ファクターは非常に賢い起業家だった。船上で、彼は間もなく開催されるセントルイス万国博覧会のことを知り、英語を話す若者を出店の手伝いをしてくれるように口説いた。この出店は彼の「元ロシア王室御用達の美容師が作った化粧品、香水、くし、ヘア製品」がアメリカで受け入れられるかどうかの試金石になった。全ては順調に進み、7か月の努力は成功を収めた。マックスはセントルイスに残ることができ、美容室もオープンできた。当時、化粧品の使用は稀で、十分な収入にはならなかったが、ヘアカットは誰もが必要としていた。

悲劇が彼の足をハリウッドへ運ばせた。1906年3月17日にリジーが突然、脳出血で亡くなったのだ。同年8月、彼は子供たちの世話をする人を急いで探さなければならなくなった。彼には既に五人の子供がいた。彼は友達の娘の、ロシア人女性と再婚したが、これは全くの失敗だった。二人は愛し合っておらず、性格も合わなかったため、二年で離婚した。近所に住むジェニー・クックという女性が子供の面倒をみてくれることになった。1908年1月21日に彼女はマックスの三番目の妻となった。

この時期、美容室の顧客たちは新しい娯楽のことを話題にしていた。それは「劇映画」という初期の映画で、前の章で述べたフローレンス・ナイチンゲール・グレアム（後のエリザベス・アーデン）を惹きつけた5セント映画と同じものだった。マックスは5セントを払い、映画を見て、同じ様に熱中したのだった。しかしアーデンと異なるのは、彼は映画がもたらした夢の世界に入ろうとしなかったことだ。彼は映画の中のひどい化粧、作り物とすぐわかるかつら、笑いたくなるほどの偽のつけ髭を観察し、自分なら彼らのためにもっと良い仕事ができると思った。

映画のメイキングアップ

20世紀における化粧の普及には、映画の発展と魅力的なスターたちが密接に関係している。マックス・ファクターはこの革命の最先端を走っていた。「未来を予測する力をもつ人」という言葉が彼には相応しい。マックスは常に一歩先を走り、イノベーションを絶えず行い、リスクを大胆に取ってきた。彼の最大の賭け事は、最も賢い選択でもあった。1908年10月11日に彼はロサンゼルスの1204南部大通りで第一号店を開いた。そして、翌年の1月、マックスファクター社が正式に設立された。

店の中には劇場で使われる役者用の化粧品「グリース・ペイント」が置いてあり、ライヒナーとマイナーのブランドも揃っていた。マックスは自分で作ったパウダー、クリームとヘアオイルなども販売していた。仕事の合間を縫って、彼は、D・W・グリフィスのような映画監督が新しい産業をそこで生み出していた仮の映画撮影所を見学した。俳優たちは通常の舞台メイクをしているが、スクリーンでは、それが厚くて偽物のように見えた。バステンは次のように述べている。「舞台メイクは、8分の1インチの厚さに塗ってから、パウダーを付ける。それが乾くと固いマスクになり、時々ひび割れが起きる。これは観客たちが舞台から離れた距離に座っている劇場の中では問題にならない。しかし、スクリーンでは、特にアップで撮影する時は、この化粧は醜いものになる。」

一部の俳優たちは自分の肌色に合う配合を研究し、例えば、レンガ灰とワセリンを混合したものなどを使っていた。マックスは丁寧に彼らを自分の店に誘った。彼の店の製品は明らかに使いやすかった。その間、彼は実験室まで設置し、スクリーン用の化粧を研究していた。彼の店はますます繁盛し、かつらの製造技術も役に立つようになった。彼はハリウッドの初めての長編映画監督、セシル・B・デミルによる『スコウ・マン』（*The Squaw Man*）のために、数十名のインディアン戦士を作り上げた。

1914年には映画が上映され、マックスは彼の「映画用グリース・ペイント」を完璧に仕上げた。彼はかつての旧式のスティック状のグリース・ペイントではなく、クリームを入れる瓶にグリース・ペイントを入れた。それは軽い手触りで、顔に塗りやすかった。肌色に合わせられるように12色も取り揃えた。グリフィスとデミルと一緒に仕事をした経験から、彼の名は広く知られるようになった。多くのスター、たとえばバスター・キートン、チャーリー・チャップリンやロスコー・アーバックルも彼の店へ化粧品を買いに訪れた。ぜひ彼に化粧してほしいと言ったスターも少なくなかった。彼がハリウッドで仕事をしていた頃、店舗内にはスターたちの着替え室がずっと用意されていた。

ハリウッドが郊外の田舎から映画産業の中心地に変貌すると、マックスファクター社も発展していった。会社はロサンゼルス市内のパンテージズ劇場にある大きなオフィスに引越した。マックスは女優のフィリス・ヘイバーのため、人の頭髪でまつ毛を作り、それが若い女性の間で直ちにブームになった。1918年に彼は「映画用グリース・ペイント」の改良版を発表し、カラー・ハーモニーと名付けた。彼は化粧は肌だけではなく、髪や目の色もより美しく見せるべきだと考えていた。

彼は濃い色のアイシャドーを使い、グロリア・スワンソンの目をもの憂いセクシー風に仕上げ、ちぢれ毛を女性らしくなめらかにすることで、彼女の仕事のステップアップを手助けした。ルドルフ・ヴァレンティノのイメージ作りにもマックスの支えがあった。マックスはこのイタリア俳優の眉をカットし、髪の毛を後ろに纏め、肌色を巧みに明るくした。1920年にマックスは自社の宣伝で、劇場内で使われる専門用語「メイクアップ」を、化粧品という名詞の代わりに使用したため、この言葉が世の中で広く使われるようになった。

彼はめったに取れない休暇を利用して、グリース・ペイントの生産者であるライヒナー社のドイツ本社を訪れた。しかし彼はそこで冷遇を受け、待合室で一時間も待たされた。その後、彼はその会社との関係を切り、自社ブランドのマーケティングを積極的に展開していった。1922年、マックス・ファクターは折りたためるチューブに入ったグリース・ペイントを販売し始めた。ラインナップを31色まで増やし、そこには「白、薄いピンク、黄色、日焼け色、茶色と黒色」なども含まれていた。ハリウッドを訪れた観光客は、そこの女優たちの化粧が一日の撮影を終えても、崩れていないことに気付いた。女優のクララ・ボウの「蜂に刺された」ようなセクシーな唇は羨望を集めた。当時、チューブ式の口紅はまだ発明されていなかったため、これはマックスが研究した口紅の早塗りテクニックの産物だった。「彼は口紅を親指につけ、上唇に二つ拇印を押し、そしてその親指を下に向け、下唇の真中でさらに一つの拇印を押してから、ブラシで唇の輪郭を描き始めた。」

上流社会における化粧品への抵抗も徐々に崩れてきた。フレッド・バステンは次のように書いている。「ますます多くの女性たちが暗い映画館に座り、クララ・ボウの蜂に刺されたような唇とセダ・バラの大胆な頬紅、そして驚くほどのまつ毛に惹かれ、その魅力に抵抗できなくなった。彼女たちは古い慣習の境界線を少しずつ踏み越え始めた。さらに、悪い意味で使われていた『メイクアップ』という言葉が、上品だが無難な言葉『コスメティクス』に取って代わった。人々の化粧への熱狂は、映画への熱狂と同様に続いていた。」

ハリウッドはヘアスタイルにも影響を与えていた。マックスは銀白のスクリーンに最も適しているのは金髪の輝きであることをよく知っていた。彼はジーン・ハーロウの髪の毛を白に近い金髪に染めた。イタリアのルネサンス期の女性たちも髪の毛の漂白に励んだが、「プラチナ色」の金髪は、それより人気が高かった。

彼は、映画産業が示したあらゆる変化に対応し続けてきた。有声映画では新しい照明が必要とされた。旧型の振動式炭素ライトではなく、静かなタングステンライトで撮影する場合、彼は柔らかい光と敏感なパンクロマティックフィルム（訳者注：肉眼で見るのに近い明暗を表現できる白黒フィルム）に合うメイクアップを考案した。1928年、彼はハリウッド大通りとハイランド通りの近くで巨大な店舗をオープンした。

ここまで、マックスファクター社は広告を一度も出したことがなかった。その代わりに、映画館でメイクアップ・イベントを開催し、「マックスファクター社のスター用化粧品をお試しください。信じられないほどあなたを美しく変身させます。」と宣伝していた。製品はその場で直ちに売り切れた。

いまや同社では、「セールス・ビルダー」と呼ばれる販売代理店とセールスマンを多く抱えるようになり、全国規模の広告活動が必要になってきた。マックスファクター社は多くの映画スタジオと手を組み、有名人に推薦してもらう契約を結んだ。マックスファクター社は広告に一番人気の映画スターを起用し、そのスターの最新映画のプロモーション活動を援助することを交渉条件にした。フレッド・バステンによれば、マックスファクター社のこうした交渉によって、コストは人気女優一人につき僅か1ドルに過ぎなかった。ありがたく思ったスターたちは、全てマックスファクター社の忠実なユーザーになっていた。メアリー・アスター、ルシル・ボール、マデリーン・キャロル、ジョーン・クロフォード、ポーレット・ゴダード、ベティ・グレイベル、リタ・ヘイワース、ヴェロニカ・レイク、マーナ・ロイ、アイダ・ルピノ、マール・オベロン、モーリン・オハラ、バーバラ・スタンウィック、ラナ・ターナー……、名前は果てしなく続く。「1950年頃までに、ほぼ全ての一流女優と有望な若手新人女優たちは、マックスファクターガール（Max Factor Girl）として契約していた。」

これと同時にマックスは、ヘレナ・ルビンスタインとエリザベス・アーデンとの思いがけない競争に巻き込まれた。ヘレナ・ルビンスタインとエリザベス・アーデンはスキンケア分野では既に有名であり、メイクアップへの参入を検討しているところだった。鋭い勘を持った彼女たちでもまだなお、この分野は下品と見なしていた。この躊躇は彼女たちを不利な状況に追い込んだ。バステンが指摘したように、彼女たちは「上流社会で有名な貴婦人たちに、彼女たちの製品のイメージキャラクターを担わせていたが、しかし、アメリカの大多数の女性は、ヴァンダービルト夫人より、グレタ・ガルボに興味を持っていた。」

アーデンと映画業界との関係は、人々とチョコレートの関係のように親密だった。彼女は1935年に大胆にハリウッドに入り込み、「ステージとスクリーン」という部門まで設立した。これについて、リンディ・ウッドヘッドは「彼女はマックス・ファクターがこの領域の巨人であることに、まるで気付かなかったようだ」と述べた。事実、マックスが自分の巨大店舗を開設した直後、彼女は60万ドルに及ぶアートビューティーサロンをオープンした。開店パーティーはハリウッドでしか開催できない盛大なものだった。上流社会の有名人たちがメディアの前で手を振りながらレッドカーペットを歩いている間、サーチライトが空を照らし、フラッシュが瞬いていた。サロンの中では、着替え室の前の4つのリボンが映画スター、ジーン・ハーロウ、ジンジャー・ロジャース、リタ・ヘイワースとロシェル・ハドソンによってカットされた。

マックスの陰に追いやられた上に、アーデンは流通チャネルの問題も抱えていた。店舗側は、高収益で高価格帯の化粧品が置かれた棚に、「ステージとスクリーン」の製品のためのスペースを空けたくなかったのである。このプロジェクトは「十分に考え抜かれておらず、高コストで、そして静かに失敗した。」アーデンとルビンスタインの二人は、優美な高級化粧品領域に残され、眩しいエンターテインメントの世界は他人に譲らなければいけなかった。

晴れて邪魔者が去った後、マックスと彼の息子たち、フランクとデイビス（二人は既に会社の運営に密接に携わっていた）は、映画の歴史上、その発展途上に起こった様々な課題に対して、イノベーションをもたらしていった。テクニカラー（訳者注：カラー映画方式の一種）が発明され、メイクアップにも新たな挑戦が生まれた。そこで生まれたメイクアップにおける革新的な製品は、その容器の形と堅さがケーキに似ていることから、パンケーク（Pan-Cake）と名付けられた。この製品の色は過去のものに比べてかなり繊細で、さらに人気を博した。１９３８年に『ヴォーグズ』（*Vogues*）という映画の撮影審査で使われた時、僅か一週間の内に２０００ドル分の商品が売り切れた。この映画が完成する前に、パンケークシリーズは他の映画『ゴールドウィン・フォリーズ』（*The Goldwyn Follies*）でも使われるようになった。この映画では、クレジットに「化粧品はマックスファクター社のカラー・ハーモニー提供」という文字が表示された。

映画は数か月の内に、頻繁に上映されるようになっていた。同時に、マックスはさらに軽い付けごこちの特別なパンケークメイクアップシリーズを開発し、店舗で一般顧客向けに販売していた。このブランドの初めてのカラー広告には、多くの映画スターの名前が輝き、『ヴォーグ』誌に掲載された。バステンによると、その結果、「メイクアップ製品の歴史において、最も短期間で多く売れた製品ライン」になった。（エリザベス・アーデンは「パット・ア・ケーク（Pat-A-Kake）」という類似製品を打ち出したが、マックスファクター社の訴訟によって、「パット・ア・クリーム（Pat-A-Crème）」と改名した。）

マックス・ファクターの類いまれな生涯は、ある事件によって幕を下ろした。この事件は彼がハリウッドで征服した、スクリーンで上映される物語と同じく奇妙なものだった。彼はローマで新しく設立された映画スタジオと商談をしに行く途中、パリに滞在した。そこで彼は200ドルを支払わなければ死んでもらうと書かれた脅迫メモを受け取った。犯人はエッフェル塔の下で面会することを要求した。パリ警察は偽の髭とメガネをかけさせたマックスを装った人をそこに派遣したが、結局、犯人は姿を現さなかった。しかしマックスは、この事件に非常に恐怖を覚え心身ともに疲れたまま、アメリカに戻った。

彼は1938年8月30日に亡くなった。彼が経験してきたことを見ると、多くの人は彼が高齢で亡くなったと思うだろう。しかし彼は亡くなった時、僅か61歳だった。

マックス後のファクター

（バステンによれば）『グラマー（*Glamour*）』誌は、マックスのビューティーの世界への貢献を次のように評価した。

あなたがパウダーブラシを試したり、映画スターのメイクアップに感心したり、口紅の色を髪の色と合わせたり、リップブラシを使い、ウィッグやヘアピースを通販で買い、化粧を「メイクアップ」と呼んだことがあるならば、あなたの生活は既にマックス・ファクターと関わっている。これらの全ては、マックス・ファクターの発明、あるいは彼によって進化してきたものである。彼はこの国、あるいは世界のビューティーの象徴であり、スクリーンの裏側を支えてきた。

スターたちの驚くほどの美しさと女性解放の動きの中、メイクアップ製品は自己表現と自立の象徴になり、マックスがいなくても、それがステージとスクリーンから人々の生活へと降りてきただろう。エリザベス・アーデンが参政権運動のデモ行進を見た時に赤色の口紅を塗った女性を見付けたことを思い出してほしい。しかし、ただ化粧品を人々に受け入れさせるだけではなく、それを人々の憧れに変容させたプロセスにおいて、マックス・ファクターはかけがえのない役割を果たしてきた。

父親への記念のために、フランク・ファクターは自分の名前をマックスＪｒ.と改名した。彼はその宣伝の才能を世の中に示し、自分の両手に5万ドルの保険金まで掛けていた。彼は新製品の「落ちない口紅」(indelible lipstick)を開発し、手で操縦する「キス・マシーン」まで発明していた。このマシーンは二組のゴム製の唇が密着するようにキスさせ、製品の持続力をテストできるのだ。トゥルーカラー(Tru-Color)口紅は１９４０年に発売された。

戦時中の女性の行動は、美の力を証明していた。ロンドンでは、女性たちが停電時に使えるようにと口紅に懐中電灯が付けられた。このサービスは、マックスＪｒ.が(訳者注：衣料品統制のために)ストッキングの代わりに脚に化粧せざるを得なかった女性たちに提供した心遣いだった。他の美容企業と同じように、マックスファクター社の専門家たちは、効果的な偽装(訳者注：企業を宣伝する手法)を探し始めた。兵士たちは兵舎と飛行機に、脚がすらっとして、深紅色の唇の美女のポスターを張っていた。これによって自由を象徴するハリウッドの美女の地位が、さらに固まった。

１９４７年にマックスファクター社はベストセラーシリーズ、パンスティック（Pan-Stik）を発売した。この製品は、口紅のような金属チューブに入っており、既存商品よりさらに便利になった。１９５０年代のマックスファクター社は、既にグローバルに自らの帝国を築いていた。世界各地に販売代理店を持ち、１万名以上の従業員を抱える巨大企業に発展した。テレビが現れても、この企業は自分の存在感を維持し続けた。ルシル・ボールの人気番組『ルーシーを愛してる（*I Love Lucy*）』の中で「メイクアップはマックスファクター社提供」という宣伝を流した。同社はこの時期、非常に力を強め、卸売業者と小売業者を垂直統合できるようになった。この物語にひねりを利かすように、マックスファクター社はコルデー（Corday）という香水会社を買収した。それは世界が交わる瞬間だった。このブランドは、パリのブランシェ・アルヴォワが、遊び心で作ったジョヴォワ（Jovoy）ラインの貴族バージョンとして作られたものだった（詳細は第８章「５％の解答」を参照。）。

１９５９年にマックスファクター社は50周年を祝うイベントを盛大に開催し、一連の広告とプレスリリースを打ち、ハリウッドの黄金期に引けを取らないパーティーを開いた。しかしここから、ブランドは浮き沈みのある不確定な時代を迎えた。1960年初頭、マックスファクター社はニューヨーク証券取引所に上場し、株式会社となった。化粧品は巨大な事業に発展し、ヨーロッパ中部の変わったなまりのある夢想家が経営するのではなく、金融界とマーケティングの専門家たちに委ねられるようになった。ファクター家も徐々に会社経営から退いた。マックス・ファクターJr.は、ファッションデザイナー、ホルストンの名前で作った香水ブランドの大成功を見届けた後、1970年代に引退した。この香水の全世界での総売上は、シャネル№5に続き史上2番目となった。(マックスJr.は1996年に亡くなった。)

1973年にマックスファクター社は、ハント・フーズ(Hunt Foods)やエイビス・レンタカー(Avis Car Rental)などを所有し不思議な多角経営を行う、ノートンサイモン社と合併した。企業間の買収と合併が盛んに行われていたため、同社はエスマーク(Esmark)社に譲渡され、その後ベアトリス・フーズ(Beatrice Foods)社の下着部門と合併させられ、1985年にレブロンの所有者のロン・ペレルマンに買収された。

最終的に、1991年にマックスファクター社はプロクター・アンド・ギャンブル社に買収された。本書の執筆中、マックスファクター社はアメリカ市場で活気を失って休眠状態に陥り、ウェブサイトDrugstore.comのオンラインショッピングでしか買えない状況に置かれた。親会社となったプロクター・アンド・ギャンブル社は、カバーガール（CoverGirl）メイクアップシリーズだけに関心を示し、注力したようだった。いずれにしても、マックス・ファクターはグローバルで有名なブランドとして知られ、若者をターゲットにした市場での「メイクアップアーティストによる化粧品」というポジションは十分維持している。

MACと会社

マックスファクター社には、イギリスでリンメルという思いも寄らない競争相手がいた。このブランドは非常に興味深い由来を持っている。1834年にユージーン・リンメルというフランス人が香水専門店をロンドンでオープンした。彼の父親も、同じ香水ビジネスをやっていたようだった。リンメルは向上心のある商売人で、有名なリージェント通り（ロンドンの中央を走る繁華街）で仕事を始めた。彼は豪華な写真入りの商品カタログによる通販と劇場広告などの活動を通じて、高級品という名声を確立していた。彼は「フォリー・ベルジェール・キャバレー」(Folies Bergère cabaret) というポスターで有名になったフランス人画家ジュール・シェレに、香水ボトルのラベルをデザインしてもらった。彼は香水の歴史の本まで執筆し、それを香水をつけた紙に印刷したりもした。好奇心に溢れた旅行者であり、そして生まれつきの創造力を持つ彼は、この時既に、初の無毒マスカラを発明していた（アイメイク化粧品は今でもこのブランドの代表製品である。）。

リンメルは1887年に亡くなり、二人の息子が彼の事業を継いだ。彼らの経営でブランドは繁栄を続けたが、混迷した時期もあった。第二次世界大戦後、広告部門のディレクターのロバート・カプリンと彼の妹のローズは、このブランドに新しい生命を吹き込んだ。彼らは、1960年代に起こったファッションとビューティーの民主化運動を予見し、自分で選べるカウンターを設置するなど、ラグジュアリーブランドの伝統をさほど重視しなかったのだ。歴史上、ロンドンが世界の流行発信地だった時代である。ファッションデザイナーのマリー・クワントは、この時代を象徴する服装であるミニスカートを作り出し、その後、驚くほどのメタリックな色のメイクアップも世の中に送り出した。

1970年代から1980年代の間に、リンメルは異なるオーナーの手に渡り、最終的に1996年にコティ社に所有されるようになった。ロレアル社がニューヨークをメイベリンのブランドイメージに取り入れたのと同様に、コティ社はリンメルのブランドイメージをロンドンの若さ、活力、色彩などの要素と密接に連動させたのである。「リンメルがあれば、見た目を変えることは、ロンドンの地下鉄に乗って、ソーホーからカムデン、ポートベローからノッティングヒルに行くことのように簡単だ。」とウェブサイトに書かれている。２００１年、リンメルはイギリスのスーパーモデル、ケイト・モスとイメージキャラクター契約を結んだ。その後、他のモデルの名前も同ブランドの名簿に加えられていったが、「世慣れた」ロンドン中心部のイメージと手頃な価格設定はずっと変わっていない。

マックス・ファクターと「関連性」を持つもう一つのブランドはＭＡＣだ。ＭＡＣは、１９８４年にフランク・トスカンと非常に創造的なマーケティングディレクター、フランク・アンジェロが一緒にトロントで創立したブランドである。フランクは１９９７年に、49歳の若さで亡くなった。悲劇の2年前に、彼らは事業の51％をエスティローダー社に売却した。ウィリアム・ローダーは彼らにこう語った。「私は貴方たちの行動を理解しているが、このようなやり方は間違っている。」（『トロントスター（Toronto Star）』紙、１９９5年10月5日号、「化粧品企業は自分でルールを決めることで、売上を急増させる。（Cosmetics company soars by making its own rule)」）

彼らは、他人とは違うように仕事をしたいということだけが分かっていた。彼らの企業は元々メイクアップアートコスメティック（Make-Up Art Cosmetics）と呼ばれていた。マックス・ファクターと同じように、彼らはまずプロフェショナル市場を狙っていた。

フランク・トスカンはトリエステ（訳者注：イタリア北東部の臨海都市）に生まれ、8歳の時に両親と一緒にアルバータ（訳者注：カナダ西部の州）に引っ越した。その後、彼らはトロントの従兄妹を訪れ、そこに移住することを決めた。学校を卒業すると、彼はカメラマンとして働き、モデルたちの化粧も行った。よくあることだが、彼の場合も現状への不満が創業のきっかけとなっていた。彼は化粧する際に使うことができた色の少なさに不満を持ち、「使っている色の多くは、白人の肌でないと合わない」し、化粧品会社が女性に「シーズンカラー」を使うよう強制しているようだ感じた。彼は、写真の中では光を反射しすぎる、輝くような仕上げも嫌っていた。

彼はとうとうビューティーサロンチェーンの経営者フランク・アンジェロと手を組んだ。彼らは全ての年齢、人種、性別の人が使えるメイクアップブランドを作る夢を描いていた。「プロのメイクアップアーティストとモデルに売り込み、そこから事業を広げていく」ことを計画していた。トスカンは、トスカンの妹とデートをしながら化粧品の製造も手伝ってくれていた化学専攻の大学二年生を雇った。この創業について、トスカンは次のように語った。「私は、製品がいいかどうかなどと尋ねたことはありません。そんなことを聞く必要はありませんでした。私は、業界人でしたから。町やランウェイで、製品がどのように使われているかよく知っていました。」

シンプソンズという百貨店チェーンのオーナー，ロッド・ウルマーは，いち早くこのブランドの可能性を発見し，フランクに顧客と接する空間を与えた。「私は新世代の起業家たちのほうが大企業よりも消費者に合う商品を提供できることをよく知っていました。」彼は『トロント・スター』紙にそう語った。彼はＭＡＣ社が，利益より消費者へのサービスを第一に考えていると指摘した。「売上のことを考えずに消費者へのサービスを考える。それは過激なことです。」

ウルマーは，一風変わった外見をしたＭＡＣの販売員に不信感を抱く百貨店マネージャーたちを安心させるために，彼女たちは，白衣を着た「ビューティーコンサルタント」なのではなく，黒い服を着て，鼻ピアスを開けたメイクアップアーティストなのだと説明した。まもなくウルマーはＭＡＣの売上が有力ブランドを超えたことに気付いた。ＭＡＣはターゲット層である若者の言葉を使いこなし，若くておしゃれな顧客に受けていた。一方で，そのブランドは化粧品の動物実験に反対していた。またリサイクル運動も支持し，顧客は使い終わった口紅のチューブを6つ持参するごとに，新しい口紅を無料で貰うことができた。ほどなく，スーパーモデルのリンダ・エヴァンジェリスタとマドンナは，推薦契約や広告キャンペーンとは無関係に，ＭＡＣを使い始めた。フランクは何の広告も打ち出さなかった。

彼らは他人を助ける時にだけ，わずかな宣伝活動を行った。ブランドができたばかりの時期，彼らは「ＭＡＣエイズ基金」を設立した。この基金の資金源の一部は、エイズにかかった子供たちがデザインしたクリスマスカードの売上だ。しかしほとんどの資金は、口紅とリップグロスのビバグラム（Viva Glam）ラインから得た収入である。この製品ラインの初期のイメージキャラクターを務めたのは、足の細長い黒人の女装家、ルポールである。こうした選択は、ＭＡＣのビューティーへの包容力を示した。近年では、レディー・ガガが同ブランドのイメージキャラクターを務めた。彼女のソーシャルメディアにおける影響力は非常に大きい。彼女のフェイスブックのファンは２０００万人に達し、ツイッターでのフォロワーは８００万人を超えている。伝統的なメディアである印刷広告物に加えて、そうしたソーシャルメディアにおける彼女の影響力は、２０１０年にビバグラムに３４００万ドルの売上をもたらした。それは同ブランドが誕生してから初めの10年間の総売上に相当する金額だった。（『ファスト・カンパニー（*Fast Company*）』誌、２０１１年2月18日、「レディー・ガガの影響力（The Lady Gaga effect）」）

ＭＡＣはこぎれいだが真面目すぎるサロンに活気と楽しさをもたらした。業界の人々は、ＭＡＣの単色の製品が自分で好きなように混ぜられること、配合がカメラ撮影に非常に適していること、真っ黒なパッケージ、そして繁華街のタトゥーショップで働いているような身なりをした販売員に注目しはじめた。頭の良いエスティローダー社は、いち早くＭＡＣを買収した。

ＭＡＣはメイクアップアーティストと密接な関係を築いているため、エンターテインメントとファッション業界の動きに敏感に反応してきた。ＭＡＣのプロ向けのプログラムは「メイクアップアーティスト、美容師、ヘアスタイリスト、ファッションスタイリスト、ネイリスト、モデル、タレント、パフォーマー、演奏家、カメラマン」を対象に開催される。その会員になると、商品の割引が得られる他、プロフェッショナル専用化粧品のプレゼント、プロ向けの講座及び交流活動にも参加できるなど、特典が盛り沢山に用意されている。ＭＡＣは、メイクアップアーティストの専属チームも抱え、世界各地のファッションショーと映画撮影にサービスを提供している。

結果的に、消費者はＭＡＣ製品を購入した際、創造性を感じ取り、メイクアップアーティストになったような気分を味わえるのだ。

メイクアップは難しい

ＭＡＣ以後、あらゆる世代のメイクアップアーティストは、起業家になった。

ボビイ・ブラウンは１９９０年代の初めの頃から、有名になり始めていたナオミ・キャンベルを表紙にしたアメリカ版『ヴォーグ』誌で、有名カメラマンのブルース・ウェーバー、アーサー・エルゴートとアシスタントのパトリック・デマーシェリエーと仕事をしていた。トスカンとアンジェロと同じように、ブラウンは市場で販売されている製品はやりすぎで、不自然に見える、と不満に思っていた。彼女はすっぴんに見えるような、自然なメイクアップを求めていた。「80年代のメイクアップは極端で、真っ白な肌、赤い口紅、はっきりと描いた輪郭が特徴でした。私はもっと健康的で、自然で、シンプルな肌が好きなんです。」と彼女は『インク（*Inc*）』誌の記者に語った。（『インク』誌、2007年11月1日号、「私の方法（How I did it）」）「私は市販されている口紅が嫌いでした。私はなめらかで柔らかく、乾燥しにくく、長持ちで、匂わない、唇本来の色に近いものが欲しかったのです。」

彼女はこうした考えをある化学者に伝えた。この化学者は彼女のために、最初の口紅、ブラウン・リップ・カラー（Brown Lip Color）と呼ばれた、茶系のピンク色のリップカラーを開発した。その後、さらに9種類のリップカラーが作られた。彼女はあるディナーパーティーで偶然に化粧品バイヤーのベルグドーフ・グッドマンと知り合い、製品を店舗で販売するチャンスを得た。その製品は1991年に初めてデビューし、初日だけで100本以上も売れた。このシリーズはさらに薄い色、大胆な色、ファンデーションにまで拡張した。ファンデーションには従来のピンク色ではなく、黄色を使用したため、一つのイノベーションとも言える。彼女が仕事の経験から得たものは、ほとんどの女性は、黒人にしても、アジア人にしても、白人にしても、肌は黄色い色調を持っているということだ。１９９５年、ボビイ・ブラウン社はエスティローダー社に買収された。買収側は安定した人気化粧品ブランドを取り入れることによって、自社の既存イメージとのバランスを取ることが狙いだった。ブラウンによれば、レオナルド・ローダーは彼女にこう伝えた。「私たちがあなたの会社を買収したいのは、あなたが全ての店舗で私たちに勝ったからです……。しかも、あなたは会社を興した時の母に少し似ています。」

ローダー社の傘下で、同ブランドはマーケティングを強化した。ニューヨークにあった本社を「かっこいい都会のマンション」に移転し、伝統的な手法よりもっとドラマチックで、動きのある広告を打ち出した。ブラウンはこう話した。「我々の広告は、雑誌のようです。普通のブランドは、ぐちゃぐちゃになった口紅を広告としては出しません。今では一般的ですけどね。私たちが、黒人のモデルを起用して、花嫁に仕立て上げた最初の会社の一つです。」ＭＡＣと同じように、ボビイ・ブラウンはアメリカ合衆国の民族の多様性を認めている。彼女はアメリカの真実の姿を示したのである。

もう一人、ＭＡＣの革命を追いかけ、自分のブランドを出したメイクアップアーティストがいる。フランソワ・ナーズというフランス人である。彼は1970年代のフランス版『ヴォーグ』誌を読んで成長した世代であり、ギイ・ブルダンのようなファッションの最先端を走るカメラマンの影響を受けてきた。彼はパリのカリタ（Carita）美容専門学校で学んだ後、憧れのファッション誌の仕事に就いた。そして、カメラマンのスティーヴン・マイゼル、ヘアスタイリストのオーベイ・キャナルと、魅力にあふれた三人組を結成した。

彼が求めるドラマチックな顔を作るためには、異なるブランドの製品を組み合わせながら使わなければならなかった。そこで彼は9色の口紅のシリーズを作り、1994年にバーニーズ百貨店で販売するようになった。ファビアン・バロンがデザインしたシンプルな黒のパッケージのおかげもあり、この商品はすぐに棚に並んだ。ナーズはマイゼルと他の人から学んだ撮影技術を使い、自分で広告を作った。その中で彼は、型破りなモデルを起用した。卵形の顔とショートヘアでスーダン生まれのイギリス人アレック・ウェック、あるいは、目立つ赤い髪の毛が妙に美しく見え、少し不自然だが不思議な魅力を持つカレン・エルソンだった。もう一つ決定的な要素は、製品ラインの挑発的なネーミングである。頬紅の、オルガスム（Orgasm、ベストセラーの頬紅）、ディープ・スロート（Deep Throat）、ストリップショー（Striptease）やセックスマシーン（Sex Machine）などが挙げられる。

ナーズは、ハイファッションやナイトクラブに適したブランドだ。しかし、ナーズ自身は現実的でもある。「舞台では幻想を売っています。それは非常に劇場的です…。でも私は自分の製品ラインの色を作る時には、日常生活でそれを使う女性たちのことを考えています。」彼はウェブサイトStyle.comでそう語った（「美しい生活：フランソワ・ナーズ（Beautiful lives：François Nars）」）

資生堂社は2000年にナーズブランドを買収した。それを祝福して、ナーズはフランス領ポリネシアで島を購入し、モツ・タネ（Motu Tané）と名付けた。しかし、彼は自分のブランドのクリエイティブな側面に自分の影響力を保持し続け、2011年2月にニューヨークで初めての路面店をオープンした。これは非常に特徴的な店で、漆黒の床には燃えるような赤色のラッカーが飛び散るという空間でデザインされている。このブランドの概要をバーニーズのクリエイティブ代表のサイモン・ドゥーナンは次のように述べた。「遑しく上品で……印象深く、慣習にとらわれていない。」彼はさらに言い加えた。「フランソワは特別な眉の描き方と大胆な色づかいで女性たちにドラマと自己主張を提供しました。そして彼女たちに少しの独自性、自己表現と個性も贈ったのです。フリーダ・カーロ、エヴァ・ガードナー、あるいはシモーヌ・ド・ボーヴォワールを思い描けば、彼女たちはまさにその代表です。」（『ニューヨーク・タイムズ』紙、2011

年2月9日号、「フランソワ・ナーズ：メイクアップの裏側を支える低姿勢のアーティスト（François Nars：behind the makeup, a low-profile artist）」）

数十年の間、化粧品はファッションとは切り離せない関係を続けてきた。デザイナー、カメラマン、モデルとの関係以外に、メイクアップアーティストのブランドが人々に提供しているのは、プロ意識に裏打ちされた約束である。もし化粧品が、芸術性が求められる多忙な舞台環境のためにデザインされているなら、それを人々の日常生活に提供しない理由はない。その巧妙なパッケージには創造性と効率性が入っているのだ。

そのような物語を見逃すわけもなく、シャネルも「スター」メイクアップアーティストの幻想を売っている。シャネルのグローバル・クリエイティブ・ディレクターのピーター・フィリップスは、シャネルの化粧品を販売するために多くの時間をかけてきた。このベルギー出身のメイクアップアーティストはアントワープ学院を卒業した。同学院の卒業生には、マルタン・マルジェラとアン・ドゥムルエステールのような著名なベルギーのデザイナーたちがいた。彼はパリのファッションショーでモデルに化粧をしていた。「私はここでメイクアップのチームと出会い、これを生涯の職業にしようと決めました……。１９８０年代、私はずっと友達の化粧をしていました。彼女たちは、私に『アイメイクしてくれる？』とよく頼んできました。私はそれがとても得意でした。そのため、私はファッションの世界においても、メイクアップの仕事ができると気付き、興味をそそられたのです。」（『インディペンデント』紙、2008年8月17日号、「ピーター・フィリップ：シャネルのゴールデンボーイ（Peter Philips: Chanel's golden boy）」）

ファッション誌とファッションブランドでキャリアを積んだ後、彼は現在シャネルのデザイナー、カール・ラガーフェルドと手を組み、シャネルのファッションショーと広告を一緒に作っている。フィリップは、「美容院とメイクアップの提携をしたことがある」と語ったが、ここが重要な点である。化粧品とファッションショーのメイクアップの仕事を繋げることは、非常にエキサイティングで、ダイナミックに見える。それはシーズン・コレクションとリニューアル、そして、かつてマックス・ファクターが考えた、ヘア、メイクアップそして服装を調和させるという考えを正当化した。

ファッションショーの魅力とシャネルの価格設定が豪華なパッケージと共に巧妙に組み合わされ、ルージュ・アリュール（Rouge Allure）の口紅はオンラインショップで、32ドルで販売されている。ある経験豊富なビューティージャーナリストは、次のことを語ってくれた。

「もし製品だけの価値を求めるなら、モノプリ（Monoprix、訳者注：フランスのスーパーマーケットチェーン）の商品を使ったほうがいいかもしれません。シャネルを買うのは、その口紅のパッケージに表記されるロゴ、ゴージャスな金色の箱、そしてブランドの神話にお金を払っているからです。これは唇には表現されませんが、それをハンドバックに入れること自体が、心地良いことなのです。」

口紅は、不景気とは無縁のご褒美で、手の届く高級品、そして50ドル以下であなたに自信を与えてくれるものです、と彼女は付け加えた。

もちろん、ＭＡＣだけがプロのメイクアップアーティストと契約しているわけではない。２００９年11月にエスティローダーはトム・ペシューをクリエイティブ・ディレクターに起用する契約を結んだ。その他に、レブロンのグッチ・ウェストマンとランコムのアーロン・デ・メイの名前も契約リストにあった。

ブランドの信頼性と地位を高め、メイクアップの技術を教える以外に、メイクアップアーティストたちは社内用のトレーニングビデオを作ったり、メディアに自ら露出したり、製品・パッケージ開発に参加したりしている。彼らは、色彩を正しく使えば、女性なら誰でも美しく、幸せになれるという考えを発信し続けている。（『ニューヨーク・タイムズ』紙、２００８年３月20日、

「私が欲しかったのはメイクアップアーティストのあなたのサインだ（It's your makeup artist's autograph that I want)」)

世界で最も成功したメイクアップアーティストの一人は、イギリス人のパット・マクグラスだ。１９９０年代に彼女はファッション誌編集者のエドワード・エニンフルと共に影響力を持つ『*i-D*』紙を創立したことで有名になった。彼女はジョン・ガリアーノと有名なファッションショーでコラボし、ジョルジオ・アルマーニに化粧品シリーズを作るパートナーとして選ばれた。重要なのは、マクグラスは黒人であり、彼女は自分の母を通して化粧品の欠陥に気づいたという点だ。「彼女はいつも色を混ぜて使っていました。黒人の肌に合うような化粧品がなかったんです。」(『タイム：スタイル＆デザイン』、２００３年春号、「形になり始める（The shape of things to come)」)

マクグラスは、マックスファクター社のグローバル・クリエイティブ・ディレクターである。

ビューティーへのコツ

✽1920年代に、マックス・ファクターはロシア帝国大劇場の衣裳部屋で積んだ経験をハリウッドの新興世界に取り入れた。

✽彼は早いうちから市場を独占し、映画メイクアップの王様になっていた。メイクアップという言葉は彼によって普及した。

✽化粧品が悪魔のように思われたのは、最初はその成分に含まれる毒性、その後は高級売春婦を連想させたからである。ハリウッドはメイクアップを社会の主流に連れ戻した。そして欧米の美の標準を世界に広めた。

✽マックス・ファクターは有名人を使った広告を率先して制作し、ハリウッドのスターを製品のプロモーションに起用した。しかし、製品イノベーションとパッケージデザインへの努力こそ、彼を成功に導いた要因であった。

✽マックスファクターのイギリスでの競争相手はリンメルであり、それはロンドンの街のイメージをブランドアイデンティティに取り入れていた。リンメルのイメージキャラクターはイギリスのスーパーモデル、ケイト・モスである。

✽マックスファクターは今でも「メイクアップアーティストの化粧品」として知られている。当社のグローバル・クリエイティブ・ディレクター、パット・マクグラスは世界で最も有名なメイクアップアーティストの一人である。

✽1990年代に、メイクアップアーティストたちは既存化粧品の色の種類に不満を持ち、自分のブランドを出すようになった。MAC、ボビイ・ブラウン、フランソワ・ナーズなどが、有名なブランドである。

✽多くのビューティーブランドは今、メイクアップアーティストをクリエイティブ・アドバイザー及びブランドの顔として雇っており、優れた技術と信頼性を体現させている。

第8章

5％の解答

人々は香りを買うのではなく、物語を買うのだ

王妃マリー・アントワネットがギロチン刑からの逃亡を企てた、という伝説が残っている。その物語は、王妃が暗闇に隠れてチュイルリー宮殿を出発したところから始まる。彼女は飾り気のない女性家庭教師の黒い服を着て、彼女のボディガードがそのすぐ後に続いた。彼女らは宮殿周辺の狭い道で少し迷いはしたが、最終的に他の王族（国王、皇太子とその妹、家来たち）とエシェル通りで落ち合った。そこから小さな馬車がパリ郊外へと彼らを連れ出し、さらに大きな特注の旅行用四輪馬車に乗って、王政主義者の本拠地がある北東の国境地帯へと移動しようとした。

もしこの計画が上手く行けば、彼らはジャコバン派の革命家たちの怒りから逃れ、ラファイエットの国家警備隊の監視下での自宅監禁だけで済んでいたことだろう。しかし失敗すれば、彼らには数ヶ月の余命しか残されない。

この逸話の多くの説では、王族はサントゥームヌーという小さな町で、鋭い観察力を持った郵便局長によって、その正体を見破られてしまう。なぜなら、彼は紙幣に描かれた横顔で国王を知っ

ていたからだ。彼は道を先回りし、この逃走中の王族を逮捕するための手はずを大急ぎで整えた。ヴァレンヌという町で、殺到した現地の民衆によって疑わしい馬車が停止させられ、逃走の企ては潰れた。馬車の中からマリー・アントワネットが現れた時、それが彼女であることは誰の目にも明らかだった。不安によって髪は白くなり、外見は完全に変わり果てていたが、彼女の香水がその正体を明かしていたのだ。そのような洗練された優美な香りを纏うことができたのは、王妃その人だけだったのだから。

マリー・アントワネットは、家族とともに断頭台が待ち構えるパリへと連れ戻されることになった。この物語中には巧みなシンボルが登場するが、それは同時に極めてパリらしいシンボルでもある。国王は彼の気高い横顔によって特定され、王妃は彼女の香りによって裏切られた。

嗅覚のノスタルジア

調香師のルカ・トゥリンは、魅力的な著作『香りの秘密（*The Secret of Scent*）』（２００６年）の中で、その裏切り者の香水は、グラース出身のジャン・フランソワ・ウビガンによって、

1775年に設立されたパリの香水会社、ウビガンが提供したものだろうと述べている。

フォーブール・サントレノ通りにあるウビガンのブティックは、「花の籠」(*la Corbeille des Fleurs*)と呼ばれている。店の看板によると、その店は「手袋、おしろい、ポマード、香水、そして正真正銘植物性の高品質の頬紅」を販売していた。マリー・アントワネットは処刑されたが、ウビガンは革命を生き抜き、ナポレオン軍がヨーロッパ中を席巻した時代には、その香水が軍資金として持ち込まれたと言われている。ウビガンは巧みにも、パリで最もおしゃれな通りに店舗を構え、今日でいう有名人のお墨付きを商売に利用することを躊躇なく実践した。

ウビガンがグラース出身であることは特筆すべきだろう。穏やかな気候と16世紀にムーア人が南フランスに持ち込んだ豊富なジャスミンの供給地として、緑に満ちた田舎に囲まれたこのプロヴァンスの町は、フランスの香水業界の中心地になっていた。元来ここは、なめし革で有名な地域だったが、カトリーヌ・ド・メディシスと彼女の妹マリーが火を付けた、香水を染み込ませた手袋の流行によって、なめし革商人たちを香料となる植物の栽培へと駆り立てることになった。今日グラースは、フランスで生産される香水の3分の2を供給しており、最も著名な香水の多くがこの地で生み出されている。

当然ながら、香水の歴史は18世紀よりも古い。その起源を見つけるために、我々は再び、美のパイオニアであるエジプト人を訪ねなければならない。彼らの宗教的儀式では、つねに芳香の煙が漂っていた。神の像にも香水が付けられ、死者には彼らの来世の旅の無事を願って香水が付けられた。エジプト人は、圧搾法または浸潤法によって、蓮、アイリス、百合のエッセンスを抽出するための、正真正銘の研究所までをも建設した。

ただし、こうした長い香りの歴史の中で、ウビガンが重要である理由は、それが合成香料を含む香水を最初に生み出した会社だからだ。１８８２年に、同社の調香師、ポール・パルケが（訳者注：当時のイギリスでのシダのブームを受けて）「フゼア・ロワイヤル」（Fougére Royale、王室のシダ）という名の香水を作り上げた。シダ自体には香りはなく、王室との関係もないため、ルカ・トゥリンはそれを、マーケティング志向の香水ビジネスの第一歩だったと述べた。

その魔法の原料は、刈り取ったばかりの干し草のような匂いと一般に表現される、人工合成されたクマリンだ。自然形態では、トンカ豆に多く含まれている物質である。じゃあどうして化学的に再現する必要があるのかって？　トゥーリンによれば、「人工の物質を用いる主要な理由は、当時も今も、本物からそれを抽出するよりも安く済むからだ。」さらに彼は、今日では化合物は天然物よりもずっと盛んに用いられているという。天然物は、「多くがロシアとかつてのユーゴスラヴィア」で収穫されている。それらは、「トラックに山積みにされて最寄りの抽出工場に運ばれ、高温の溶剤と共にかき混ぜられる。良質の物質はその設備で抽出され、その後、混合物から水蒸気蒸留によって精製される。」

トゥリンによれば、天然の原料は劣化や変化をしやすく、壊れやすいため、非常に手間がかかる。単独の化学物質が記号で表されるのに対して、天然香料は完全に組成として形成されているため、調香師が、香りの構成を書き出すことはずっと困難になる。

2005年には、あるイタリア人の一家がウビガンの名前を使用する権利を取得し、フゼア・ロワイヤルや1912年に発売されたケルク・フルール（Quelques Fleurs）を含む、その会社の最も有名な香水の発売を再開した。こうした製品が単にオリジナルを表面的に真似ただけのものかは分からないが、デザイナーが発売する香水で溢れた今日の世界では、古くて由緒あるものは、むしろおしゃれだと見なされる。

ウビガンのジアン・ルカ・ペリス副社長は、『フォーブス』誌の取材に対して、「近年の金融危機を経て、人々の間には正統性、本物の品質への切望があります。人々は、うまく寄せ集めただけのものに良さそうなラベルを貼り、高い値段で売りつけることを求めているわけではないのです。」（「ウビガン：知っておくべき名前（Names you need to know: Houbigant）」，2010年12月7日。）

あなたがもしこの考えに賛同し、レトロな香りを探しているなら、パリのダニエル・カサノヴァ通りにある香水メーカー、ジョヴォワを訪ねると良い。運が良ければその店で、話し好きで情熱的な経営者、フランソワ・エナンに会えるだろう。エナンは、ベトナムで原料の貿易業者をしていた時に、偶然香水の世界に巻き込まれることになった。彼は富裕層をターゲットとした香りに興味を持ち、1923年に立ち上げられたブランド「ジョヴォワ」を従兄弟と共に復活させた。エナンは、その会社の創立者である調香師ブランシェ・アルヴォワについて、愛情を込めて話してくれる。

「彼女は、非常に革新的で、当時、時代のずっと先を行っていました。」と彼は言う。「例えば、香水の噴霧器を初めて使ったのも彼女です。彼女の香水は、お金持ちのおじさんと腕を組んで、パリの大通りを散歩するようなタイプの若い女性を、明確なターゲットとしていました。今日の基準で言えば、彼女の香りはほのかな香りではありません。華麗で、かつ攻撃的な香りでした。人々を振り返らせるために作られた香りです。」

エナンは、「オリエンタル」、「テラ・インコグニータ」、異性の気を引くような「クアンド？（いつ？）」という名の香水を含む、ジョヴォワの香りのいくつかを再興した。

ただし、エナンのブティックはやはりどこか違っていた。エナンが香水業界で仕事を開始し、見本市や貿易会議に参加していた時、彼は由緒ある、またはニッチな香水のブランドを扱う他の会社に出会ったのだ。彼のブティックでは、小じんまりだがおしゃれな店内に、彼の大好きなものが並べられていた。そこにはジョヴォワの香水もあれば、エルテ・ピベ（LT Piver、1774年）、ドラン（Dorin、1780年）、ランセ（Rancé、1795年）といった、他のビンテージの香水も並べられている。最後のランセは、エナンによれば、ナポレオンが非常に好み「かつて飲んでいた」コロンを作った会社のものである。

イタリアの理髪師ジャン・パオロ・フェミニスは、1709年にドイツのケルン（英語読みをするとコロン）で、世界初のオーデコロンを作った（訳者注：オーデコロン（*eau de Cologne*）とは、「ケルン（コロン）の水」という意味である）。それはブドウの蒸留酒スピリッツ、ネロリの油、ベルガモット、ラベンダー、ローズマリーをブレンドして作られた。当時のオーデコロンは、体臭を隠すためだけではなく、胃痛、目やにの消毒、歯茎の出血まで、何にでも効く万能水として用いられた。

エナンは、そうした香水にまつわるディテールを愛し、多くの人々は「単に香りを買う」のではなく「物語を買うのだ」と認めている。

ただし彼の店では、顧客はその洗練された小瓶から直接に香りを嗅ぐわけではない。香りは別段特徴のない茶色の瓶に入れて並べられている。「お客様には、ボトルやパッケージによって誘惑されるのではなく、その香り自体を試したり、味わったりして、お客様の個性に合った香水を見つけて欲しいと、私たちは思っています。そう考える私たちは、香りが先で、イメージは後、という風に、現代の香水ビジネスとは逆の道を進もうとしているわけです。ここには有名な女優の写真は1つもありません。私たちは、この産業が感染しているセレブ病に対する解毒剤を提供しているのです。」

香水産業が今日のような強欲なマーケティング勢力へと変わる過程には、フランソワ・エナンが愛したコケティッシュな香水の世界が小さくなっていく、まさにその瞬間があった。それは、ガブリエル・〝ココ〟・シャネルが、並べられた10の香水サンプルの小瓶を指さして、「5番ね」と言った瞬間だった。

ココと「モンスター」

「シャネルNo.5」が発売された1921年当時、ココ・シャネルは既に、富裕層や有名人の女性の洋服を合理化するというビジョンによって富を成した、成功したファッションデザイナーだった。プレイボーイで知られる恋人、ボーイ・カペルを自動車事故で亡くしたことで、彼女は初めて深い悲しみの底へと沈み、鋼のような固い意思の女性へと変わった。（エッフェル塔のように、シャネルは距離を置いたほうがよく見える。近くだと、彼女のあまり魅力的でない2つの性格、俗物根性と反ユダヤ主義が見えてしまう。）

あなたは既に、ファッションデザイナー自身が、香りを作っていないことに気づいているかも知れない。香りを作ることは、業界では「鼻」（nose）と呼ばれる調香師の仕事である。当時、彼らの多くはフィルメニッヒ社、ジボダン社、インターナショナル・フレーバー・アンド・フレグランス社（IFF）、シムライズ社といった大手香料メーカーに勤務していた。彼らは美しい香りだけではなく、バスルームで使われる製品や洗剤、スナック菓子などを含む、日常的な香りも作っている。

シャネルの「鼻」は、以前は香料メーカーのアルフォンン・ラレー社で働いていた、エルネスト・ボーだった。あなたは、ボーがシャネルから最初の香水の制作を依頼されてチャンスを得たと思うかもしれないが、２０１０年に発売された『シャネル№５の秘密』の著者であるティラー・マッツェオによれば、彼は不安を抱いていたという。「結局のところ、ファッションデザイナーのために香りを作るというのは、依然として未知の領域だったのです。その夏ココ・シャネルは、それを試みる史上３番目のデザイナーになろうとしていました。」

ついにシャネルはボーを説得し、彼はシャネルのための夢の香水作りを本格的に開始した。その主要な原料は、グラース産の、しかも非常に大量のジャスミンだった。「彼女は世界で最もぜいたくな香水を求めていました」とマッツェオは言う。

それは確かにぜいたくな、しかし同時にストイックな香水だった。こうした物語の多くのヒロインと同様に、ガブリエル・シャネルは身分の低い生まれを出自としていた。彼女が12歳の時に母は結核で亡くなり、各地を旅する行商人であった彼女の父は、南中央フランスのコレーズ地方にあるオーバジーヌという名の修道院に、ガブリエルと２人の妹を置き去りにせざるをえなかった。この場所での厳粛な生活の記憶は、その白い漆喰の壁と磨かれた石の床と共に、彼女の魂の中にいつまでも刻まれた。その後、彼女は田舎のキャバレー歌手として何とか生計を立てていたが、その時「ココを見たのはだれ」（*Qui qu'a vu Coco*）という曲の粋な演奏から、自らのニックネームをつけた。

つまり、修道女がショーガールになった、それがシャネル№5なのだ。

その香りの強さは、アルデヒドと呼ばれる合成香料によるものだ。アルデヒドには多くの形態があるが、それはしばしば、冷たく、清浄な香りと表現される。ボーがシャネルのために用意した一連の小瓶の中で、5番目の小瓶にはアルデヒドが過剰に入っていた。それがデザイナーの琴線に触れ、この人工的であることを悪びれない機械化時代の香り、シャネル№5となったのである。デザイナーはそれを飾り気のないアール・デコ調の小瓶に入れた。四角い肩を持つその容器のデザインは、彼女の亡き恋人ボーイ・カペルのウイスキー瓶からインスピレーションを得たものだった。

シャネル№5の香水は、30秒に1つ売れている。香水が、肌にとどまるよりも短い時間しか市場に存在できない世界で90年以上生き続けているこのブランドは、依然として強烈なパンチ力がある。それは単なる香りではなく、ひとつの伝説であり、通過儀礼であり、金字塔なのだ。『ニューヨーク・タイムズ』紙の香水評論家であるチャンドラー・バールは、それを「モンスター」と呼ぶ。

再び１９２１年に戻ろう。その香水は積極的な広告キャンペーンを背景に普及した訳ではなく、密やかに市場に導入された。

シャネルは、カンヌで開催されたディナーパーティーで自ら身に付けることで、シャネル№５を発表した。彼女の思惑通り、人々はこぞって彼女にそれは何の香りかと尋ねた。次に彼女は、シャネル・ブティックのお得意様に、クリスマスギフトとしてその香水瓶を贈った。彼女たちは、香水について詳しい話を聞きにシャネルのブティックを訪れ、同じような行動は感化された顧客の友人たちへも広まっていった。

さらに後、シャネル№５は、デザイナーとしてのシャネルの驚くべき行動によって、パリのエリート層の香りの認識コードに相応しい存在になった。なんと彼女は、そのブランドの所有権を売却したのである。

今日のおしゃれなセレブが集う場所は、ギャラリーのオープニングや、チャリティー・ディナー、スター・デザイナーによるファッションショー、カンヌやハリウッドでのレッドカーペットのイベント、ベルベットのロープで仕切られた高級なクラブやレストランなどだ。１９２３年当時、セレブ達はドーヴィルの競馬場に集っており、そこでシャネルは、香水企業ブルジョワ社のオーナー兄弟、ピエール・ヴェルテメールとポール・ヴェルテメールに紹介された。

ブルジョワ社は、劇場で一人の俳優が使いやすい舞台用メイクを開発し、一般の人々にも販売を始めたことをきっかけに、1863年に設立された。4年後、アレクサンドル＝ナポレオン・ブルジョワは、その事業を買収し、肌を「柔らかく白く」する、「ジャワ島のライスパウダー」(Rice Powder from Java) というヒット商品によって、その才能を開花させた。彼の後継者であるエミール・オロスディィは、マニキュア、口紅、ハンカチに振りかけて使う香水へと製品ラインを拡張した。ピエールとポールの父であるエルネスト・ヴェルテメールは、前職はネクタイのセールスマンだったが、1898年にその会社の半分の株式を買収した。会社に関わるようになった彼の息子たちは、事業をアメリカへと展開し、ブルジョワ社を繁栄させた。

ココ・シャネルは、利益のわずか10%をロイヤルティとして受け取ることを条件に、彼女の香水事業のほとんど全ての支配をヴェルテメール兄弟に譲渡したのだ。そのことは今日から考えると非常識で、シャネル自身も後にその決断を苦々しく後悔することになったが、当時は完璧に筋が通っていた。シャネルはあくまでもファッションデザイナーであり、香水業界については無知だった。ヴェルテメール兄弟がいなければ、シャネルNo.5はパリの小さなコミュニティで受け入れられる上質な香りに過ぎなかっただろう。彼らがいたことで、そのブランドは世界を制圧したのである。

ティラー・マッツエオは、ヴェルテメール兄弟の初期のマーケティングアプローチ、とりわけ彼らが似たような名前の製品群（シャネルのNo.1、No.2、No.11、No.14、No.20、No.21、No.22、No.27）の発売を決定し、シャネルNo.５を埋もれさせてしまったことに対しては、極めて批判的である。しかし、その企業は高級品広告がよく使う同義反復的な訴求方法を把握していたことを、アメリカの小売店に送ったカタログから理解できる。それは次のように謳っている。「シャネルの香り、価値がお分かりの方のためだけに作られたその香水は、香りの歴史の中で唯一の比類なき地位を占めています……マドモアゼル・シャネルは、そのシンプルな香水瓶に誇りを持っています。その魅力を作り出しているのは、比類なき品質と独自の配合を持ち、クリエイターの芸術的才能を浮き彫りにする、貴重な香りの一滴《しずく》なのですから。」

こうした調子である。シャネルNo.５が圧倒的に成功したことで、歪んだそのマーケティング戦略にもかかわらず、１９３０年代に、ヴェルテメール兄弟は膨大な広告費用を積むことになった。

またシャネルNo.５は、疑わしいほど類似の配合で作られたライバル製品との競争を辛うじて回避した。「ラマン」（L'Aimant、磁石の意）は、シャネルの古い知り合いであるフランソワ・コティが所有する会社によって発売された。コルシカ島人として生まれたフランソワ・スポトゥルノは、彼の母親の旧姓に由来する名前、コティに改名し、グラースで調香師としての訓練を受けた。1904年、彼は濃縮された花のオイルをベースとした香水「ローズ・ジャックミノー」(La Rose Jacqueminot) を発売し、それが爆発的なヒットとなった。コティは、香りへの愛情とパッケージの才能を組み合わせ、宝飾家ルネ・ラリックとともに、容器だけでも売れるようなアール・ヌーヴォー彫刻の香水瓶をデザインした。シャネルがNo.5を作り出した時、コティはすでに1つの帝国の経営者となっていた。（彼は香水ビジネスで生み出した利益を、有害な政治的キャリアへの足がかりにした。1922年に彼は新聞社フィガロを買収し、それを極右のジャーナルに変えた。後に彼はファシスト党の組織に資金提供をした。）

1926年、コティ社はクリスという名の会社を買収したが、それはかつてシャネルの調香師、エルネスト・ボーがその仕事を学んだラレー社が所有していた会社だった。この買収によって、コティ社はボーによる初期の作品である「ラレーNo.1」の調合法を手にした。コティの予想通り、ボーは実際のシャネルNo.5の製作で、この香水とかなり似通った調合法でそれを作っていた。コティ社が、ラレーNo.1をわずかに変えた「ラマン」を発売した時、それは実質的には、シャネル

№５を別のブランド名で発売したのも同じだった。

しかし、発売のタイミングが遅すぎた。マッツェオは次のように書いている。「シャネル№５は、世界で最も著名な香りでした。シャネル№５は、人々がけた違いの贅沢をひたすら追い求めた１９２０年代のバブル期に急成長し、誰もが欲しがる存在になったのです。」

この頃になると、ココは自らの間違いに気づき、一切のマネジメントを放棄したその香水ブランドへの支配権を奪回できないものか、と考え始めるようになっていた。１９３０年代に入り、経済恐慌の時代になっても、シャネル№５は売れ続けた。ヴェルテメール兄弟は、シャネル№５以外の香水の生産規模を縮小し、ベストセラーに集中することにした。彼らの広告が謳う通り、実際にシャネル№５は、「他のどの香りよりも、洗練された女性達によって身につけられた」のだった。

第二次大戦中にシャネル№５は、ヴェルテメールがアメリカ軍基地にある小売店（「ＰＸ」と呼ばれる陸軍駐屯地の売店）で販売するという、大胆な意思決定をしたことで、象徴的な地位を得ることになった。商品をそのような場所で、免税価格で販売することは、そのブランドの贅沢品としての地位を損なう恐れがあったが、マッツェオによれば、「戦時中には、贅沢なブティックやきらびやかなショールームを見に行きたいなどと思っている人はいなかった」。

こうしてシャネル№5は、自由の香りとなった。つまり、「辛うじて戦時中にも残存した、性的魅力と美にあふれた、戦前の世界の一部」を象徴する存在となったのだ。このことによって、そのブランドは官能的なノスタルジアの後光の下に、1950年代を迎えることができた。海外の戦地へ赴いたことのある男性は誰しも、その小瓶を特別な誰かに対し、あるいはもしかしたら2、3人に買った経験があったのだから。


例のごとく、ココは戦時中、ナチの役人とホテル・リッツで関係を持っていた。彼女が辛うじて所有していた香水は店頭で飛ぶように売れ続けていたにもかかわらず、彼女の名声はズタズタになり、スイスに身を隠すことを余儀なくされた。彼女がそのファッション・ラインを蘇らせるために最後にパリに戻った1954年には、ヴェルテメール兄弟に支援を求めざるを得なかった。彼らはその要求に対して、シャネル・ブランドの完全な支配権を買い取ることによって応えた。長らくシャネルの香水を所有していた彼らは、今度はシャネル・ブランドそのものを掌握したのだ。シャネルは、彼女が87歳で他界した1971年1月10日まで、その仕打ちを恨み続けた。

1960年代には、ヴェルテメール兄弟のビジネスは、ピエールの息子ジャックに引き継がれたが、彼はファッション企業の経営よりも、ヴェルテメール家の競走馬生産者とブリーダーとしての活動に、より興味を持っていたようだ。その間に、世界中に広まったシャネル№5は、色あせたブランドになってしまう恐れがあった。実際に当時のアメリカ市場では、シャネル№5は、母親世代、もしくはおばあさん世代の香りだと見なされるようになっていた。1974年にジャックの24歳の息子、アラインが経営の指揮を執ると、彼は速やかに事態を改善させるための取り組みを実行した。彼は、ドラッグストアでの販売から撤退し、取扱小売店の数を1万8,000店から1万2,000店へと大幅に削減することによって、その香りの一流品としての地位を取り戻した。

シャネル№5の根強い人気は、ブランドのアート・ディレクターであるジャック・エリュの功績によるところが大きい。彼は、1956年に18歳で入社し、2007年に69歳で亡くなるまで、ブルジョワ社で働き続けた。彼の前に同じ仕事をしていたのは、彼の父ジャンだった。シャネル自身を除けば、彼ら以上にそのブランドのDNAを理解している人はいなかった。

1968年、エリュはシャネル№5の顔としてカトリーヌ・ドヌーヴを起用した。ココ・シャネルも気に入ったことだろう。氷のように冷たく官能的な、そのブロンドの女優は、シャネル№5がその核心に持っている緊張感を湛えていた。その前年、彼女は映画「昼顔」(*belle de jour*)

の中で、退屈しのぎに娼館で働き始める美しいブルジョアの女性を好演した。

シャネルのキャンペーンは、ドヌーヴの国際的なスターとしての地位を確固たるものとし、その香水の象徴的な地位を強固にした。印刷広告は意外なほどシンプルで、リチャード・アヴェドンが撮影したドヌーヴの非の打ち所のない顔が、紛うことなきシャネル№5の香水瓶の隣に写しだされたものだ。エリュは、不要なものを大胆に削ぎ落したその香水瓶が、ガラスで出来たロゴに他ならないことを認識していた。彼のその後の全ての広告は、その点を強烈に打ち出した。例えば、そうした広告の1つに、香水瓶と、その下に書かれた「幻想を分かち合いましょう」という言葉だけから構成されたシンプルなものなどがある。(「ロゴとしてのボトル」というアプローチは、ウォッカのブランドであるアブソルートや、部分的にはコカ・コーラによっても用いられている。)

アメリカ市場向けに撮影されたテレビCMは、ドヌーヴのフランス訛りと、かすかにハスキーな話し方を最大限に活かしたものだった。彼女がシャネル№5を「特別な場所、膝の裏側」に一滴つけることを語る時、その肌の窪みは最高の性感帯であるかのように聞こえた。「貴女は何が欲しいかを言わなくてもいいの。」と彼女が甘い声で言う時、シャネル№5のボトルが映し出される。「彼はそれを分かっているから。」

エリュはこのトリックを繰り返し用い、著名な写真家や監督に撮影を依頼して、シャネル№5のボトルと美しい女優とを組み合わせた。テレビと映画の広告費は次第に非常に高額なものとなり、それはニコール・キッドマンを起用した2004年の大ヒット広告で頂点を極めた。そのCMの監督を務めたのは、その3年前に彼女を映画「ムーラン・ルージュ」で撮ったバズ・ラーマンだった（この映画の中でキッドマンが演じたのは、ココ・シャネルもよく知るショーガールで、高級娼婦だった）。その広告は、見る人の好みによって、唖然とするほど女々しい、あるいは恥ずかしくなるほどロマンティックだと評価されるだろう。どちらにしても、キッドマンは不満ではないだろう。彼女はその3分間のコマーシャルの見返りに1，200万ドルを手にしたのだから。

香水の広告は、その巧妙なやり方で有名だ。製品の主要なベネフィットである香りを直接伝えることは明らかに不可能なため、広告はその香りが喚起するであろう雰囲気を表現するようなイメージで包まれ、見る人は性やロマンスのぼんやりした概念を押し付けられる。その結果、広告は時に、ある種の物語を語るものではなく、気取った感じで、温かみやユーモアの全く欠けたものとなる。シャネルの広告は他の多くの広告に勝ってはいたが、他の製品カテゴリの広告賞を獲るような広告と比べると、決して優れたものではなかった。

エリュが亡くなった時、『ヴォーグ』誌は彼に敬意を表し、次のように書いた。「（彼は）その会社を象徴する広告キャンペーンの立役者であり……今日の消費市場において、シャネルを重要なブランドとして確立した人物である」（「追悼　ジャック・エリュ（Jacques Helleu Remembered）」、２００７年10月1日号）。シャネルのグローバルＣＥＯのモリーン・シケは、ある発言で次のように述べた。「彼の並外れた人格、途方もない才能、ユニークな想像力が、シャネルを、比類ない世界的存在感を持つ、最高のラグジュアリー・ブランドにしました。……彼はシャネルを、21世紀の富裕層世界における先導者として位置づけることに成功したのです。」

シャネルのコレクションのファッションデザイナーを務めるカール・ラガーフェルドは、このことでいささか傷ついたかもしれない。しかしココ自身もスイスから戻った時に気付いたことだが、ファッション産業は香水によって支えられているのだ。シャネルの２００９年の秋冬オートクチュール・ショーの中で、ランウェイを闊歩するモデル達よりも、シャネル№５のレプリカで作られた塔が目立っていたことは偶然ではない。

ボトルの中の幻想

イブ・サン・ローランは、ファッション業界にとっての香水の重要性を知り尽くしていた。そのデザイナーの大ヒット商品、「オリエンタルな」香りの香水「オピウム」（Opium、アヘン）は、まさにその会社の運命を変えた。創立30周年となる１９９２年までに、イブ・サン・ローラン社は売上の80％を、香水と化粧品によって稼ぎ出すようになった。このことは、ＬＶＭＨやＰＰＲといった巨大なラグジュアリー製品のコングロマリットが、若いデザイナー・ブランドに参画する際、最初にそれらの新人に香水を売り出すことを勧めることが多い理由でもある。

サン・ローランの伝記（２００２年）の中で、フランスのジャーナリスト、ローレンス・ベナイムは、オピウムの発売を「コミュニケーションの見事なレッスン」と表現した。サン・ローランは当時すでにコレクションの設定として、「中国」を用いていた。金色の刺繍が施され、毛皮で縁取られた36の作品は、映画『上海エクスプレス』と漫画『タンタンの冒険』の幻惑的な融合だった。「毛沢東の死から一年も経たないうちに、サン・ローランは行き過ぎた中華帝国を讃えたのだった。」とベナイムは書いている。

オピウムは１９７７年10月12日にパリで発売された。その香水を紹介する冊子の中で、サン・ローランは、「オピウムは、危険な魅力を持つ女であり、仏塔であり、魔法のランプだ！」とまくし立てた。彼が意図したのは、「男性と女性とが互いを見初める瞬間」をボトルに封じ込めることだった、とサン・ローランは書いている。朱色の香水瓶は、日本のサムライが貨幣や墨、薬を持ち運ぶために用いる、漆塗りの印籠（デザイナーの夢のような情景の中では中国と日本はいくらか混同されているようだ）をモデルとしている。サン・ローランは、ナイロンで作られた不思議な光沢の塗料を提案したデザイナーのピエール・ディナンと一緒に、その香水瓶をデザインした。さらに彼は、瓶の蓋に糸を通し、端に房の付いた上質な黒い紐を繊細な金色の鎖と一緒にボトルの首に巻く仕様を加えた。

広告に使われた写真は、ヘルムート・ニュートンが撮影した、ジェリー・ホールの顔立ちだった。彼女は、刺繍が施されたオリエンタルなブラウスを纏い、少し唇が開き、目尻が下がった表情で、気怠い恍惚の中に横たわっていた。その写真はサン・ローラン自身のアパートメントで撮影された。彼は自らモデルに服を着せ、彼女の指輪に至るまで徹底して、その場面を作るためにこだわった。そのスローガンは？「イブ・サン・ローランに身を委ねる人々のために（Pour celles qui s'adonnent a Yevs Saint Laurent）」

発売されると、ヨーロッパでの売上は、年間3000万ドルに達した。1978年9月25日に、オピウムのアメリカでの発売に際しては、サン・ローランは、ペキン（北京）という名の1911の帆船を引き連れて、ニューヨークのサウスストリート・シーポート博物館に停泊させ、花や提灯を飾り付け、仏塔や大仏で装飾した。帆船の進水式には、溢れるほどのセレブ達と32のテレビクルーが姿を表し、花火は星明りに照らされたマンハッタンの夜空に、ＹＳＬの文字を映し出した。

オピウムは必然的にスキャンダルに巻き込まれた。薬物乱用に反対する団体が、ＹＳＬが何百万人をも死に至らしめた薬物の名前を香水に与えたことを追及したのである。彼らはメディアを煽り立てたが、それはクリエイター達の思う壺だった。その年の終わりには、オピウムは、シャネル№５以降、最も有名な香りとなったのである。女性たちは、その香りが逃避、つまりボトルの中の幻想への招待状であることを理解したのだった。

デザイナーのティエリー・ミュグレーが、１９９２年に発売した香水「エンジェル」の顔としてジェリー・ホールを起用した時にも、オピウムのことが念頭にあっただろう。しかしこの新しい香水は極めて異なる香りだった。パチョリ、プラリネ、キャラメル、バニラの香りは歯が痛むほどに甘く、それは「グルメな」香りブームの火付け役となった。ミュグレーは、それは「愛する人を食べてしまいたいほどの気持ち」にさせる香りだと言った。その香りの奇抜さに加えて、その香水は淡いブルーの色をしており、星形の瓶に入っていた。

香水の評論家たちはエンジェルを高く評価しなかったが、その綿菓子のような香水は、多くの世代と幅広い所得層の女性から好んで支持された。特徴的な点は、それだけではなかった。ティエリー・ミュグレーは、比較的小さなブランドだったため、ディオールやグッチが香水を発売する時のような莫大なマーケティング費用は掛けられないが、その代わりにリスクを取ることができた。ミュグレーはそのことを楽しんでおり、彼の遊び心は、結果を見れば明らかだった。最終的に重要となったのは、時間的要因だった。香水は驚くべき速さで登場しては消えていくが、エンジェルの人気は、数年の時間をかけて、安定的に作られた。香水には、「あなたが付けているその香水、何?」というクチコミの効果で拡散するウイルスのような性質があるため、一夜で人気が確立されるということはない。デザイナーとしてのティエリー・ミュグレーの運勢は下降していたが、星形の瓶に入った青い香水はベストセラーになったのである。

香りのビジネスは、デザイナーの名前だけを使って作り上げられるわけではない。多くのセレブたちもまた、そのアイデンティティを香水ビジネスへと提供している。こうした現象はしばしば、ジェニファー・ロペスが2002年にコティ社と共に発売した「グロウ」(Glow)が発端だと考えられている。その商品は巨大なヒットとなり、歌手であり女優でもある彼女は、いくつかのスピンオフ・ブランドも発売した。しかし、ジェニファー・ロペスが、いわゆるセレブ香水の最初だったわけでは決してない。ソフィア・ローレンは1981年に「ソフィア」を発売しているし、シェールは１９８７年に「アンインヒビテッド」(uninhibited）を、エリザベス・テイラーは１９９１年に「ホワイト・ダイヤモンド」を発売している。

グロウは単に、「セレブ香水の今日的形態」だった、とチャンドラー・バールは２００７年に出版された彼の本『完璧な香り（*The Perfect Scent*）』の中で書いている。そのブランドは、短期間のうちに数百万ドルを売上げ、他の多くのセレブ達をこの市場に惹きつけるトレンドを創りだしたのだ。実際にコティ社はその後、サラ・ジェシカ・パーカー、グウェン・ステファニー、ビヨンセ・ノウルズ、セリーヌ・ディオン、デイヴィッド＆ヴィクトリア・ベッカム、フェイス・ヒル、ハル・ベリー、ケイト・モス、カイリー・ミノーグ、レディ・ガガ、といった有名人の香水を発売し、セレブ香水のカテゴリをほとんど独占したと言っても良いだろう。こうした香水を、その基礎部分で支えているのは、現実逃避だ。映画やきらびやかな雑誌の中だけに存在する心地よい虚構が、蒸留され、ボトルに詰められているのだから。

ガブルエル・シャネルの親友で最大のライバルでもあった人物、マーケティングに精通したコルシカ島人のフランソワ・コティによって作られたその会社は現在、年間40億米ドルを売り上げる世界最大の香料企業となっている。現在はベンキーザー社によって所有され、アメリカに拠点を置くその企業は、化粧品、トイレタリー、スキンケアにも関心を広げてきたが、それでも売上の65％は香水によってもたらされている。

香りの作曲家

ここまでの内容からも明らかな通り、コティ社のような企業は香りを作っているわけではない。彼らはライセンスを供与し、マーケティングと流通の業務を担っているだけだ。調香師は別の企業に所属し、その並はずれた嗅覚と技能を用いて、クライアントの指示書に沿った香りを構成する。

セリーヌ・エレナは、グラース出身の第三世代の調香師である。彼女の父ジャン・クロード・エレナは、エルメスの社内「鼻」だった。こうしたケースは非常に例外的で、エルメス以外では、シャネルとゲランのみが専属の調香師（それぞれジャック・ポルジュとティエリー・ワッサー）を抱えていた。セリーヌは現在独立しているが、以前はシムライズ社と、グラースに本社を置くシャラボという会社で働いていた。

多くの調香師と同様に、セリーヌはヴェルサイユにある調香学校ＩＳＩＰＣＡでその仕事を学んだ。入学する権利を認められるには、化学の学位と香水会社からの後ろ盾が必要となる。その上でＩＳＩＰＣＡは、筆記試験とプロの審査員に対するプレゼンテーションを元に、年間でわずか15名の学生しか受け入れない。「その時、香りの業界が厳しい世界だということを認識し始めました。」とセリーヌは言う。

大手香水メーカーに就職できれば十分に幸運と言えるだろうが、そうなると何が起こるのだろうか。調香師の1日とは、どのようなものなのだろう。

かつて調香師は、「オルガン」と呼ばれるガラスの小瓶が並んだラックの前に座っていた。各小瓶にはもちろん、合成香料あるいは天然香料が1つずつ入っている。それらを異なる量で組み合わせることで、調香師は新しい香水を作り出すのである。

現在の調香師は、オフィスでコンピューターの前に座っている。彼女がその香水を作るために必要な香りを頭の中でぐるぐると考えながら、彼女はコンピューター上で原料のデータベースを調べる。それぞれの原料には価格が付いており、調香師は成分を足したり引いたりしながら、彼女が思い描くその調合法が、いくら費用が掛かるのかを検討する。技術者のいる研究室がそれを受け取り、高精度のはかりを使って、彼女の説明書通りにごく微量の液体をブレンドしていく。

出来上がった濃縮物はサンプルを作るためにアルコールに加えられ、調香師のいるオフィスに運ばれる。

調香師には、1キロあたりの香水の生産コストを可能な限り抑えなければならない、というプレッシャーがある。ルカ・トゥリンは著書『香りの秘密（*The Secret of Scent*）』の中で次のように述べる。「10年前には、上質の香水を作るコストは1キロあたり200～300ドルでした。今日では100ドルでも高いと思われています。…安い調合法で作られていることが、ほとんどの〝上質な〟香水が、全体的につまらなくなっている原因になっています。」

調香師にはまた、ヒット商品を作らなければならないというプレッシャーもある。それは新しく生み出される香水の多くが、既存商品をわずかに修正しただけのものになってしまう理由である。調香師は、時代の変化についていくため、新しく発売された香水のサンプルを絶え間なく嗅ぎ続けているのだ。

「時間を節約するために、調香師は既存の香水の調合法をミックスすることも知られています」と、セリーヌは言う。「調香師が『これは80％はディオールのジャドール（J'Adore）で、20％はニナ・リッチのニナ（Nina）だ』なんて話をしているのを聞くことでしょう。こうしたやり方を、私たちは『ツイスト』と呼んでいます。」

調香師の優れた技能の一つに、匂いを嗅ぐだけでその香水の調合法がわかる、リバース・エンジニアリングの能力がある。調香師は、頭の中に香りの莫大なライブラリーを持っており、それは業界の外の人間にとってはほとんど超能力のように思えるほどだ。

「実際には、匂いを記憶することが一番大変なわけではありません」と、セリーヌは言う。「調香師は当然、香りをそらで覚えねばなりません。本当の技術は、異なる成分を組み合わせた時にどのような違いがもたらされるのか、を理解することにあります。なぜなら香りの世界では、1＋1＝2ではなく、別のものを作り出すからです。もし、アイリスに若干似た香りを持つイオノンと呼ばれる合成香料と、ピーチに似たC14というアルデヒドを組み合わせると、それはアプリコットの香りになるのです。」

香水の質を低下させる理由のひとつは、一般的には予算の制約だが、締め切りの厳しさにも責任がある、とセリーヌはいう。「大きな香料メーカーでは、考えたり、調査したり、自分の研究をする時間はありません。だいたいの場合、調香師は複数の異なる指示書に同時に取り組んでいるためです。またクライアント企業がリスクを取ることは期待できないため、結局は、感じが良く面白みに欠けた成分を使うことになります。」

こうした背景には、重要な文化的要因も働いている。1970年代以降、先進国の消費者は、洗剤の香りに代表される、ごくありふれた芳香に囲まれて生活をしてきた。我々はほとんど全員が、この香りを「清潔であること」と結びつけて記憶している。そのため、もしその香りが香水に含まれていないと感じた場合、例えば合成香料よりも天然香料を多く使った香水などに対しては、興味をなくしてしまう傾向がある。それゆえ、大部分の香水には、主に洗剤の香りが使われている。我々の嗅覚が、すでに洗脳されているのである。

新しい香りの誕生は、LVMH社、ロレアル社、コティ社といったクライアント企業の、新しい香水を発売する意思決定から始まる。そうした企業が新商品を導入する理由は、衰えたブランドを置き換えたいという意図にあるのかもしれないし、（この章でみた「オリエンタル」のような）トレンドに追随したいと思っているのかもしれない。クライアント企業のプロダクトマネージャーは、3、4社の大手香料メーカーに連絡を取り、営業とマーケティングのチームの派遣を依頼する。そうしたチームに加わるのは、調香師ではない。それは「エバリュエーター」（訳者注：評価者）と呼ばれる、香水とマーケティングのスキルを併せ持つ人物の役割である。エバリュエーターとそのチームは、ターゲットの属性、香りの家系とファミリー、どの香水が似ている（あるいは似ていない）のか、などが書かれたブリーフ（指示書）を受け取る。

セリーヌいわく、「良い時には、ミーティングルームの中で、香料メーカーから派遣されたチームとクライアントが一対一で打ち合わせをします。場合によっては、いくつかの競合する香料メーカーに対して、同時にブリーフの説明がなされることもあります。ビジネスチームは、それらについてメモを取り、自社に持ち帰ります。」

私は、ファッションデザイナーは、彼・彼女の名を背負った香水の製作に対して、一体どの程度関与するのか、と疑問を口にした。

セリーヌの言葉では、「もしデザイナーの親会社との契約で、彼らが事実上そのブランド名を譲り渡していることになっていれば、せいぜい助言を求められる程度です。最終段階で少し匂いを嗅いでもらうために呼ばれる以外は、デザイナーの意見は無意味なものとして扱われます。香りは彼らの専門ではないからです。当然ながら、いわゆる世間ではデザイナーがその香水を作り出すために、かなりの部分で関与していると考えていますが、それ自体がまさしくマーケティングなのです。」

後に私は、ＩＦＦ社で香料と天然原料のグローバル・マーケティング・ディレクターを務める、ジュディス・グロスにも同じ質問を投げかけてみた。「それはデザイナーによります」と、特に香水作りに直接参加したデザイナーとして、ジョルジオ・アルマーニの名を挙げながら、彼女は答えた。「最初から最後までのプロセスに、デザイナーが深く関与するのは、極めて稀なことです。」

当然ながら、セレブ達にも同じことが言えるのだろう。グロスは、ある香りを作り出すプロセスにどれほど多くデザイナーやセレブが関与するかは、マーケティング戦略の一部として重要であると認めている。「本当に成功する香水というのは、人を信じさせる物語を語ることのできる香りです。そうした香水は、消費者を彼らの世界へと導くことができるのですから。」

1年間におよそ400の香水が発売されるこの業界で存在感を際立たせるためには、説得力のある物語が必要だ。グロスの試算によれば、1瓶の香水に対して消費者が払う価格の中で、その「液体」のコストが占める割合は、わずか5%に過ぎない。あなたが払う70ドルからそのコストを引いた残りは、パッケージデザインや、セレブの出演料を含む広告、そして流通のための費用として使われている。

調香師自身は、こうしたプロセスには全く関わりを持たない。彼らは香水瓶を見ることもない。

それはデザイン専門会社の仕事だからだ。

ビジネスチームがクライアントとの会議から戻ると、指示書は調香師のグループへと手渡され、調香師達は社内で競争をしながら、香料メーカーがクライアント企業に提案するべき調合法を考え出す。このプロセスは、15日間から3週間を期限として行われなければならない。エバリュエーターが相応しい提案だと見なした調合は、セールスチームと共にクライアント企業へと届けられる。クライアント企業は、異なる香水企業から提案された５つか６つの香りの中から、最終的に商品として売り出すための香りを選択する。一旦クライアント企業がそれを決定すれば、選ばれなかった他の企業はそこで関係が終わり、僅かな稼ぎも得られない。

「その後で本当の仕事が始まります。クライアント企業は、常に修正を求めてくるからです。」と、セリーヌは言う。「花の香りが強すぎるとか、花の香りが足りないとか…。」

こうして生み出された新しい香りに対しては、実際の市場でどのような反応を受けるのかを知るために、フォーカス・グループの調査が行われ、そこでの意見を元にさらなる修正がなされる。こうして、指示書から発売に至るまでの全プロセスには、1年から2年が費やされる。

こういった話は、調香師の仕事について、人々を失望させるかもしれない。セリーヌに実際の香水作りの話を聞いてみるまでは、私もそう思っていた。
「私にとって、その作業は1つのイメージから始まります。」と彼女は答えた。「そのイメージというのは、1つの形だったりします。私は例えば、丸い匂いを持つ何かを作りたいと思っている。あるいはイメージは、ある旅の記憶だったりもします。例えば、あるとき私は、羽毛の山に手を入れるような気分の香りを作りたい、と思っていました。別の時には、映画『欲望という名の電車』の中で、マーロン・ブランドが着ているTシャツのことを考えていました。そういったイメージの後で、心の中にある、そうした気持ちを再現できる調合法を書き出します。妙に聞こえるかもしれませんが、私の理解では、粗い、滑らか、金属的などの質感を持つ匂いを作り出すことは可能なんです。ボトルを鼻に近づけさえすれば、あなたもすぐにその感覚を経験することができるでしょう。」

香水業界の現実は厳しい。だが、こうした調香師の仕事こそが、この世界の素晴らしい魔法の一つなのだ。

ビューティーへのコツ

✽香水一瓶に占める「液体」のコストは、その価格のおよそ5%に過ぎない。残りはパッケージとマーケティングのコストである。

✽調香師によれば、厳しい予算と締め切りによる制約が、いわゆる「上質な香水」のレベルを総じて低いものにしている。

✽既存のブランドに飽き飽きしている一部の消費者は、18世紀に発売された初期の香水の魅力を再発見した。

✽シャネルNo.5は、世界で最も有名な香りであり続けている。ガブリエル・シャネルが最初に行った販促活動は、今日でいうステルス・マーケティングだった。

✽シャネルNo.5の成功は、その長い歴史に支えられている部分はあるが、そうした遺産を活かした広告のお陰でもある。アート・ディレクターは、その象徴的なボトルのデザインと、ココ・シャネルの魂を呼び起こす女優とを広告の中で活用した。

✽香水にはクチコミを起こす効果があるため、消費者の間に浸透するためには、しばしば時間を要する。

✽しかし美容関連企業は、短期的なヒットを生み出そうと、広告によって生み出された新規性に集中することを好む。

第9章

ラグジュアリーの魅力

ファッションに流行があるように、美容にも流行がある

パリのクリスチャンディオールの香水店の受付に座っていると、ラグジュアリーな宇宙旅行のバカンスに出発するのを待っているような気分になる。あの無垢な静けさ、ダヴグレーの調度品、銀のロゴで装飾された同じように完璧な受付の机が心に浮かんでくる。もし、私より少し前に入っていったあの上品な女性が、床をとがったヒールで音を鳴らしながら歩いて行かずに、空中に舞い上がってしまったとしても驚かないほどだ。彼女が建物の中心に消えていくときには、気泡の中に圧縮されたため息が聞こえてくるだろう。

ファッションデザイナー、クリスチャン・ディオールは、1947年に彼の初のコレクションを発表したと同時に、調香師のセルジュ・エフトレール・ルイシュとともに香水のビジネスを始めた。彼らが最初に発売した香水は「ミス・ディオール」で、これはクリスチャン・ディオールの妹からインスピレーションを得たと言われている。翌年には、ニューヨークにパルファンクリスチャンディオールのオフィスを構えた。ディオールは、ファッションブランドが消費者をそれ

以外の付随的な商品に惹きつける力を持っていることをよく知っていた。1950年にはアメリカで、ネクタイとアクセサリーのラインに彼の名前を使用するライセンス契約を結んだ。クレーム・アブリコ（crème Abricot）（フェイスクリーム）が発売されたのは彼の死後6年後だったが、ディオール・ルージュ（Dior Rouge）の口紅は1955年には登場していた。その10年後、パルファンクリスチャンディオールは、イドラ・ディオール（Hydra Dior）の名でスキンケアラインを発表した。

今日お話したいのは肌についてだ。エドアルド・モーベ－ジャルビスはディオールのサイエンス・ディレクターだ。私は、彼の握手に迎えられながら、グーグルで調べて知っていた41歳という年齢よりも若く見えることに気付き、そのことで彼らの製品の効果に説得力を感じた。

彼の上品なオフィスで、「ファッションデザイナー、スキンケア商品、消費者の間の関係は正統性に基づいています。」と彼は説明してくれた。「クリスチャン・ディオールが香水とコレクションを同時に発表したことで、彼にとても先見性があったことが分かります。彼の名前は最初から美の世界と関連付けられていました。メイクアップ製品が後に続くのも比較的早かったです。結局は、これもファッションの一部なのです。」

香水部門が売却され、ファッションの会社と統合され、１９８８年にＬＶＭＨ（モエヘネシー・ルイヴィトン）社の一部となったこともあり、スキンケアが軌道に乗るまでにはしばらく時間がかかった。パルファンクリスチャンディオールは未だに別の事業として運営されているため、ファッションブランドのクリスチャンディオールとは関係が薄いが、美の分野でのディオールのラグジュアリーなポジショニングと認知されている正統性が、消費者をさらに貪欲にしている。

しかし、モーベージャルビスは、美しいパッケージだけが商品ではないことを私に納得させた。「我々はスキンケアの研究において主導的役割を果たしています。実は、サンジャン・ド・ブレイにあるラボのおかげで、ＬＶＭＨグループ内のゲラン、ジバンシー、ケンゾーなどといった、他のブランドと研究を共有できています。弊社も２６０名の研究者をかかえており、同業のロレアル社に比べれば少なく感じるかもしれませんが、幹細胞や再生薬についてスタンフォード研究所などの外部のパートナーとも協力しています。」

幹細胞の研究は、スキンケアのマーケターにとって、格好のチャンスだ。幹細胞には、自身を再生させる力があるため、理論的にいえば、幹細胞に最大の効果を発揮させ、肌をみずみずしく明るく保つためには、表皮層の幹細胞を保護しなければならない。さらに言えば、増加させなければならない。こうした考えが、長い間、年齢を全く感じさせないシャロン・ストーンのイメージで宣伝されている、ディオールで一番売れているアンチエイジングライン、カプチュールトータル（Capture Totale）の根底にある。その製品は、ビタミンEの表面成分から得られるTPVｉｔｙｌという成分で幹細胞を保護する。これが、スキンケアのマーケターが言うところの、着色剤や香料など単なる送達ベクターの一部ではなく、働きを持っている要素という意味での「有効成分」だ。

美容会社はブランドのDNAを映し出すような言葉で、有効成分を訴求しようとする。例えば、ラ・プレリー（ニベアと同様にバイヤスドルフ社が所有している）はスイスに起源があることを重要視し、スイスの清らかな空気と雪のイメージに健康と清らかさを重ね合わせている。そのようにして、セルラー・パワー・インフュージョン（Cellular Power Infusion）が、「スイスの赤ブドウの幹細胞と氷雪藻類の抽出物」を含んでいることを信じさせているのだ。このことで、どうにか一個５００ドルという価格を説明しているのだ。それはさておき、モーベーージャルビスに話を戻そう。

彼は、「企業の中にあるもう一つの企業のような巨大な研究部門よりも、外部のパートナーとの小規模なチームの方がフレキシブルだと、僕は考えています。」と話した。「このビジネスでは、発見によって市場で一番になることが重要なので、迅速でなくてはなりません。」

このようなパートナーシップは、学術機関にとっても有益だ。科学者たちは実務的問題に取り組み、そして全てのケースで金銭的インセンティブがある。「これは寄付ではありません」とモーベーージャルビスは強調する。「私たちの研究者は協力しあっています。確かに資金提供はしていますが、これは、科学的なアプローチです。純粋な意見と専門性のやりとりが行われているのです。」

科学的発見が、すぐに新しい商品の発売に繋がるわけではない。比喩的に言うならば、ディオールが最適な使い方を見出すまで、まさに「箪笥の中に寝かされる」ことになる。「私たちは、定期的に顧客と、彼女たちのニーズと欲望について話しているので、製品の発売に適したタイミングが分かります。あなたのｉＰｈｏｎｅについているタッチスクリーンと同じです。技術は何年も前から存在していましたが、アップルがそれを製品に組み込む最適な方法を考え出したのです。」

実際には、ほとんどの美容会社には、将来に向けた数か月、数年にわたるマーケティングの計画がある。彼らは、いつ既存の製品ラインを新しくするか、または変更しなければならないかを正確に把握している。場合によっては、競合の新製品の発売に素早く反応しなければならない時もある。どちらの場合にも、彼らは研究部門に頼ることになるのだ。

モーベージャルビスは、マーケティングが研究を牽引していることは否定したが、両者が相互関係にあることは認めた。彼は、「市場の用意が整う前に、新製品を発表することには何の意味もありません。結局はビジネスなのです。ファッションに流行があるように、美容にも流行があります。季節的な側面まであるのです。私たちは、年始にアンチエイジング製品を発売し、3月にアジアで美白クリームを発売し、春にスリミングクリームと日焼けクリームを発売することを知っています。」と付け加えた。

彼は、ディオールのカプチュールトータル　ワン・エッセンシャル・セラムの発売を、研究とマーケティングが同時並行で進められた完璧な事例として挙げた。（セラムはクリームよりも濃厚で効果が強い。）この製品は、ディオールの科学者がパリのピエール＆マリー・キュリー研究所と共同で行った、タンパク質の老化についての研究から開発された。カギとなったのは、毒素を持つ細胞を除去し、健康なタンパク質に変換する、「リサイクル工場」の機能を持つ細胞から発見された小さなタンパク質、プロテアソームの発見だ。問題は、この元来備わっているプロセスが、加齢により遅くなること、つまり年をとるにつれ、私たちの肌細胞はより多くの毒素を蓄積させ、しわ、肌の変色、くすみとなって表れることだ。ディオールのこの問題に対する回答は、マダガスカルのロンゴーザという植物から抽出し、特許を取得した、ペール・ドゥ・ロンゴーザ

(Perle de Longoza）という製品だった。お察しの通り、プロテアソームの働きを促進する成分を含んだ製品である。

「ワン・エッセンシャル・セラムの発想は、肌全体に効果を与え、他のスキンケア化粧品のために肌を整えるということです。」とモーベーージャルビスは話した。「正直に言うと、これは、他社がすでに発売しているにもかかわらず、私たちの製品ラインにはまだなかった、市場での万能セラムの流行に応えたものなんです。何年もの間、プロテアソームの効果については知っていましたが、良い活用法を見つけられずにいたのです。マーケティングチームとともに、ようやく上手く機能するコンセプトを展開することができました。」

ディオールの販促組織は、総力をあげて行動を起こした。パッケージ会社のレクサム社がデザインしたボトルはそれ自体が芸術作品だった。ボトルは製品の特徴とブランド名から得たスタイルで、シルバーのメタリックなキャップに隠されたポンプディスペンサーがついた、深く、光沢のある赤色だった。広告キャンペーンの印刷物やポスターには、シャロン・ストーンの写真が起用され、好意的な美容ジャーナリストやブロガーにサンプルが送られた。

モーベーージャルビスは、「スキン・ブースター・スーパーセラムは、驚異的な成功を収めました。」と語った。それは、2010年第1四半期、LVMH社の決算報告で、〝高業績〟として表彰された。

科学がステータスと出会うとき

科学によって消費者を盲目にしたいという欲望は、各ブランドが最新の発見で競合ブランドを出し抜こうとする、業界内での軍拡競争へと発展した。彼らは科学的発見で特許を取り、広告の謳い文句としてそうした特許を自慢げに掲げる。たとえばエスティローダーは、アドバンスト・ナイト・リペアクリームの広告の中で、「世界中で20の特許」と「25年のDNA研究」を、金色の二重螺旋で強調して伝えた。

1991年からシャネルは、スキンケアのパイオニア的研究のために年間4万ユーロの研究費を与え、「表皮と感覚の研究・調査センター」(epidermal and sensory research and investigation centre、CERIES) を運営している。スキンケア戦争におけるシャネルの武器の一つは、有効成分研究のディレクターであるザビエル・オルマンセーだ。オルマンセーは、老化の影響を抑制する可能性のある外来植物を探し求めて、地球上の辺境を歩き回っている。しばしば、彼はそれを単にジャーナリストとしての楽しみのためにやっているかのように見えるのだが。

『タイムズ』紙のレポーターは2006年に、「オルマンセー（42歳）は、スキンケアにとって次の一大事となりうる未発見の天然成分を求めて、地球を駆け回っている。」と書いた。「最近、彼が気に入っている場所はマダガスカルである。ここで彼は、ワニや蚊を媒体とした結合凍結したチクングニアウイルスだけでなく、サソリ、ヘビ、クモ、カエルなどを撃退した。これが、彼に『美容界のインディー・ジョーンズ』というあだ名を与えた、冒険の精神である。」

オルマンセーの成果のおかげで、シャネルは、8年後に発売するアンチエイジングクリームの試作品までも整えているようである。

「サブリマージュ（Sublimage）のクリームは、マダガスカルの北端が起源である。10年ほど前、オルマンセーはそこで、素晴らしい生命力を持つ果実をつけるバニラの木で、13サンプルしか現存しない品種があるという内報を受け取った。現地実験の結果、その実にはフルーツポリケトンという、グレープシードや緑茶などの抗酸化成分のすばらしい源にも追随をゆるさない有効成分が、60％以上含まれていることが分かった。」

（『タイムズ』紙、2006年9月2日、「美容、満開？（Beauty in full bloom?）」）

セレブリティー広告と同じように、オルマンセーと彼の冒険もまた、つかみにくいクリームのチューブに人間らしい一面を与えている。

ロンドンの『タイムズ』紙の後は、『ニューヨーク・タイムズ』紙が熱烈に書き綴った。「彼がヒマラヤのふもとの丘で、雪の下にしか咲かないバラを探すために、チベット僧に付いて行こうとも、ペルーのジャングルで、毒蛇にかまれた傷の治療のためにコンドルが食べるという蔓を探して鉈《なた》をもって進んで行こうとも、古代インドネシアの美しさの万能薬を手に入れようとも、オルマンセーはシャネルの環境特殊部隊なのだ。」

（『Tスタイルマガジン（T Style Magazine）』誌、2006年8月27日、「エコでシック（Ecochic）」）

ジャーナリストがこのような記事を書いてくれるのに、誰が広告を必要とするのだろうか。より近年では、シャネルの「エッセンシャル・リバイタライジング・コンセントレート」（どこか聞いたことのあるような名前だが）の発売のために、オルマンセーは「ヒマラヤの黄金の花：ゴールデン・チャンパ」を追っていた。

植物が発見される場所がどこであっても、それは3つのマーケティングのルールが交差する地点に存在する。その3つのルールとは、新しい有効成分に対する欲望、説得力のある物語へのニーズ、ますます高まる消費者の自然な製品への需要だ。ディオールは世界中に点在する「ガーデン」をもっている。ガーデンとは、自然の有効成分の生産地を保護している場所のことだ。マダガスカルのロンゴーザの種についてはすでに触れたが、これに加えて、ウズベキスタンの稀少品種の花と、フランス・ボルドー地域のイクエム種のブドウもある。アンチエイジング効果を持つブドウ畑が、世界でも有数の高級ワインの製造元であるシャトーディケムにあり、それがディオールの親会社であるＬＶＭＨ社によって所有されているというのは、偶然としかいいようがない。ラグジュアリー産業にとっては、とんだボーナスである。

ラグジュアリー・スキンケアはとんでもなく高価だが、ヘレナ・ルビンスタインの、おしゃれな人は手ごろな商品は買いたがらない、という理論は覚えておきたい。彼女たちは、その商品が事実上入手不可能であることによって、より幸せになれるのだ。『ニューヨーク・タイムズ』紙からの切り抜きを見てみよう。

「お金だけではなく、引き込む力が必要なのです。カネボウのセンサイ・プレミアは、手に入れるためには1，320ドル必要ですが、バーニーズ・ニューヨークでは、二週間経たないうちに売り切りました。21日分のラ・メールのエッセンスは2100ドルですが、招待状が無ければ購入できません。この息を呑むような数字に、一体どのような説明が可能でしょうか。

『秋に向けた新作のブランドバッグは買うことができても、あなたの顔は一つしかないのです。』とバーニーズ・ニューヨークのイメージ・ディレクターである、ホセ・パロンは語りました。」（『ニューヨーク・タイムズ』紙、2005年10月16日、「高級クリーム：お金持ち向けの値札（Luxe creams-tags to riches）」）

これは、ラグジュアリーマーケティングではおなじみの公式だ。「その商品を買うことができない人。買うのに相応しい価値がない人。手に入れることができる人は、限られているのです。」だからこそ、なおさら手に入れたくなってしまうのだ。

スイスのラ・プレリーは、このことを本当によく理解している。

このブランドは（今は別会社となっているが）、1931年にモントルーのポール・ニーハンス医師が設立したクリニック・ラ・プレリーにルーツがある。この独特な施設の設立によって、ニーハンス医師は、子羊の胎児から患者に新鮮な細胞を注入する「細胞治療」と呼ぶものを実験したのだった。（これについては、クリニックのウェブサイトwww.laprairie.chで紹介されている。）このアイデアは、副甲状腺（血液および骨中のカルシウムの量をコントロールする器官）が損傷している患者での実験から生まれた。ニーハンスは、子羊から抽出した副甲状腺細胞を含む溶液を患者に注入した。患者が回復した後も、ニーハンスは動物と人間の間での細胞移植の実験を続けた。彼はこの方法によって寿命を延長させ、ガンと闘うことができる、という結論を出した。(アメリカ癌協会は、この治療が科学的には一度も証明されたことがないという理由で、この主張を却下している。)

予想通り、長寿という聖杯は非常に魅力的で、ニーハンスはグロリア・スワンソンや教皇ピウス12世などを含む、何千人にもおよぶ裕福で影響力のあるクライアントを治療した。ラ・プレリーと上流階級との繋がりは、ここで生まれたのだ。

ニーハンスの死後5年が経った1976年に、そのクリニックをスイスの銀行員であるアーミン・マットリが買収した。彼は、「ラ・プレリー」ブランドのスキンケア化粧品を発売し、細胞治療分野でのクリニックの評判を強調したマーケティングを行った。このスキンケア化粧品のラインは、1982年にアメリカのシアナミド社に売却され、その後、サノフィ社へと渡った。1987年には、当時はファベルジェ社の会長であるジョージ・バリーの妻であり、現在は石油王で共和党に多くの基金を提供しているロバート・A・モスバッハーの妻の、ビジネスウーマンで「快活で社交的な人物」でもあるジョーゼット・モスバッハーによって買収された。彼女はラ・プレリー社のCEOとして、カメラ向きの性格とエスティ・ローダーを思わせる販売スタッフをやる気にさせる才覚によって、業績不振のブランドを右肩上がりに成長させる上で、大きな力を発揮した。1991年には、バイヤスドルフ社にブランドを売却し、その売価は4500万ドルにも及んだと報道された。

今日、ラ・プレリーは、健やかなイメージを持つスイスの伝統、スマートなパッケージ、（唯一のという言葉なしではほとんど目にしない）「特許取得済みのセルラー・コンプレックス」を享受して、裕福なターゲット市場を魅了している。ホテル内にあるブランドのスパなども、グループ内でのイメージ保持に一役買っている。セルラー・コンプレックスの鍵は、細胞修復を促進する糖タンパク質の含有にある。しかし、美容業界のある情報によれば、肌に使用された場合に、これが機能する根拠はないらしい。「効果を出すには、より深い場所に届かなければなりません。実質的には、消費者は、香り、使用感、ステータスにお金を払っているにすぎないのです。」

2010年の夏、ラ・プレリーはニューヨーク近代美術館のモダンなレストランで、美容ジャーナリストを招いた新製品の発表会を行った。通常、ラ・プレリーは、雑誌の9月号と10月号の編集が終わる前までに、美容ジャーナリストが製品について理解を深める時間をとれるよう、新製品の発売の4～6か月前に発表会を行っている。一年の中で、一番分厚く、広告が多くなるのが9月号および10月号なのだ。

ジャーナリストたちは、ドリンクと軽食でもてなされ、ラ・プレリーのブランド名の入ったノートとペンを手渡される。発表された製品には、セルラー・ラディアンス・エマルジョン SPF30（425ドル）、アンチエイジング・ネック・クリーム（200ドル）と二つのホリデイギフトセット（各950ドル）が含まれている。『ニューヨーク・タイムズ』紙のレポーターは、このブランドを「美容界のアップルコンピューター」だと例えた。「シルバーとホワイトで鮮やかな、スマートなパッケージが豪華。価格は高額で、対面のカスタマー・サービスに重点を置いている。販売のほとんどは、潜在顧客が製品に囲まれ、肌の悩みについて質問攻めにあうデパートの店舗で行われている。」（『ニューヨーク・タイムズ』紙、2010年6月10日）、「朝食にミモザとキャビアを（Mimosas and caviar for breakfast）」）イベントで、ラ・プレリーのトップであるリン・フロリオは、「プレスやお客様とできるだけ多く、できるだけ親密に話す」ブランドにしたいと語った。

ブランド自身による広告だけではなく、きらびやかな雑誌が溢れ、編集者がブランドの広報担当者から無料でばらまかれた製品を受け取っているという事実は、業界内に決定的な合理性が欠けていることを示している。ジャーナリストのジャネット・ストリート－ポーターは以前、美容編集者たちを「同性の裏切り者」として痛烈に批判した。彼女たちが「製品についてのくどくどしいコラムを書き続け、化粧品産業のプロパガンダを行う」からだ。(『インディペンデント』紙、2000年10月22日「なぜ美容編集者が本物の悪党なのか（Why beauty editors are the real villains)」)

もし、ストリートーポーターが現在でも執筆を続けていれば、批判の対象を大半の美容ブロガー達へと広げていたかもしれない。

このように、消費者はラグジュアリーな美容会社や彼らの美しい製品に騙されているのだろうか？ とてもではないが、そんな風には言い切れない。それよりも、消費者は信じたいと思っているように思われる。彼女たちは、店で美容コンサルタントと対話し、ラインナップの製品を一式家に持ち帰り、その製品を開き、ひんやりと肌を滑る時に満たされるような感覚になるように、色、使用感、香りがデザインされたクリームを肌に塗る、一連の流れを楽しんでいる。この流れを通して、不合理でありながらも、完璧に楽しく楽観的な気持ちになれることに依存しているのだ。

もう一つの信じられないほど高級なブランドは、ランコムの創設者の一人を父に持つ、ユベール・ドルナーノ伯爵が1976年に設立したフランスの美容会社、シスレーだ。ドルナーノと彼の妻、イザベルは熱心な美術品のコレクターで、そのブランドに印象派の画家であるアルフレッド・シスレーの名をつけた。彼らの物語は、（時代を大きく先取りした）天然植物エキスだった。シスレーは、天然の有効成分をそれぞれの効果を高める方法でブレンドし、それを含むプロセスを「フィトコスメトロジー」（phytocosmetology）と呼んだ。

「土曜の夜にディナーに出かけるよりも、私たちのクリームを使う方が好きだっていう人もいるのよ。」とかつてイザベルは話していた。

（『タイムズ』紙、2008年10月9日、「シスレー：美のホーム（Sisley: the house of beauty）」）

彼女のコメントは、ラグジュアリービューティーのど真ん中を突いている。クリームを買う時、効果などは二の次だ。クリームは、満足感の源であり、自分への贅沢なご褒美であり、あくる日を気持ちよく迎える方法なのだ。不景気でも美容製品が売れるのは、そういうことなのだ。消費者は結果に依存しているのではなく、その感覚に依存している。ぜいたくなスパを想像したり、勇敢な環境科学者が熱帯雨林を進んでいくのを想像したりするのは、すべてその体験の一部なのだ。

それでも（値段にかかわらず）ほとんどのスキンケア化粧品の主な原材料が水であることは、覚えておいて損はあるまい。

ビューティーへのコツ

✼オートクチュール・ファッションブランドは、美容業界において正統性を確立し、香水や化粧品に素早く着手した。

✼消費者が単にしわを隠すのではなく、しわをなくすことに専念するのを見て、クリームを研究開発し始めた。

✼P＆G社やロレアル社のような競合に追随するため、研究部門に投資をした。

✼「有効成分」の研究が、クリームを売るための物語として使われている。

✼美容ブランドは、最新の有効成分を発見し、最初に市場に打ち出す競争をしている。

✼美容ブランドの広報と美容ジャーナリストたちの慣れ合いの関係が、円滑なマーケティングに一役買っている。

✼消費者は、効果だけを求めているのではない、店舗の環境、パッケージ、香り、使用感などの体験を求めているのだ。

✼彼女たちは同時にステータスを求めている。美容は利幅が大きい。なぜならほとんどの消費者はラグジュアリーなクリームにお金を払うことをいとわないからだ。（というよりは、安価なものにお金を払うことに乗り気でない。）

第10章

クリームの売り方

科学をドラマ化する

私は、不思議に思っていた。「これはどのように機能しているのだろう？　人々が何故クリームを買うのかは理解できるが、市場に出てくる前には、何が起こっているのだろう？　どのようなプロセスなのだろう？」

そこで、先にも登場した大手美容会社でプロダクトマネージャーをしている友人の友人に尋ねてみた。彼女は匿名を条件に話してくれたのだが、ここでは彼女をキャロラインと呼ぶことにする。

既に述べたように、スキンケアの流行も、ファッションの流行と同じくらいの速さで移り変わる。植物エキス、抗酸化成分、ペプチド、幹細胞、生体電気……これら全てはかつて脚光を浴びたことがあるものだ。美容会社は、新しい有効成分を見逃さないよう、互いに鷹のように目を光らせている。

「競合相手の動きは常に見張っています。市場でのシェアを確実に維持していきたいのです。だから、競合に対抗するため、あるいは他社の成功に追随するために、製品を発売することもあります。しかし、それだけでは十分とは言えません。もし成功を収めているラインがあったとしても、それは自然と衰退していきます。製品ラインを拡張させたり、パッケージを変えたり、全ラインをリニューアルしたりして、マーケティングのメッセージを変更し、消費者の興味を保たなければなりません。」とキャロラインは話した。

このタイミングで、新しい有効成分、つまり消費者に語られる新しいストーリーを探すために、ラボに連絡を取る。「すべてはコンセプトから始まります。実際に腰を落ち着けて、コンセプトを書くのです。書いたものの多くが、最終的には宣伝文句になります。次にコンセプトをラボに持って行って話し合い、彼らの研究がコンセプトに合うかどうかを教えてもらいます。研究とコンセプトが一致するまで、行ったり来たりし、消費者に伝える筋の通ったストーリーを考えます。この優れた例は、私の意見では、ヴィシーのリフトアクティブ・ダーム・ソースです。ヴィシーは、マーケティング上『ダーム・ソース』と呼んでいる、肌の下の層にある真皮乳頭層（表皮）をターゲットにしました。このネーミングは、この部分が全ての肌トラブルの原因であり、そこを植物エキスのターゲットにすることで、肌の弾力と輝きを増すことができると思わせます。」

ビューティーブランドは、同じストーリーを使って2～3ほどの製品を発売し、うまくいけば、さらに製品を追加していく。アンチエイジングの製品でいえば、美容液、クリームに目元用美容液のようなものだろう。製品が肌の水分量に特化したものであれば、乾燥肌、オイリー肌、混合肌などの肌タイプの違いにより、幅広い品ぞろえになることもある。ラインを少しずつ拡大し、10種類以上の製品にすることもできる。「最近では、ラインナップに美容液を加えて発売する傾向があります。女性は、他のスキンケアの前に肌を整えるために、美容液をつける習慣を持ちつつあるのです。」とキャロラインは言う。

次にラボではサンプルを作って、水、保存料、着色料、香料、スリップ剤など、通常クリームに含まれるような成分と有効成分がどのような反応をするか実験をする。選んだ素材が成分と好ましくない反応を起こす場合もあるため、パッケージの種類も早い段階で決められる（「実際にクリームがプラスチックを溶かしたことがあったんです。」とキャロラインが話していた）。パッケージも、ストーリーを伝えるうえで極めて重要な一部であるため、しっかりと作り込まなければならない。マーケティングチーム、デザイン会社、パッケージ制作会社で沢山の会議をし、数知れない討論や調整を経る。金型を準備し、工場の生産ラインを確保する。ガラス容器は特に準備期間が長くかかる。

プロダクトマネージャーは、粘度の違うクリームのサンプルをいくつか受け取る。「使用感はとても大切です。使用感に特化した、感覚の専門家もいます。主観的なものなので、私はいつも同じ種類のクリームを好む傾向にあるようです。たいていの場合は、2～3人で、どれが一番人気かを試します。」とキャロラインは語った。

不安がある場合には、どれが一番満足できる体験を提供する使用感かを判断するために、感覚の専門家に意見を仰ぐ。

サンプルが承認されれば、クリームはテストセンターに送られ、消費者にどう受け入れられるか調査される。ボランティアの被験者に対して、競合の製品とともにブラインドテストを実施する。さらに、15日～1か月ほど、モニターとして肌にどのような効果があるかを確かめてもらう。（詳しくは、後述の「コスメバレーへようこそ」を参照）サンプルをテストする被験者は、30人程度の女性と少ない。これで、化粧品会社は「モニターの80％の女性が効果ありと実感」と訴求することが可能である。肯定的な結果が出れば、プロダクトマネージャーが、セールスチーム、マーケティングチーム、最終的にはＣＥＯに対して、クリームがお金と努力をかけるに値すると説得する際の武器になる。

こうしたプロセスが進んでいる間に、プロダクトマネージャーはパッケージと広告のクリエイティブな部分に取り組んでいる。「科学を、消費者に製品の便益を販売するためのシナリオへと翻訳し、最も魅力的に伝える方法を探ります。」

広告会社で働いているある人は、ビューティーブランドと洗剤の仕事は、そう大きく違わないという。「両方とも、同じスキルが必要です。」と彼は言った。「科学をドラマ化するのです。洗剤では、酵素や何かが、どのように服の汚れを食べてくれるかを伝えます。スキンケアクリームでは、どのように有効成分が細胞に効くかを伝えます。いつも同じくらいの量の科学言語が含まれているのです。生物の教科書に出てくるようなイラストが入ることもありますね。」

美容マーケティングの言語は、シュールな詩のようなものだ。「ナチュナル」「輝き」「完璧」「目に見えて減少」「強化」「リニューアル」「活性化させる」「若返らせる」「生き返らせる」「補給する」「限定」「特許取得」「検証済み」「実績のある」「高度な」、といった言葉を選び、科学的な言葉と、可能ならフランス語の単語を足せばいい。(「細胞の」という言葉が入る場合には、ボーナス点がつく。)アメリカでは過去に、乳製品の関連商品以外に「クリーム」(cream) という言葉を使うことを禁じていたため、多くのアメリカの広告では未だに、「クリーム」でなく、「クレーム」(crème) が好まれている。

美容ビジネスに関する広告規制は、日に日に厳しくなっている。イギリスの広告基準局（Advertising Standards Authority、ＡＳＡ）は定期的に疑わしい宣伝文句を厳しく非難するので、化粧品会社はイギリスを、世界でも最も厳しい規制環境の一つと見ている。「イギリスでその宣伝文句が大丈夫であれば、世界のどこでも大丈夫でしょう。」と美容関係広告のスポンサーは教えてくれた。

「若く見える肌」「しわを隠す」といった宣伝文句は、デジタル加工で消されたしわや巧みに操作された統計とともに、消費者からのクレームを引き起こし、ＡＳＡでもしばしば問題になる。ＡＳＡはＰ＆Ｇ社やバイヤスドルフ社のような企業に圧力をかけ、特定の広告を取り下げさせたこともある。髪やまつ毛の製品の広告も砲火を浴びたことがある。広告でエクステやつけまつげを使用していることを小さな文字で表記していたにもかかわらず、それらを使用したとして、ＡＳＡがロレアル社、リンメル社といった会社を非難したのだ。海外ブランドは、ほとんどの場合、イギリス市場専用に広告の宣伝文句を調整しなければならない。

美容業界は、こうした展開にますます神経質になっている。２００９年5月、ミュンヘンで行われた「インコスメティック・トレード・ショー」（inCosmetics trade show）で、コスメティック・コンサルタントのクリス・ガマーは「規制者に対して強く出る」ように促した。「彼らは、私たちが使っている宣伝文句に目を光らせすぎて、逆に消費者が目に入っていません。」と彼は言った。彼は規制者を化粧品会社に招き、消費者調査を見せるべきだと話した。「これは、美と感情認知の領域です。彼らに消費者の本当の反応を知らせなければなりません。」

彼は、消費者が宣伝文句の解釈の仕方を知っており、誤解を招いてはいないと確信していた。一方で、化粧品会社が提供するデータについては、より正確でなければならないことにも同意していた。特に彼は、インビトロ実験（試験管内実験）よりもインビボ実験（生体実験）を勧めていた。「インビトロ実験では、効果が出そうだ、効果が出るかもしれない、というレベルでしか分かりません。莫大な費用のかかるインビボ実験に、大きな一歩を踏み出すかどうかの判断材料にするのです。」（www.cosmeticsdesign.com）

キャロラインは、多くの消費者は喜んで騙されている、と考えている。「100%効果が出るなんて、信じている訳ではありません。ファンタジーの要素があることは百も承知なのです。」

ほとんどの場合、ファンタジーの象徴は有名人たちだ。ディオールのカプチュールトータルのシャロン・ストーンのように、いくつかのラインは広告訴求用にセレブリティーを抱えている。その場合は、新製品用に彼女の撮影をすればいいが、新しいラインを発表、または古いラインを再発表する場合には、新しい顔が必要だ。

キャロラインは、「ここだけの話ですが、消費者はセレブリティー広告に少しうんざりしているんだと思います。消費者は、こうした有名人が製品開発にほとんど、または全く関わっていないことを知っています。しかし、内部ではこれは重要と考えられているのです。もし、セレブリティーなしで製品を発表すれば、業界内では、製品に自信がないのだと思われてしまいます。結局、800万ドルや1000万ドルで有名人と契約すること自体がメッセージとなり、企業の士気も上がります。我慢しているストレスやばかばかしいことも、煌びやかな業界で働いているのだから価値がある、と自分に思い込ませるのです。」

スターと魅力ある科学的ストーリーの組み合わせは、プレスの興味を引く。キャロラインは、美容ジャーナリズムの重要性、特に、有名雑誌から与えられる各賞の重要性を認めている。フランスでは、マリ・クレール美容部門優秀賞が特にステータスが高い。有名ブランドのオーナーたちは、自社製品がこのような賞を逃した場合には、雑誌に圧力をかけるという。今や世界的なラグジュアリーブランドをいくつも所有しているコングロマリットは、巨大な広告の影響力を行使している。

肯定的なプレスを用意して、ポスターから青白い顔の民衆に向かって微笑む、きらびやかなVIPの象徴が揃えば、製品は棚から旅立つ準備ができる。キャロラインによれば、コンセプトの完成から製品の発表まで、18か月かかるという。

この間に、製品は「コスメバレー」と呼ばれるフランスの美容の中心地を通るであろう。

コスメバレーへようこそ

コスメバレーは、イル・ド・フランスから国の中心にあるトゥールと北部のノルマンディーまで、ハンカチにこぼれた香水のように外側に広がる地理上の地域だが、場所と言うよりも概念というほうがふさわしい。美容のあらゆる方面に関する事業と200以上の研究所、6つの大学、7700人以上の研究者を含む、香水・化粧品のシリコンバレーといったところだ。多くのフランスのブランドが、研究所とパッケージ部門をそこに構えている。それらのブランドの100%近くが、一度は頼りにしたことがある場所だ。協会の事務局をつとめるジャン-リュック・アンゼルは、「免税店で売られている美容製品の80%は、ここの産業集積から生まれたものです。」と話していた。

コスメバレーの発展は、1970年代から始まった。美容企業が、パリやその郊外の他に、近隣の安価で広い場所を探し始めた頃である。1990年には、活発な企業の中心地となっていたが、そうした企業がお互いにコミュニケーションをとることはなかった。コスメバレーは、合同の研修や採用の取り組みや、会議や展示会を開催し、そして地域を一つの共同体として海外にプロモーションすることで作られたのである。フランス政府がコスメバレーを「競争力の柱」の一つとして選出し、移転企業には税制優遇措置を提供した2005年には、その成長が加速した。「コスメバレーは、ラグジュアリーと美容の業界で、『メイド・イン・フランス』のステータスを維持する重要な役割を担っています。」とアンゼルは話した。「そこはイノベーションの源泉となっているのです。」

そこでは多くの単純なボトル詰めやパッケージングが行われる一方で、科学者たちが、生分解性プラスチックが有効成分に及ぼす影響から、しわの深さを測るための超音波の利用に至るまで、広域の研究をしている。

スピンコントロール（Spincontrol）という名の臨床試験センターの創設者、パトリック・ボーに出会ったのも、コスメバレーだった。肌寒い10月のある朝、青紫色の石板で飾られた格好のいい白い家が並ぶ、落ち着いた、でもなぜか少し違和感がある町、トゥールに彼を訪ねた。

スピンコントロールは、私が思ったようなガラスで囲まれた実験室の迷路のようではなく、小さなアールデコの建物に入っていた。中は、清潔で機能的だ（ラグジュアリー・スパというよりは、田舎の診療所風だった）。パリで見るような煌びやかな女優や金色の宣伝ポスターとは、ほとんど関わりがないような雰囲気だった。

ボー自身は、青い目と血色の良い頬が実験室に爽やかな風を呼び込むような、ほのぼのしたフレンドリーな人物だった。廊下を通って私を案内しながら、彼は巨大な保管室のドアを解錠した。その棚には、さまざまな大きさの白いプラスチックのクリーム用チューブが並び、その全てには番号が振られていた。「ボランティアの被験者は、決して彼らがテストするクリームのブランド名を知ることはありません。」と彼は教えてくれた。彼は一つのチューブを手に取り、その無記名の白い容器を見つめた。「たとえ私がそれが何かを教えたくなっても。」

被験者はみんな、口コミで募集されたボランティアたちだ。スピンコントロールは、約1万5000人のボランティア要員を確保している。研究には、製品やクライアントの要望に応じて、2か月から1年間の時間がかかる。「私たちはまず、クライアントのターゲット市場が誰で、彼女たちが製品に何を期待しているのかを理解します。次に、国際的基準に沿った、要望通りの研究を行うために、いくつかの異なる方法を提案します。」

ボーはドアを開け、顎紐、スポットライト、カメラがついたスチールの枠など、いくつもの不可解な装置を見せてくれた。この会社は、肌のくすみや目の周りのクマを分析するために高度な写真技術とソフトウェアを使用し、スリミング・クリームとしわを防止する治療薬の効果をみるために肌に光を投影し、顕微レベルに詳細な3D画像を撮影する「フリンジ・プロジェクション」を使用している。「10年前、フランスにフリンジ・プロジェクションを持ち込んだのは、私たちなんですよ。」とボーは教えてくれた。

彼は1991年にスピンコントロールを設立し、フランスの42人の従業員に加え、タイとモントリオールにも支部を構えている。インドとブラジルにも支部を開こうと考えているらしい。「化粧品会社はますます野心に満ちた広告訴求を行っているため、消費者団体がより多くの情報開示を求め、極めて正確なテストへの要求が強まっています。ブランドが自身でテストを行えば、結果に疑問を持たれるのは明らかですから。」

スピンコントロールはAFSSAPS（フランス保健製品安全庁）からの承認を受けているだけでなく、バイオメディカルの独立研究所としてISO認証も受けている。ボーは、「私たちは公平です。私たちはブランドに対して、彼らが何を言えて、何を言えないかなどと助言することはありません。事実だけを渡すのです。そのデータを使って何をするかは、彼らの手にゆだねています。」と強調した。

私は彼にサンプルサイズが小さいことについて尋ねてみた。典型的な調査は、30名ほどだと彼は答えた。「しかし、特定のターゲットを考えているのであれば、それで十分です。考えてもみれば、人数が少ないほうが、測定できる変化があったときに製品の効果があると証明できる可能性が上がるのです。」

彼は、データの使い方によっては、ブランドが非難される可能性があることを認めている。「たとえば、ブランドは『5％のしわが消えた』と言うよりも、『被験者のうち95％の女性のしわが消えた』ということのほうが多いでしょう。自分たちが有利になるように、話を伝えるのです。」

本当に変化が現れるのだと聞いて私は驚いたが、ボーは劇的な変化ではないが、効き目が出るクリームもあるのだという。「いずれにしても、クリームの効果を、その有効成分だけに還元するのは無理でしょうね。クリームは、パッケージ、香り、使用感で、喜びを与えるようにも設計されています。私たちは、化粧品がストレスを減少させることを証明した幸福度テストを実施したこともあるんですよ。」

しかし、彼は、アンチエイジングクリームが従来のメイクアップに取って代わってしまったとも考えている。「かつて、人々はしわがあったり、肌荒れがあったりしたら、それを隠していました。しかし今は、美容整形もなしに、それらを取り払ってしまいたいと願っているのです。」

ビューティーへのコツ

✽ビューティーブランドは、常に競合企業を監視しており、最新の有効成分のトレンドに追いつくためにクリームを発売している。

✽新しいクリームの発売は、コンセプトから始まる。コンセプトとは、最新の研究を中心に作り上げられたストーリーである。

✽美容マーケターのスキルは、消費者にクリームが見た目を良くしてくれると納得させるように「科学をドラマ化する」ことだ。

✽しかし消費者側では、最も厳しい規制と考えられている、イギリスの広告基準局（ＡＳＡ）に従って、美容会社の大げさな広告訴求を見破っている。

✽製品は独立した臨床試験機関でテストされているが、その結果は広告訴求によって巧みに操作されている。

✽セレブリティー広告は、ビューティーブランドのファンタジーの要素を体現している。（美容産業の中でのブランドの名声のために重要だという側面もあるが。）

第11章

永遠の若さを求めて

おいしいピノノワールにお金をかけたほうが賢明でしょう

カトリーヌ・ド・メディシスがパリに来たとき、イタリア料理とともに彼女が持ち込んだのは、ルネサンスの美容療法と暗殺の噂だった。人々は彼女を「ヘビ夫人」と呼んでいたが、フランスのアンリ二世との長い結婚生活の間、彼女は、アンリ二世が愛妾のディアーヌ・ド・ポワチエへの愛情を公にしていたにもかかわらず、ディアーヌへの攻撃をストイックに我慢していた。彼は、馬上槍トーナメントで槍の破片が彼の脳を貫いた最期の時にも、ディアーヌの軍旗を掲げていた。

王の死からまもなくして、ディアーヌは王宮から姿を消した。しかし、カトリーヌがそれを仕組む必要などはなかった。かつての王のお気に入りは、自分で身を滅ぼしていったのだ。

ディアーヌの失敗は、薬剤師でもある医師を雇っていたことだった。昔の調薬師は、若さの霊薬として水銀や金など、実にさまざまな疑わしい治療薬の実験をしていた。基材を金に変えるといった錬金術の疑似科学は、不死へのつながりを含む、金属に対する迷信を広めていった。その発想は、金は不変であるため、金を取り入れたものには永遠の命が約束される、といった具合だった。ディアーヌの目には、これが真実のように映った。彼女は王よりも20歳年上だったが、同い歳のように見えたと言われている。その後、宮廷の世話人は、彼女は30歳の頃のように「若く、愛らしく」、彼女の肌は「素晴らしく白かった」と語っている。

２００８年にフランスの毒物学者、ジョー・プーポンは、ディアーヌが以前住んでいたウール－エ－ロワール県のアネット城で保管されていた彼女の頭髪を分析した。プーポンは、古代医療のミステリーの解明に夢中になっていた。２００５年まで、フランスのシャルル７世の愛妾だったアニェス・ソレル（１４２１－５０年）が、何故28歳で亡くなったのか、誰にも分からなかった。同僚の考古犯罪学者、フィリップ・シャーリエーと協力し、プーポンは、彼女が水銀の毒で亡くなったことを証明した。これは美容療法であったかもしれないが、殺人の可能性もぬぐいきれない。彼らは２００８年にも、パリの薬局の屋根裏で発見された、ラベルの付いた瓶に入っていた、ジャンヌ・ダルクの聖骸と信じられていた骨が、エジプトのミイラと猫のものだったことを証明した。

現在、プーポンとシャーリエーは、ディアーヌの永遠の美しさの謎に目を向けている。ロケットに入った髪の束には、高濃度の金が含まれていた。プーポンは、彼女がワイングラスに滴《しずく》を加えたりして、日常的に液状の金（塩化金とジアチルエーテル）を飲用していたと結論付けた。

「金は、そこまで毒性の強いものではありません。」私がある午後に、アーチ型天井の廊下が療養庭園をとりまく、優雅な19世紀のパリ建築、ラリボワジエ病院にプーポンを訪ねたときに、彼は教えてくれた。「過剰摂取しても死に至らしめるようなものではありません。しかし、ゆっくりと、それは彼女を衰弱させたのです。彼女の髪は、大変丈夫でしたが、骨はもろかった。彼女の霊妙な青白さは、貧血で説明がつきます。」

プーポンとシャーリエーは、フランス革命の間に共同墓地に葬られ、そこから元々骨が収められていたアネットに戻ったディアーヌの骨も調査することができた。その細胞組織の残留物の中にも、大量の金と水銀が含まれていた。

「私の推測では、その当時の多くの女性と同様に、ディアーヌは錬金術に惑わされていました。錬金術という言葉は、現代ではミステリーの側面を持っていますが、当時は科学の先駆けだったのです。この言葉は、アラビア語の『アルキミア』という言葉に由来しています。」

この言葉自体、ペルシャ語で『霊薬』という意味のある『キミア』という言葉からきている。若さの鍵の探求は、ディアーヌの破滅の原因でもあった。彼女は66歳で亡くなったが、自然な死因ではなかった。

皇帝の新しい肌

金は、今でも美容療法として用いられている。いくつものクリームが金を配合していると謳っているが、特筆すべきは、ラ・プレリーの「新開発ペプチドと純金がコロイドジェルで懸濁された」セルラー・ラディエンス・コンセントレート・ピュア・ゴールドと「魅惑のゴールド配合」のセルラー・トリートメント・ゴールド・イリュージョン・ライン・フィラーだ。他のブランドの製品は、ダイヤモンド、ゴールドパウダー、黒真珠抽出物を使用している。こうした成分は危険なものではない（あなたの銀行口座を除けば）。

彼女の健康には悪影響を及ぼしたものの、金を顔にすりつけるのではなく、体に取り入れていたという点では、ディアーヌ・ド・ポワチエは正しかったのかもしれない。しわ用クリームでは、時間は巻き戻せない。深いしわを隠すために肌をふっくらさせるなど、老化に対して一時的な効果を発揮することはできるが、これは、大抵の保湿剤にもできることだ。その他の有効成分も、いろいろな役目を担っている。ペプチドは、回復のプロセスを刺激したり、コラーゲンやエラスチンの生成を促進したりすると言われている。ＡＨＡ（α‐ヒドロキシ酸）は、死んだ皮膚の細胞を取り除き、より美しい見た目にする（多くの場合は、皮膚自体もはぎ取ってしまうが。）。抗酸化成分は、日光によるダメージを防止する。コエンザイムQ10は抗酸化成分のような効果を持っている。レチンAは、ニキビの治療に使われているが、乾燥させる効果も持っている……など、まだまだある。

2007年に、アメリカの消費者のお目付け役とも言えるコンシューマー・レポート（Consumer Reports）が、12週間にわたって、30歳から70歳の女性を対象に、最も人気がある10のしわ用クリームをテストした。12週間というのは、クリームが効果を発揮すると言われている期間よりも、断然長い期間だ。このテストは、前章で説明した調査に非常に近い手法を使って行われた。このテストの結果、これらの製品は、何人かに対しては深いしわを和らげる効果を発揮することがわかった。しかし、「一番効果が顕著だった対象者であっても、しわの深さの改善は10％にも満たず、残念ながら効果の大きさは、肉眼ではほとんど識別できなかった。さらに、高級なスキンケア化粧品と、ドラッグストアに売られているものとでは、ほとんど効果が変わらなかった。」

興味深いことに、テストをしたクリームの効果について意見を求められると、女性たちはその判断は難しいと感じていた。「さらに彼女たちの意見は、客観的な基準で測定した効果とは無関係のものだった（強調筆者）。」よく言われるように、美しさはそれを見る人の目の中にあるものなのだ。コンシューマー・レポートは、その後、同様のテストをしわ用美容液（効果は小さかった）と目元用クリーム（どれも目元のしわを無くすことに近づけもしなかった）でも行った。

最も驚くべきスキンケア業界に対する非難は、２０００年にボディショップの創設者であるアニータ・ロディックによってなされた（第18章の「倫理的、オーガニック、そして持続可能性」を参照。）。彼女は、著書『ザ・ボディショップの、みんなが幸せになるビジネス（*Business as Unusual*）』のプロモーションツアーで訪れた、チェルトナム文学祭で、「保湿剤は効き目がありますが、他はすべて気休めです。この地球上に、30年間の夫との言い争いや40年間の環境破壊をなかったことにできるようなものなどありません。魔法のようにしわがなくなると謳っているものなど、すべてはあきれた嘘なのです。」と言い放った。さらに、皮肉っぽい笑顔で、「おいしいピノノワールにお金をかけたほうが賢明でしょう。」とまで付け加えた。（『テレグラフ』紙、２０００年10月19日、「ロディック『しわ取りクリームなんて、気休めだ』（'Wrinkle cream is pap,' says Roddick.）」）

あなたの肌の状態は、遺伝子、食生活、日焼けなどの要因が複雑に絡み合って生まれた結果だ。私が話したスキンケアのマーケターの中で、彼らの製品に実際の効果があることを納得させてくれた人はいなかったが、将来的なダメージの予防については説得力があった。ディオールのエドアルド・モーベーージャルビスは、「1970年代の40歳の女性の肌と、今日の40歳の女性の肌を比べてみてください。劇的な違いに気が付くはずですよ。私たちは、大きな進歩を遂げてきました。その進歩を阻むものがあるとすれば、規制だと思います。」と指摘した。

言い換えれば、美容クリームが今よりも効果的であれば、医薬品の扱いを受け、とてつもなく長く、厳しいテストの対象となってしまうということだ。

同様に、スピンコントロールのパトリック・ボーは、ブラジルの双子の写真を例にとり、説明をし始めた。一人は、屋外の牧場で働きながら生涯をすごし、もう一人はより洗練された仕事のために都会に引っ越した。写真では、彼女たちが双子であった面影はすでにない。「太陽の下、汗を流して働いてきた彼女は、都会で、甘やかされた生活を送っていたもう一方の双子の母親と間違われてもおかしくないほどでした。環境が全てです。日光は、肌に大きなダメージを与えるのです。」

1989年のフォーラムで、日本のブランドである資生堂（第12章の「美容のグローバル化」を参照）は、治療よりも予防に力を入れるという意味で、「アンチエイジング」という言葉の代わりに、「サクセスフル・エイジング」（美しく年を重ねる）という言葉を提案した。

果たして、消費者はアンチエイジングクリームのマーケターの謳い文句に騙されているのだろうか？　そういうことでもなさそうだ。２０１１年のミンテル社による調査では、アンチエイジングのスキンケア市場が８３２０億ドルに及ぶアメリカの消費者の69％は、「年齢の重ね方は、ほとんど遺伝子によって決定されており、外用の製品は救済と言うよりも希望にすぎない」と考えていることが判明した。また、10人中８人の消費者が、食生活と運動が肌の老化と最も深く関連している要因だと答えた。さらに78％が、日焼け止めの使用は、目に見える老化のサインの予防の鍵であると答えた。ほとんどの消費者が、老化は食生活、運動、遺伝子に委ねられていると感じている一方で、69％の消費者が老化防止のケアを始めるのは、早ければ早いほど良いと答えた。

美容アナリストのカット・フェイは「意見と行動には大きな乖離があります。アンチエイジング用スキンケア商品の購入には何の保証もないのに、沢山の女性が目に見える効果に希望を抱いて、製品を購入します。『何もしないよりまし』というアプローチをとるのです」と分析した。

アンチエイジング用スキンケア商品を使用していると回答したアメリカの消費者は、たった24％だった。「25－54歳の回答者が、アンチエイジングやしわの除去、肌の若返り効果のあるスキンケア商品を使っている傾向が最も強いです。」とフェイが付け加えた。「この結果は納得がいきます。だいたい25歳くらいで多くの人に最初の老化のサインが現れ始め、食い止めようとします。中年になると、老化のサインを覆そうとしますが、55歳以降は、あきらめて老化を甘受し、購入金額も減少傾向となります。」

一度しわが出来ると、注射（コラーゲンのような真皮を埋めるものや、ボトックスのような筋肉弛緩剤）で一時的に消すか、手術で完全に取り去るかしかない。

しかし、他にも老化に対処する方法はあるのかもしれない。たとえば、不老不死なんてどうだろうか？

永遠への切符

南フランスにはアルル以外にも魅力的な街がいくつかある。ローヌでは、緑のそばの城壁に沿ってクリスタルの光の中を散策したり、ロゼワインを飲みながら、夜のカフェテラス（訳者注：ゴッホの代表的な作品で描かれているカフェテラス）で沈みゆく太陽が古代の石材をシナモン色に染めるのを眺めたり。まるでここの生活が、いつも温かく、ゆっくりしていて、暮らしやすい……ただ単純に良いように感じられる。

それは正しいのかもしれない。アルルには、世界最高齢の人物が住んでいたのだから。ジャンヌ・ルイス・カルモンは、1997年に122歳と164日で亡くなった。彼女は13歳のときにゴッホに会っている。第一次世界大戦が勃発した時、既に39歳だった。彼女は20代前半から120歳で医者に辞めるように言われるまで、毎日2本のたばこを吸い続けた。チョコレートが好きで、たまに飲むポートワインも気に入っていた。結婚生活は順調で、働かなければならなかったことはなかった。92歳の時、彼女の死後にそこに住むという条件の下、ある弁護士が彼女にマンションを買った。彼女は彼より長生きだった。

カルモンは、彼女の寿命の長さは、食事にも肌にも付けていたオリーブオイルと、「楽しめるものは楽しむ。後悔なく、明快で、道徳的に行動する。私はとても幸運だ。」というシンプルな哲学のおかげだとしていた。晩年になっても、彼女は並々ならぬウィットに富んでいた。「しわは一つしか出来たことがないわ。そして、私はその上にのっかっているの。」と言っていた。大分年老いてきた時、誰かが「来年までかな。」と言って、彼女とのお別れの時期を賭けた時には、「それくらいになるんじゃないかしら…あなたそれなりに健康そうだもの！」と言ってのけた。

(『ニューヨーク・タイムズ』紙、1997年8月5日、「ジャンヌ・カルモン、世界最高齢122歳で死す(Jeanne Calment, world's elder, dies at 122)」)

ユーモアのセンスが長生きの秘訣なのかもしれない。

しかしその他大勢の人々は、単に早くに仕事を辞め、ラブコメを借り、ポートワインとオリーブオイルを準備するだけでは納得できないだろう。不老不死の探求は、真剣なビジネスなのである。多くの医者、科学者、未来学者がそれぞれの理論を共有するために定期的に学会を回りながら、このテーマについて本を出版している。

こうした活動を導いているのは、仕事に関してはふさわしい名前のオーブリー・デグレイだ。メトセラ(訳者注:ノアの洪水以前のユダヤの族長で、969歳まで生きたといわれる長命者)の剛毛が嫉妬するような髭が目印のデグレイは、老化は避けることが出来ないわけではない、と断言するケンブリッジ出身の異端な研究者だ。彼は、人間の細胞が老化する原因になる要素を突き止め、治すことができると確信する。コンピュータ・サイエンティストならではの知識で、「エンジニアリング上の問題」だと表現した。彼は、1000歳まで生きる最初の人間が、今日の我々の中にもいるかもしれないと考える。

皆さんは冷笑するだろうが、デグレイが孤独な奇人でないことは、私が保証する。２００９年、彼は支持者と共に、ＳＥＮＳ財団を設立した。（www.sens.org）ＳＥＮＳ財団は、「幅広く障害と老化の病に対処する若返りバイオテクノロジーを発展、促進、そして広範囲の人々への利用を可能にする」ことを掲げる登録慈善団体だ。つまり、私たちが年をとる原因となる損傷を治す再生医療薬の開発を目指しているのだ。この財団は、学生及び研究者のネットワークを支援している。

ＳＥＮＳは、「Strategies for Engineered Negligible Senescence」（加齢をとるに足りないものにするための工学的戦略）の頭文字をとったものだ。老化の原因をダイレクトに標的にすることを掲げており、デグレイは、体系的に取り除くことを目指し、細胞の損失、細胞の萎縮、細胞核ＤＮＡの変異を含む7つを突き止めた。

デグレイの考えが、論争を呼ぶことは避けられないが、彼を批判する科学者も、彼を追放することはできない。２００５年、ＭＩＴ（マサチューセッツ工科大学）の『テクノロジー・レビュー（*Technology Review*）』誌は、ＳＥＮＳが「学問的に議論する価値もなく、まったく的外れである」と証明できる分子化学者に対して2万ドル（半分はデグレイ自身が出資した）の賞金を懸けた。この挑戦状は、「デグレイの発言が科学か夢物語かを決める」ためにたたきつけられた。勝者は出ておらず、この原稿を書いている段階ではまだ賞金は残されたままだ。デグレイを批判する者が言えたのは、彼の考えていることは「空想だ」までだった。

審査員の側に立って言えば、インテレクチュアル・ベンチャーズ社（Intellectual Ventures）の共同創設者で、現最高経営責任者、マイクロソフトの前最高技術責任者だったネイサン・ミアボルドは、「時として、過激なアイデアが真実だったということがある。このような例外が科学においては、重要な発見なのだ。」と記している。（『テクノロジー・レビュー』誌、２００６年7月11日、「老化を打ち負かすことはただの夢か？（Is defeating aging only a dream?）」）

デグレイとしては、彼自身は「不老不死の商人」であることを否定している。彼はただ、人々に病気になってほしくないのだ。彼は新聞『ガーディアン』紙で次のように語っている。

「私は長生きのためではなく、人々の健康を守るために研究をしているのです。私の研究と、すべての医療専門家との唯一の違いは、90歳になっても30歳の時と同じように起きられるような健康状態に保つことと、ある日目覚めなくなる可能性を30歳の時よりも高くならないようにすること、の違いにあると思っています。」

（２０１０年8月1日、「オーブリー・デグレイ：歳を取っても病気になる必要はない（Aubrey de Grey: We don't have to get sick as we get older）」）

もうひとつ特筆すべきは、デグレイの「非科学的」研究が、多くのメディアの注目を集めてきたことだ。彼が言うところの、「ほとんどの科学者は、キャリアの中で2回ほど、真面目なメディアに露出をする。それは、彼らが実際に興味深い実験を行った実績があるからだ。私は実験はしていない、そうでしょう？　なのに、本当にいつもメディアの中にいる。」ということだ。

これは、（しわ伸ばしクリームと全く同じで）まるで私たちがそのように信じたいだけのように感じられる。

その他の、不老不死に関するやや不気味な見解としては、（13歳の時に電話の部品を、平方根の計算機へと作り替え、のちにコンピュータに言語を認識させ、音声読み上げをさせた）優秀な発明家のレイ・カーツワイルのものがある。彼は、テクノロジーが永遠の命を可能にすると信じている。デメリットは、人間がコンピュータになってしまうことだ。

カーツワイルの理論は、「シンギュラリティ（技術的特異点）」という概念に基づいている。この言葉は元々、ブラックホールの境界で起こるような、自然の摂理が応用されないような場所を表すのに使われていた。後に、その言葉は、気が遠くなるような技術の進歩と結び付けられるようになった。『ターミネーター』を観たことのある人なら、理論を理解できるだろう。どこかの時点で、コンピュータの性能が上がり、それらがより性能の高いコンピュータを創造する。地球は彼らの手に渡り、人間はカヤの外に取り残される。マシーンが優勢に立つ瞬間が、「シンギュラリティ（技術的特異点）」なのだ。

カーツワイルは、比較的ポジティブな未来のビジョンを持っている。彼は、2029年までには、人間の脳のリバース・エンジニアリングに成功していると確信している。この技術は、感情を経験し、人間のように思考するコンピュータを設計するのに必要なソフトウェアを作ることを可能にする。コンピュータの性能は、急激に伸びているため（毎年2倍になっている）、新しいスーパーコンピュータが私たちよりもずっと知能が高くなることは明らかだ。

悪いニュースのように聞こえるだろうが、必ずしもそうではない。カーツワイルは、人間の知能は追い越されるが、人間としての意識は残り続けると指摘する。彼は、シンギュラリティを、主従関係というよりもパートナーシップになるだろうとみている。人類はコンピュータを体に統合させ、生物学上の祖先よりも長生きをするハイブリッドを作るようになる。人工知能が、私たちの脳の能力を向上させる。体に埋め込まれたナノコンピュータがせっせと働き、オーブリー・デグレイが老化の「損傷」と呼んでいるものを修復していく。

「カーツワイルは、２０３０年前半には、小さなロボットがエラーを起こしやすいほとんどの体内の臓器に取って代わるだろうと予測している。私たちは『心臓、肺、赤血球、白血球、血小板、膵臓、甲状腺、ホルモンを生成する全臓器、腎臓、膀胱、肝臓、小さな食道、胃、小腸、大腸、腸管は除去。この時点で残っているのは、骨格、肌、生殖器、感覚器官、口、食道の入り口、脳。』という状態になっているだろう。」

（『ワイアード』誌、２００8年3月24日、「未来学者、レイ・カーツワイル - 出来るだけの努力と薬で、シンギュラリティを目撃するまで生きる（Futurist Ray Kurzweil pulls out all the stops - and pills - to live to witness the singularity）」）

不老不死は、デグレイとカーツワイルの理論が交差する場所に見つかるはずだ。テクノロジーが人体を飛躍的に改善するころには、再生医療の薬が全人類をジャンヌ・カルモンのような高齢まで生かしてくれるだろう。少なくとも、何人かの人はそうなるはずだ。この理論は、不老不死を手に入れた一部の富裕層が、昔のように奴隷を牛耳るおぞましい未来をも想像させる。既にシンギュラリティは、テクノロジーが死の問題を解決した時の「最初の橋」を渡れるまで生き残るための健康カウンセラーによる指導がついた、ニッチな医療分野を生みだしている。

幸運なことに、シンギュラリティがＳＦに終わる可能性は高い。今までの不老不死の探求者は、彼らの墓がそれを証明しているように、成功したことはない。

永遠に生きることは、そんなに魅力的だろうか？　ジャンヌ・カルモンは彼女の死の直前に、今世紀末まで生きていたいかという質問を受けた。

「いいえ、もう十分だわ」と彼女は答えた。

ビューティーへのコツ

✼美容のマーケティングの大半は、大昔から切望されている永遠の若さの探求に基づいている。

✼ルネッサンス期の美容では、ディアーヌ・ド・ポワチエがそうであったように、金を飲むことで、より若々しい外見を保てると信じられていた。今日でも金は、一部の美容製品に使用されている。

✼保湿剤が肌の見た目を改善する一方で、しわ用クリームには、プラセボ効果以外の大きな効果があるという証拠はわずかしかない。

✼消費者は、アンチエイジングクリームのマーケターの宣伝文句には用心深いが、何もしないよりも、したほうが良いと感じている。それは「救済と言うよりも希望」なのだ。

✼消費者は、クリームが、特に日光への過度な露出などの将来的なダメージから肌を守ってくれることに関しては同意している。

✼老化への恐怖が、医師、科学者、永遠の命を得る方法を考えている人たちを巻き込み、「不老不死ビジネス」を生みだした。

✼約1千億人の人が、今までに地球に生きてきた。私たちの歴史の中での最高齢であった人でも、たった122歳までしか長生きできていない。

第12章

美容のグローバル化

不平等は体に刻みこまれています

「もしグローバルブランドになりたければ、異文化や異なるタイプの肌に製品を適応させる以外に道はないのです。」とフランスのビューティーブランド、クラランスを経営する二人兄弟の一人であるオリビエ・クルタン－クラランス博士は語る。「世界の白人人口の割合を知っていますか？」私は思い切って、25％と言ってみた。彼は、首を振り、笑顔を見せ、指を三本上げた。「3％ですよ。白人女性だけにターゲットを絞っていては、あまりうまくいかないでしょうね。」

クラランスは、この数値の情報源として、フランス国立人口学研究所を引用した。しかし、挑発的とも取れる「白人」という言葉は何を意味しているのだろうか？　ヨーロッパ人を祖先に持つこと？　単に、色素が薄い人々のことを呼ぶのだろうか？　クルタン－クラランスは、「コーカソイド」という言葉を使っていたが、それも定義が曖昧だ。私がインターネットで見つけた、ここで引用するには信憑性が低すぎる情報源は、私の推測に近かった。「約20％で減少傾向にある。」２０４０年には「白人」が占める割合は、一桁になると示唆するものもあった。

今でも残っているように、美しさの基準を高身長、細さ、白い肌だと定義してきた美容業界が、新しい現実に適応しなければならないとは皮肉である。19世紀後半から20世紀前半にかけて、欧米の石鹸会社や美容関連企業は、植民地的な姿勢で、白い肌を文明と清潔さのイメージとして、アジアやアフリカに持ち込んだ。後に、美容業界とハリウッドが手を組み、金髪の絶世の美女のイメージを広めた。それは、美容マーケティングがさまざまなタイプの肌と人種をターゲットに含めるようになるよりも、随分と前のことだった。気づいた頃には、ダメージが大きくなっていた。

一つ確実に言えることがある。それは、今日の美容関連企業は、40年前と比べものにならないほど、フレキシブルだということだ。アメリカだけでも、状況は全く変化した。美容関連商品が、黒人女性を別の重要なターゲットとして捉え始める大きな一歩となったのは、1973年に雑誌『エボニー（*Ebony*）』を創刊した、今は亡きジョン・H・ジョンソンによる、ファッション・フェアー・コスメティックス（Fashion Fair Cosmetics）の発売だった。シカゴのマーシャル・フィールド（現メイシーズ）百貨店のカウンターから、イギリス、フランスへと進出し、1984年にはフランス・パリのプランタン百貨店にカウンターを設けるまでになった。この歩みに続いて、1980年代には、メイベリン、マックスファクター、レブロン、ロレアルまでもがアフリカ系アメリカ人女性市場へ製品を売り出した。

それにもかかわらず、市販のカラーコスメのバリエーションが、（本当に国際色豊かな）アメリカ人の肌の色の多様性を反映していなかったこともあり、1990年代にはメイクアップ・アーティストが自身のブランドを発表したことには注目すべきだろう。ボビー・ブラウンは、イギリスの黒人モデル、ナオミ・キャンベルをフィーチャーしたアメリカの『ヴォーグ』誌の表紙で注目を浴びた。フランソワ・ナーズは、イギリスの黒人モデル、アレック・ウェックを最初の広告等に起用した。どちらのモデルも、明白に黒人の女性をターゲットにすることを目的に起用されたわけではない。

人種と美容に対する世の中の見方は変わったが、伝統的な美容関連企業はその流れに追いついていなかった。自国の市場での美容に対する狭い認識が、その他海外市場でも反映されてしまったのだ。これによって、各地のローカルブランドは、そうした考えを取り入れつつ、それらをより効果的にローカルな好みに合わせて適合させることができた。

目覚める巨人：日本

彼らは、コモドア・マシュー・ペリーが指導し、1853年7月14日にアメリカから横浜に到着した砲艦、ミシシッピ号、プリマス号、サムトガ号、サスケハナ号を「黒船」と呼んだ。ペリーの使命は、200年以上続いた鎖国政策を終了するよう、日本に圧力をかけることだった。その趣旨を伝えるため、彼は挨拶代わりに船の大砲を打ち、沈めて見せた。それから一年後、日本はアメリカとの条約に調印した。銃を突きつけられ、欧米化が始まったのだ。

日本政府は、1868年から欧米に追いつくことを目指し、政治、経済、文化の改革に着手した。これは美しさの基準にも影響を与えた。肌を白くすることは続けたが、古くから続くお歯黒や眉を剃り落とすことは徐々にやめていったのだ。彼らは後にマンガのキャラクターの大きな瞳に見られるように、別世界における魅力の理想形へと丸め込まれていった。

プロクター・アンド・ギャンブル社は、欧米の近代化のしるしとして、日本に衛生という基準をもたらした。その結果、日本の裕福な消費者から近代化への追従が始まった。（後に同社は、マックスファクター社から1980年に発表された、酒の製造段階で発見された有効成分を使った化粧品ブランド、SK－Ⅱで大きな利益を得ることになる。）

しかし、日本の企業家も「欧米の」美しさへの需要を満たすために立ち上がった。その人物こそ、1872年、東京の銀座に資生堂薬局を開業した福原有信だ。裕福な顧客を惹きつけ、福原は薬局を画期的な製品を発表するための場として使った。1888年の日本初のペースト状の歯磨き粉（それまではパウダー状であった）、1897年のオイデルミン化粧水（現在でもボトルの口の部分にトレードマークの赤いリボンをつけて売られている）、1906年の最初の自然な肌色のおしろい（それまでは真っ白なものが好まれていた）などを発売したのだ。

一方、写真家だった福原の息子の信三は、ヨーロッパやアメリカを旅して、欧米の文化にどっぷり浸かっていた。そして、彼は旅から戻り、学んだことを家業に活かして、父親と共に働いた。これが、1916年に薬局の近くに開いた、独立した化粧品部門の設立と、ブティックの開店へと繋がる。もうひとつの重要なステップは、パリのファッション誌で見られたような優雅なスタイルを基本としていた、やる気に満ちた若手の芸術家を集めた社内のデザイン部門の設立だった。これが幸いし、アールデコ調の椿のロゴや独特のアラベスク模様の香水のパッケージが完成した。これをきっかけに資生堂社は、新進気鋭の芸術家へのサポートで知られるようになる。

1919年には本社にギャラリーを開いた。このギャラリーは今日でも存在しており、今までに、3000以上の展示会を開催し、5000人以上の芸術家の作品を展示している。

資生堂社は、信三を初代社長に据え、1927年に株式会社化された。その後数年間は、次の5つの企業理念を守っていた。

1. 品質本位主義、製品全てにおいて、絶対的な優秀さを求めること
2. 共存共栄主義、資生堂に関わる全ての人が何らかの利益を受けること
3. 消費者主義
4. 堅実主義、会社の過去の功績への尊敬・未来に向けて知的な目標の選定
5. 徳義尊重主義、忠誠と素直さはビジネスの基礎

これらの理念は、多くの資生堂社のイノベーションの原動力となり、花椿会の創設、月刊の消費者向け雑誌の発行などの、将来を見据えた顧客ロイヤリティへのアプローチを生んだ。薬局が顧客を得るために、価格競争を始めた時、資生堂社はチェーンストア・システムを編み出し、小売店に定価以外での販売を禁止した。これは、資生堂社の高級というイメージを守っただけでなく、供給業者と小売業者のマージンを保証し、結果的に顧客へのとてつもなく公平な競争の場に

なった。

20世紀の前半の美容業界のグローバル化は、経済の混乱や紛争によって遅れていた。資生堂社は、ニューヨークで高級品を扱っていたマーククロス社と1935年に提携を結ぶが、第二次世界大戦の勃発で販売を一時停止することを余儀なくされた。その後、国際的な展開は、資生堂社がアメリカ市場に復活し、イタリアを通して、ヨーロッパへと進出していく1965年まで待つこととなった。

日本の消費者に欧米の理想的な美を売り出した一方で、資生堂社は巧妙に考えを逆転させ、アメリカとヨーロッパの顧客向けに「Zen（禅）」と呼ばれる香水を1964年に発表した。日本的な装飾、および鍼《はり》やヨガなどの東洋の健康習慣への関心が高まっていたのだ。漆黒の背景色に野生の花や草を描いたデザインのボトルは、アメリカでの日本の芸術的イメージに応えるようにデザインされていた。

一方で、日本的な美しさへの反応は、日本国内でも変化していった。1975年には、欧米の美しさがもてはやされており、資生堂社もハーフの日本人モデルを積極的に広告に登用していた。しかし、1973年には、伝統的に日本の美しさとみなされていたアーモンド形の目で、真っ黒な髪のモデル、山口小夜子をパリコレの顔として起用したのだ。彼女は、１９８８年まで資生堂社の専任モデルを務め、日本の美は欧米のものと同じように価値があるというブランドのメッセージを伝えるのに一役買った。

世界第二位の規模の美容市場を制覇しようとやってきた新参者とちがい、日本のブランドはローカルと欧米を組み合わせ、ユニークなものを作り上げることに秀でていた。ハリウッドでメイクアップ・アーティストとして働いていた草分け的存在、シュウ・ウエムラについては既に紹介したが、彼は日本版マックス・ファクターのようになっていた。１９６５年、当時ハリウッド映画に夢中になっていた日本人に、アメリカのメイクアップ技術を教えるスタジオを開設したのだ。彼の哲学には、「簡素」と「無垢」という日本独特の感覚が残っていた。ウエムラは若い時分、結核を患っており、彼にとって美しさは健康と幸福に結びついていた。

資生堂社も同じ信念を持っている。資生堂社のライフクオリティ・ビューティーセンターでは、生まれつきの痣や傷跡など、肌に問題を抱えている人々にメイクアップ技術を教えている。また、医師やソーシャルワーカーなどに、化粧品やスキンケアで、どのように生活の質を改善できるかについて助言する活動も行っている。つまり、美容製品が肉体と精神の両方にとって良い効果をもたらすことを讃えているのだ。

他に日本の市場に参入した企業といえば、カネボウだ。元々は繊維企業だったが、1965年にスキンケア化粧品を自社店舗で発売し、10年後には第5位の企業になった。

ハリウッドの凝り固まった美しさのイメージがアダとなり、欧米企業はより繊細なアプローチをしていたローカルブランドとの競争で苦戦を強いられた。しかし、新規参入企業も、アジアの美容業界において、最も重要ともいえる部門に踏み出していった。美白クリームだ。

バニティーフェア

第1章で述べたように、白い肌は何千年も昔から魅力的だと考えられてきた。簡単に言うと、農民が農地であくせく働くのをしり目に、貴族たちが日陰でたるんだ生活をしていたイメージと結びついている。この偏見は、間違いなく植民地時代の白人支配者によって植えつけられたものだ。インドでは、肌の色が黒い人を最下層に置く厳格なカースト制度によって、社会階層はより複雑になっている。これが原因となって発生している悪しきことが多くある。その一つが、恋愛とキャリアの両面において、肌の白い女性たちがもてはやされることである。

これを踏まえればインドが、1978年ヒンドゥスタン・リーバ社（現ユニリーバ・ヒンドゥスタン社）が発売した世界で最も有名な美白クリーム、フェア＆ラブリーの発祥の地であることはなんら驚くべきことではない。この会社の一部はインドで所有されているが、52・1％は、ダヴ・リアル・ビューティー・キャンペーンの英蘭ユニリーバの所有となっている。フェア＆ラブリーの「数週間のうちに美白に」というマーケティング戦略は、発売当初から全く変わっていない。現在のウェブサイトでも、インド映画産業のスターを起用し、「4週間で今までにない、輝く白い肌へ」という宣伝文句を使っている。ブランドは、1985年に国際展開を始め、今ではアジア、中東、アフリカで販売されている。

ヒンドゥスタン・ユニリーバ社は、フェア＆ラブリーにハイドロキノン、ステロイド、水銀などの有害または禁じられている原材料を使用せず、安全であることを認知させるための努力を強いられている。特許を取得したフェア＆ラブリーの処方は、ナイアシンアミド（ニキビの治療にも使われるビタミンB3）を基本とし、UVAとUVBの日焼け止めも配合されている。お察しの通り、フェア＆ラブリーの効用の一部は、使用者が日焼けを防ぐことによって実現される。

それが意味することには不快を感じるかもしれないが、フェア＆ラブリーは大成功を収め、多くの類似品を生みだした。今では、下記にあげるようなほぼすべての有名なブランドが、美白クリームを発売している。ロレアル「ホワイト・パーフェクト・フェアネス・コントロール」（メラニン除去という点で新しい）、イヴ・サンローラン「ホワイト・モード・リペア・ホワイトニング・ナイトクリーム」、ディオール「スノー・サブプライム・ホワイトニング・モイスチャー・クリーム」、資生堂「ホワイト・ルーセント」、クラランス「ホワイト・プラス・HP」などだ。シャネルで言えば、２００１年に「ブレーン・ピュレテ」、２００８年に「ホワイト・エッセンシャル・シリーズ」を発売した。最新の製品は、「ル・ブラン」（白）という名前で、「内側からの輝き、光を基にした美しさ」を謳っている。欧米市場ではこれらの製品の広告を見ないという事実から言って、製品が訴求する特性が論議を呼ぶことは明白だ。

問題は、美白クリームを宣伝している人々が、白い肌のほうが美しいと主張を続けることで、美しさの定義の拡大を妨げていることである。アメリカの左翼政治団体が発行しているニュースレター『カウンターパンチ』の記事で、アミナ・マイアは、美白クリームは「日用品による人種差別だ」と攻撃的に説明した。彼女は、特にヴィシーのバイホワイト・クリームの広告で、アジア女性と思われる人が、黒い肌をジッパーで脱ぎ捨てたことにショックを受けたという。彼女が黒い肌をはがすことで、肌荒れの無い「なめらかで」、「白い」肌が現れたのだ。このイメージが示唆することは、あまりに無配慮で、悪寒がする。黒さは、何かの間違いであり、けがれていて醜く、白さは、正しく清潔で、美しいということを意味しているのだ。（「色素と帝国（Pigmentation and empire）」、2005年7月28日）

2008年には、全インド民主婦人会のメンバーで、政治家でもあるブリンダ・カラットが製品を批判し、「これは黒い肌を中傷する、人種差別に違いありません」と述べた。別のヒンドゥスタン・ユニリーバ製品、ホワイト・ビューティーのミニシリーズの広告に対して、熱い世論が起こり始めていた。「人気の美白クリームのシリーズ物の広告は、胸のときめきを描いているのです。サイフ・アリ・カーン（俳優）が、インド映画産業で人気の、黒く、小麦色の肌の元恋人のプリヤンカ・チョプラではなく、白い肌のスター、ネーハン・ドゥーピアを好きになってしまいます。しかし、失恋し避けられるようになってしまったチョプラは、ホワイト・ビューティーを使えば、41歳のカーンを白い肌で引きつけられるのではないかと躍起になるのです。」（「美白トレンドに対するインドでの批判（Criticism in India over skin-whitening trend）」、2008年7月10日）

こうして時折起こる突発的な報道はさておき、美白製品が普及しているインドやその他の国において、そうした製品に対する姿勢が変化する気配はない。日焼けし過ぎた肌はダメージを負っているという証拠で溢れているにもかかわらず、欧米では日焼けが余暇をもった、健康的な生活を示唆しているのと同じくらい、こうした社会では、白い肌は美しいという考えが浸透してしまっている。

ブラジルの特性

日焼けと言えば、肉体的な文化はいうまでもなく、欧米の消費者のイメージの中で、ビーチでの生活と一番密接なかかわりがあるのがブラジルだろう。ヨーロッパやアメリカの化粧品マーケターは、国民の肌質のタイプが多様であるため、ブラジルは彼らのブランドにとって最も難しいマーケットでもあると語ってくれた。このことは、海外市場にも影響を与え始めている、ブラジル国内での大規模な美容業界の進化につながっている。

トレンド予測会社のWGSNは、2008年に「ブラジルの美容ブランドは、世界中で広がっている『自然』と『倫理』を重視した製品の流行を利用する準備を整えている」と指摘した。(「ブラジルの美容、世界をターゲットに (Brazilian beauty targets the world)」、2008年1月4日。)海外進出をリードしているのは、27歳のルイズ・ダ・クーニャ・シーブラが、サンパウロに開店した1軒の店舗から始まったナチュラ社 (Natura) だ。彼は経済学者になるべく勉強をしていたが、スキンケアビジネスの世界に足を踏み入れることを決めた時には、レミントン・エレクトリック・シェーバーの第一線で働いていた。その当時から、彼は製品の天然原料を重視しており、時には通行人に花とカードを渡すプロモーションを行っていたと伝えられている。

彼は、顧客との関係構築にも長けており、店を訪れた人に彼の製品の処方について時間をかけて説明した。これは、（今でも最大のライバルである）エイボンがやっていたように、従来の小売モデルをやめて、訪問販売や直販を導入する重要な第一歩につながった。こうした動きが、ビジネスを変革することになったのである。１９８０年代半ばには、ナチュラ社は、１万６０００人に及ぶ「コンサルタント」と呼ばれる独立した営業担当者を組織し、毎年40％の成長率を記録していた。顧客にとって居心地のいい自分の家という場所で、一対一で製品について説明できるやる気あるスタッフを雇うことで、他のほとんどのブランドができていなかったブランドと顧客との間の人間関係を築くことに成功した。

シーブラは、パートナーとして、販売代理店のギラルメ・ペイラオ・リールと生産責任者だったエンジニアのペドロ・ルイス・パソスを迎え入れた。１９８６年には、細胞の再生を促す初のアンチエイジング製品、クロノスを発売し、２か月で９万個を売り上げた。クロノスは、さまざまなスキンケア製品にラインを拡張していった。その間、ナチュラ社は、ポルトガル、アルゼンチン、チリへも進出した。同時に、多国籍企業のブラジル市場参入により、国内での競争を余儀なくされた。ブラジルの化粧品市場は、１９９２年から１９９６年の間に26億ドルから、57億ドル規模にまで膨れ上がっていたのだ。ナチュラ社は、１００以上の新製品を発売することで反撃した。（『フーバー企業情報：ナチュラ・コスメティコス株式会社（Hoover's Company Profiles: Natura Cosméticos SA）』）

革新的な直販のアプローチに加えて、仏教、道教、ユングの著書、ドラッカーの経営理念に至るまでの、創設者の幅広い興味によって会社は支えられていた。シーブラは、「持続可能（サステナブル）」な実践を早くから取り入れ、取引先が児童就労をさせていないか、社会貢献事業に利益を投資しているかなどを注意深く確認していた。詰め替え用は、１９８３年という早い時期から発売された。営業スタッフには、平均で最低賃金の16倍もの給料が支払われ、会社の株式も与えられている。また、最新のスキンケアのトレーニングも定期的に受けている。ナチュラ社は、コンサルタントや顧客からの問い合わせに答えるコールセンターを設け、消費者と対話を続けている。

シーブラは、自らの本能を信じることを恐れていない。彼は、市場調査担当者の意見に反対して、乳幼児用のスキンケアブランド（マーニー・エ・ベベ、又はマザー・アンド・ベイビー）を発売した。資生堂社のように、彼は化粧品が幸福と自尊心を高めるために不可欠だと考えている。ナチュラ社は、これをベム・エスター・ヘム（健やかな人が健やかでいること）と呼ぶ。また、大げさな宣伝文句は掲げず、若返りを約束するのではなく、老化の兆候を予防することを目指すと宣言している。ダヴが行う前から、モデルではなく、普通の女性を広告に登場させていた。

２０００年までにナチュラ社は、香水、スキンケア、メイクアップ化粧品、洗顔用品、子ども・赤ちゃん用製品、栄養補助食品に至るまで、３００以上の製品を発売してきた。イノベーションは、国内最大級の研究施設で生まれている。１９９９年にナチュラ社は、植物の治癒力をベースにした製品を所有するフローラ・メディシナル・ジェイ・モンテイロ・ダ・シルヴァ社を買収した。その結果、２０００年には、フェアトレード取引によるブラジルの熱帯雨林の天然成分を使ったボディケア製品のブランド、エコス（Ekos）をラインに加えることになった。ナチュラ社は、こうした取り組みが、森林伐採を減速させる一つの方法だと考えている。

ナチュラ社は、２００４年5月にサンパウロ証券取引所に上場した。同社は、翌年にはヨーロッパに進出し、パリの左岸にブティックを開いた。高級ブランドでありながら、「自然」と「持続可能（サステナブル）」の両方を織り込んだ初めてのブランドとして、２０１０年までには美容業界に堅固な地位を築いていた。現在は、ブラジル、アルゼンチン、チリ、ペルー、コロンビア、フランスで80万人の直販の「コンサルタント」のネットワークを築いている。70名から始まったことを思えば、悪くない結果だろう。

ナチュラ社からヒントを得て、ブラジルのいくつかのブランドは、「自然」と「原点」の両方を強調することで、海外市場へ向けた製品のマーケティングを始めている（ブラジルの貿易組織、ＡＢＩＨＰＥＣ（ブラジル化粧品・洗面用品・香水業界協会）が積極的に推奨している。）。例えば、ＷＧＳＮは、「アマゾンバターや天然オイルを高濃度に配合」しているブラジリアン・フルーツというお風呂・ボディ用製品のブランドを挙げる。２００７年9月に、フランスとイギリスで製品を発売した時、マネージング・ディレクターのベロニカ・レザーニは、「私たちの目標は、ブラジルの香り、味など膨大な種類の自然の恵みから得られる『ブラジルらしさ（Brazilian-ness）』を伝える製品を世界に広めることです。」と語っている。同社の主力ブランドは、ブラジルを代表するカクテルにちなんで、カイピリーニャと名付けられている。

ブラジルは、一般的には海外で好ましいイメージを持たれている。ロンドンの意地悪なタクシーの運転手が、ドイツ人やフランス人に対して言うような悪口を、ブラジル人について口にすることはないだろう。しかし、美しさが国の最大の関心事であることで引き起こされるネガティブな面も抱えている。社会、恋愛、キャリアの面において、ちょうどインドでいう白い肌のように、完璧な肉体が求められるのである。

２００７年に、リオデジャネイロ連邦大学の教授で人類学者である、マリアン・ゴールドバーグは、ブラジル人の肉体的な理想を追った『オ・コーポ・コモ・キャピタル（資本としての体）』という本を出版した。彼女は報道機関「インタープレスサービス」のインタビューで、「全ての階級の女性が、体に多額の投資を強いられていると感じていました。これでは、明らかに富裕層が有利になりますよね。」と語った。彼女は、ブラジルのスポーツジム、化粧品、美容整形の国内市場が、収入が14倍も高いアメリカ市場と同程度の規模になっていることを指摘した。ブラジルでは、「不平等は体に刻みこまれています…。市場や社会がそれを求めるのです。例えば、女性が白髪になることは許されません。繰り返しになりますが、多様な肌色をした人種を抱える国では、スレンダーな体と金髪であることが重要になるのです。」（「美しい肉体―女性の成功へのはしご（The body beautiful ― women's ladder to success)」、２００８年４月17日）

世界で最も成功しているモデルの一人は、彫の深い金髪のブラジル人、ジゼル・ブンチェンだ。

東洋でのアプローチ

美容関連企業は、高級ブランドにとっての有望市場だった中東での大変動を注視している。ドバイの高級ショッピングモールを見れば、その理由はすぐに理解できるだろう。2010年11月、『グローバル・コスメティック・インダストリー』誌は、ユーロモニター・インターナショナルによる中東についてのレポートを掲載した。コメントには「イスラエルに加えて、一人当たりの売り上げが一位であるアラブ首長国連邦、サウジアラビア、イランを抱える中東、特にペルシャ湾の美容業界は、国際的なブランドにとって、巨大な市場である。」と記されていた。(「高級路線とイノベーションが、中東の美容市場を代表する (Premium positioning, innovative retail hallmarks of Middle East beauty market)」、2010年11月5日)

他の地域では、不景気が影響し、美容製品は「手ごろな価格で得られる、手軽な贅沢」として認識され、大きな結果を残すことができなかった。レポートでは、2009年の女性のメイクアップ化粧品に対する平均的な支出額は、イギリスでは69ドル、フランスでは53ドルだったのに対し、アラブ首長国連邦では73ドルだと述べていた。そのことはまた、ドバイにあるバイヤスドルフ社のニベア・ハウス・スパのような、イノベーションの前兆となっている。そこでは、ニベア製品だけを使用して、顧客を満足させる様々なトリートメントを施しており、その場でニベア製品を購入することもできる。ハーヴィー・ニコルズやデベンハムズのような欧米のデパートも既に進出している。アラブ首長国連邦における広告の制限はサウジアラビアに比べてはるかに緩く、欧米のブランドは美のコンセプトを伝えることが可能だ。

ペルシャ湾に気を取られ、ブラジルに惹かれていたとしても、ブラジルも結局は、ロシア・インド・中国を合わせた好調なＢＲＩＣ諸国の一つである。美容業界は、依然としてアジアに注目を向けている。ユーロモニター・インターナショナルの統計によると、本書の執筆時点でアジアは総売上高の40％を占め、世界的なスキンケアの市場を支配している。ランコムのマーケターが話していたように、アジアの多くの消費者が朝夜両方に鏡の前で6種類ものスキンケア化粧品を使用しているのであれば、驚くべきことでもない。「洗顔料、美容液、保湿クリーム、目元専用の化粧品、美白化粧品に日焼け止め。夜は、日焼け止めがナイトクリームに代わります。ヨーロッパでは、一つか二つです。アメリカはその中間でしょうか。」

アジアの中でも、最も確立されている市場が韓国である。女性たちは、外見に計り知れないプライドを持っている。美白クリームへの大きな需要があり、整形ビジネスも急成長を遂げている。

2005年にはBBCが「結婚適齢期の女性たちは、常に最高の外見でいるよう、強烈なプレッシャーにさらされています。最近の女性誌では、所得の30%を外見に費やすべきだと述べていたほどです……。近年の流行語は『アルジャン』、文字通り『最高の顔』です。」(「韓国での美の値段(The price of beauty in South Korea)」、2005年2月2日)

韓国も国内独自の市場を有している。韓国は、1945年にソ・ソンファンによって創業され、メロディクリームを最初の製品として発売した、アモーレパシフィック社に支配されている。同社はデザインに細心の注意を払ったことで、急速な発展を遂げた。クリーム自体はソウルで作られていたが、ラベルは日本で印刷された。1950年代には、フランスのコティ社と提携し、「コティフェイスパウダー」を生産した。韓国で最初の美容雑誌『ファザンゲ』を発刊したのも同社だ。1960年代以降の展開は、どこかブラジルのナチュラ社と似ている。1963年、従業員にブランド価値と消費者ニーズについて教えるため、自社製品を販売するブティックに美容コンサルタントを送りこみ始めた。これは、1964年に立ち上げたアモーレという化粧品ブランドの訪問販売に繋がる。

今日では、アモーレパシフィック社は、あらゆるレベルの市場において名を知られるブランドを持つほどになった。同社の高級ライン「スルファス」(Sulwhasoo)は香港に旗艦店を持っており、国際的な展開を目指している。名前の由来は、雪の花を意味する「Ｓｕｌｗｈａ」と、卓越を意味する「ｓｏｏ」からきている。化粧品の天然成分は、韓国の漢方薬を基礎に作られている。ブランドの製品ラインナップは、美容液から洗顔料、ヘアケア、目元用クリームにまで及ぶ。宣伝はほとんど行わず、デパートの対面カウンター、またはウェブサイトや隔月発行の雑誌を介して、女性たちとコミュニケーションを取ることを重視する。韓国と香港ではスパも経営している。毎年、韓国の伝統工芸を取り入れた、顧客がコレクションしたくなるような限定のコンパクトを発売している。

ＷＧＳＮのインタビューで、副社長兼ブランドマネージャーのエリック・フワンは、韓国国内でのブランドの売り上げは11－12％だと述べた。これは同国市場の、ＳＫ－Ⅱ、エスティーローダー、ランコムの売り上げを合計したくらいの数値だ。彼は、サンプリングと口コミによってブランドが確立されてきたのだと付け加えた。

「ブランドの理念が確立されて以来、約百万個のサンプルを配布してきました。製品の品質に自信があるので、実際に手にとって体験してほしいと考えています。評価は使った人に委ね、我々はただ機会を提供するだけです。それが私たちの投資です。テレビコマーシャルには投資しません。こうしたルールは、韓国だけにとどまらず、香港でも成功しました。サンプルと口コミで、香港での売り上げは50％増となったのです。」（「スルファス：トップインタビュー」（Sulwhasoo: executive interview））、2010年12月29日）

海外、特に日本と中国からの旅行者は、いたるところで販売されている素肌のように見えるファンデーション「BB（ビューティー・バーム）クリーム」に加えて、スルファスのような高級品だけでなく、ラ・ネージュやマ・モンドのような中間層用のリーズナブルな製品にも群がっている。現地のメイクアップ・アーティストも、自身のブランドを立ち上げ始めている。韓国の化粧品は、市場の想像力をとらえた音楽と映画業界の「韓流」ブームに乗り、中国で爆発的に流行している。2011年4月、スルファスは香港に続いて、北京のパークソン百貨店にも、最初のカウンターをオープンした。

しかし中国では、スルファスは欧米のブランドとも競争せざるを得ないだろう。こうした欧米のブランドは、日本市場参入時の失敗から、ローカルの好みに合わせつつ、いかにグローバルに展開するかを学習したため、同じような失敗を繰り返すとは考えにくい。ロレアルのリンゼー・オーエン－ジョーンズは、この問題の第一人者だ。ジェフリー・ジョーンズ（血縁関係はない）は次のように述べている。

「世界進出をするにあたり進出先国との関連性を重視するという考えは、ロレアル・パリのアイデンティティの進化にも見て取れる。ブランドは、依然として『シックな美しさ』を代表する存在だが、『シック』がもはやフランスだけのものでない、という認識が広がった。ブランドの広告塔を務める世界的モデルのほとんどが、フランス人ではなくなった。グローバルブランドになればなるほど、登用するモデルは各国に合わせなければならなくなったのだ。」

消費者は、ブランドが持つパリというイメージを好んだが、多くの大都市と同様の問題を抱えた灰色の石で囲まれた街が好きだったわけではない。ロレアルの戦略は、それぞれの消費者グループにとって、パリが何を意味するのかを探りだし、ブランドイメージを調整することだった。我々が見てきたように、ロレアルは、各市場で巨大ブランドを管理できる、国際的なマネージャーのチームを作り、問題解決に努めてきた。現地の有名人や文化的背景を用いながら、世界での広告アプローチを微調整したのだ。

この戦法は、まだ世界共通ではない。様々な肌色のモデルを使い、各種広告を制作するコストが、最初のハードルとなっている。その次には、消費者の厳しいニーズも考慮しなくてはならない。ある情報提供者は、「アジアでも、ジュリア・ロバーツのような国際的なスターが好まれます。しかし、ヨーロッパでは大々的に知られていても、アジアではほとんど知られていない女優を使うと、現地のマーケターたちはこぞって、現地の有名人を起用するように主張するのです。」と教えてくれた。

私が話を聞いた化粧品のマーケターは、中国の経済成長について熱心に話してくれた。20世紀初頭に、欧米ブランドとハリウッド映画に刺激されて、この国には活況な化粧品市場が形成された。しかし、日清戦争によって最初の第一歩が終りを迎え、文化大革命がはじまった１９６６年には化粧品が全面的に禁止された。ようやく美容製品の広告が再び現れ始めたのは、１９７８年に対外開放政策が採られて以降だった。プロクター・アンド・ギャンブル社は、１９８８年にオレイブランドで市場に参入した。他社もまた、印象的な広告を引き連れて後に続いた。お金の匂いをかぎつけて、欧米メディアもどんどん参入を始めた。２００５年には、『ヴォーグ』誌の中国語版が発刊された。２０１０年、クライン&カンパニー社のリサーチャーは、中国市場におけるトイレタリー及び化粧品の売り上げは、１７０億ドルに上ると述べた。

文化的な違いによりいくぶん苦戦を強いられてはいるものの、ヨーロッパやアメリカの高級化粧品は受けがいい。伝統的に自然な美しさが好まれているため、消費者は、香水や化粧に対して未だに警戒心を抱いているが、美白製品を含むスキンケア化粧品に関しては、都市部の若者を中心に人気が急騰しているのだ。「欧米」的な見た目に魅力を感じて、まぶたを変形させ、目を大きくする美容整形をする裕福な若い女性が増加した。繰り返しになるが、これは外見に基づく社会階層の分化に繋がる恐れがある。裕福な人々は、欧米人に近い白い顔を自慢するようになり、そうでない人々は、より本来の中国人顔に近いまま、ということだ。

欧米のブランドがアジア市場で、少なくとも欧米市場よりも、影響力を及ぼせなかった分野が一つある。アンチエイジング製品だ。これは年齢が知恵の証として考えられているためであろう。しかしミンテル社のレポートによると、欧米のブランドは、アンチエイジングと美白を組み合わせることでこの問題にアプローチしている。例えばフェア&ラブリーは、たった4週間で効果が出ると謳う、ビタミンAHA複合体含有の、フォーエバー・グロー・アンチエイジング・フェアネス・クリームをインドで発売している。

他の国では、BBクリームがアジアの消費者にアンチエイジングを推奨する方法として採用されている。中国の会社（訳者注：日本企業であるが、原文表記のままとした）、ドクターシーラボの、BBパーフェクトクリーム・エンリッチリフトには、シミや肌荒れを隠すだけではなく、引き締めやたるみ防止効果がある有効成分が含まれている。同社が、化粧水・乳液・日焼け止め・化粧下地・コンシーラー・ファンデーションとして使えると謳っているように、製品は真の多機能を約束している。美容業界におけるスイスのアーミー・ナイフと言えるだろう。

オリビエ・クルタン－クラランス博士は、同社が現在、様々なタイプの肌で試験をし、幅広い文化的習慣に合わせて製品を開発していることを教えてくれた。「私は科学者です。会社が色々なところに進出したければ、あらゆる人々に合った製品を提供しなければならないと考えています。私はあなたの肌の性質を変えることもできなければ、あなたの文化を変えようとも思っていません。」と彼は語った。

美容業界の巨人にとって、グローバル化は、広告をローカルに合わせる段階を遥かに超えている。欧米で発見、開発された有効成分や浸透処方は、現地の好みに合わせて再構築される必要があるのだ。

ビューティーへのコツ

✽欧米の化粧品メーカーは、19世紀後半から20世紀初頭にかけて世界進出を始め、はじめは植民地時代の理想に、後にはハリウッドによって作られた美しさのビジョンを輸出した。

✽こうしたビジョンは、かつて貴族の意味合いを持っていた、白い肌に対する古代からの選好を強固にするものだった。欧米のブランドはこれを躊躇なく広め、美白製品の市場を拡大させた。

✽ハリウッドの型にはまった、白い肌、金髪の髪、細身、大きな目という、昔から続く美しさの好みは、ブラジルから韓国に及ぶ美容整形の繁栄の原動力となった。

✽日本では、欧米とローカルの文化的背景を組み合わせた繊細なアプローチをとることで、資生堂社やシュウ・ウエムラが海外からの参入者を出し抜いた。

✽ブラジルや日本のブランドは、自国の文化的要素を、欧米の消費者に合うように再構築した。日本の芸術・デザイン・健康の習慣、ブラジルの自然美がそれに当たる。

✽欧米の企業は、ロレアルのメイベリン、ロレアル・パリを先駆者として、徐々に巨大ブランドにおける「シンク・グローバル、アクト・ローカル」のアプローチを習得した。

✼多くのブランドが現地の有名人を広告に起用しているが、国際的なスターが消えてしまったわけではまったくない。

✼ブラジルと韓国では、訪問販売や直販が大きな成功を収めた。

✼スパ文化は、ローカルとグローバルの両方のブランドにおいて、メッセージを広めるのに効果があった。

✼中国は、日本と韓国だけではなく、ヨーロッパやアメリカのブランドにとっても有力な市場である。

✼特に美白クリームの有効成分は、まずはじめに欧米向けの製品に配合され、その後現地向けに再処方されている。

第13章

群衆の中の顔——すきま市場を探す

私たちの野望は美容産業におけるアップルになることです

第11章でアニータ・ロディックが言っているように、赤ワインは体に良い。それはフレンチパラドックス、つまり、フランス人がチーズ、ステーキにフリット、ケーキのような動脈を詰まらせる食品を思う存分貪っているのに冠状動脈性心臓病の発症率が低いという、よく知られた信念の根幹である。その結果、赤ワインを飲むことは心臓発作のリスクを減少させる、という憶測を導くことになった。フレンチパラドックスのデータ的な裏付けはないが、赤ぶどうはレスベラトロールのような抗酸化作用のあるポリフェノールを含んでおり、それが健康への効果を持つだろうことは、研究から明らかになっている。

私たちの多くは、このことを単純に夕食でワインのおかわりをする言い訳として用いる。フランスのビューティーブランド「コーダリー」（Caudalie）は、肌に塗るタイプのワイン関連の商品によって、私たちを更に数段階先へと進めようとする。妙な発想に聞こえるかもしれないが、オスマン大通りからほど近い、シャンパンカラーの洗練されたビルに入っているコーダリーのオフィスを訪れたことで、それが成功だったことがはっきり分かった。

そこでマーケティング・ディレクターのポリーヌ・セリエール-ボニーは、コーダリーの冒険譚を事細かに聞かせてくれた。それは何よりも、多数のブランドがひしめくスキンケア部門で突出するほど強力なアイデンティティを持つことで独立したブランドを作ることができる、という価値ある教訓だった。そのブランドは、フレンチパラドックスとフランス人の生活技術という2つの考えに基づいて、巧みに感情をくすぐり、消費者を魅了している。

物語は、1993年のシャトー・スミス・オー・ラフィット（Chateau Smith Haut Lafitte）から始まる。マティルド・トーマスと、彼女の現在の夫ベルトランは、マティルドの両親が経営するぶどう園のツアーで、薬理学の教授が引率するボルドー大学の学生グループの案内をした。教授のジョセフ・ベルコーテレンは、ワインの製造過程で廃棄されるブドウの種に、潜在的に価値ある抗酸化物質が含まれることに気付いていた。対話を続ける中で、マティルドは、ワイン製造の副産物が、肌の老化の主な原因の1つである遊離基に対して効果を持つことを理解した。

事業アイデア（そしてブドウ園がもっと儲かる方法）を偶然発見したことに気づいたマティルドとベルトランは、ベルコーテレン教授と連携しながら、こうした副産物を一つの美容製品ラインの有効成分とすべく、分子を分離させた。1994年に彼らは新たなブランドとしてコーダリー（パレット上でのワインの香りの持続時間に関する測定単位を意味する単語である）を発表し、「ヴィノテラピー」というアイデアの特許を取得した。最初に販売したのは、2種類のフェイスクリームと栄養補助剤だった。

彼らがその製品をセフォラのような既存の美容小売店ではなく、薬局を通じて販売しようと決めたことは名案だった。ポリーヌは次のように説明している。

「コーダリーの中核市場は35歳～49歳の成功した女性です。従来の美容関連企業の戦略は、夢の世界を売ることでしたが、薬局を通じて販売するほうが、私たちの製品の信頼性を高めると考えています。華やかなブランドではありますが、製品は手頃な価格で、自然原料を用いています。私たちの製品に何ができるのかについて、我が社の営業が薬局のスタッフを教育し、さらに彼らがその情報を顧客に届けてくれるため、薬局は私どものパートナーなのです。」

さらにコーダリーでは、店頭ポスター（広告を打つよりも効果的だと考えられる）を提供し、定期的な販売促進と営業を通じた薬局への丁寧なコミュニケーションによって、ブランドが常に想起される状態を維持している。ブランドのターゲット顧客が足繁く訪れる店舗として選ばれた薬局には、ブランドのビューティーセラピストが派遣され、お手入れのコツと製品トライアルの機会が提供されるイベントが開かれる。こうしたイベント期間中に、薬局の在庫が売り切れることも珍しくない。２００９年までにコーダリーは、１万の薬局ネットワークを築き、有数のアンチエイジングブランドになった。

ブランドは、顧客データベースの構築においても優れていることを証明した。製品には、「ル・クラブ」への参加と特典を受けるための招待状が同梱されている。招待状には、ブランドのウェブサイトから登録をする際に入力するカスタマーコードが付いている。顧客は購入した製品名も入力するため、ブランドは彼女たちの好みについてより詳しい知識を収集できる。ル・クラブの会員になれば、ニュースレターと定期的な無料サンプルを受け取ることができる。現在、コーダリーは20万人以上の顧客データベースを保有している。

ウェブサイトは、日本語、中国語、ロシア語など、11か国語に対応している。顧客関係管理（CRM）からオンラインショップに至るまで、ウェブサイトはコーダリーの成長を支える上で極めて重要であるため、ウェブサイトのアドレスは商品パッケージにも広告にも明記されている。ブランドの最も興味深いイノベーションの1つは、「クリック通話（click to call）」サービスである。製品サイトの「プレゼントのアイデア」というコーナーには、「個別の相談はご入用ですか？ 30分以内にお電話致します」という言葉と、それに続く「電話して下さい」というボタンがある。それをクリックし、電話番号を打ち込むと、その後コーダリーの販売員と話すことができるのである。

1999年に、マティルドとベルトランは、シャトー・スミス・オー・ラフィットのワイン畑に囲まれた5ツ星のホテルとスパ、レ・ソース・ド・コーダリーをオープンした。この施設では、赤ワインやブドウの搾りかすが入った「ワイン樽のお風呂」や、グレープシード・オイルでのマッサージ、ブドウの花のボディラップや、潰したカヴェルネを使ったスクラブなどを楽しむことができる。さらにはワインテイスティングや料理教室、美食レストランなどがある。こうしたトリートメントに懐疑的である人にとっても、この場所は、田園の贅沢が味わえるよう完璧に設計された建物から、放し飼いの孔雀に至るまで、のどかで素晴らしいところだ。その施設が非常に有名になったため、コーダリーは、パリの郊外、ブラジル、トルコ、ニューヨークのプラザホテル（「フレンチパラドックス・ラウンジ」と銘打っている）、スペインのラ・リオハ州などに、数多くのスパをオープンしている。

スパは、百貨店に入っているブランド化粧品のビューティーサロンと同じ役割を、それも、ずっと見応えのあるスケールで果たしている。それは利益を生むという基本的な役割を超えて、ブランド価値を凝縮し具現化しているのだ。それはまた、ブランドロイヤルティを呼び起こすような思い出に残る経験を提供する。コーダリーのクリームを使うたびに、穏やかな日差しが降り注ぐ、温暖なボルドーの田舎での気ままな休日（それはあなたが過去の数年間で最もリラックスし、満たされた時間かもしれない）を思い出すことを想像してほしい。遠くの山々を映し出す紫がかったメタリックな曲面を持つ、フランク・ゲーリーによって設計されたラ・リオハにある建物は、ブランドに不可欠なシンボルである。

コーダリーは、従来のマーケティングの手法を重視していないわけではない。初期の広告はスターも登場せず、ブドウとワインのイメージに焦点を合わせた最小限のものだった。しかし２０１０年には、ハンガリー人のモデル、レカ・エベルジェニをブランドの「顔」として起用した。「美しさ、自然さ、女性らしさ」とは、ポリーヌの言葉である。このモデルの起用には、コーダリーの成功したブランドとしての地位を明示する意味があったと彼女は考えている。

現在のコーダリーは、おなじみのフィックス・エヴリシング（fix everything）クリームを含む、スキンケア商品の一式を揃えており、そのラインをプルミエ・クリュ（premier cru）（「あなたの肌を再生しハリを高め、シワをなくし、肌を新しくし、肌のムラもなくします。より滑らかに、引き締まって、より輝くことで、あなたの肌は若々しく見えます」）と名付けている。高級ブランドの巨人に対抗できるほど捻りの効いた極上のタンニンの活用法を提供するのみならず、そのブランドは、巧みな言葉の使い方を含む、美容ブランディングのあらゆる側面をマスターしているのである。

しかし、もしあなたがワイン畑もなく、身近に相談できる科学者もいないのなら、どうしたら良いのだろうか?

アブソリューションのソリューション（解決策）

マーケティングの専門家2人がビューティーブランドを立ち上げたら……要注意だ。まずその2人は市場を撹乱するためだけに、競合の動きをつぶさに観察するだろう。それはまさしく、新たなブランド、アブソリューションを確立した、イザベル・キャロンとアルノー・ピグニードが採ったアプローチだった。

当時2人は既に、ジャック（Jak）と呼ばれる、小規模だがイケているコミュニケーション・エージェンシーを設立した起業家だった。（会社名は、「Just a kiss（ただのキス）」の意味であり、アルノーは「あなたが好きな人に出会った時、もし戦略が十分に優れているならば、キスが確認の印になる。何かが起こる可能性があるのは、その後だ。」と述べる。）この会社は、ルイ・ヴィトンやヴォーグ、ロレアル、クリスチャンディオール・コスメティクスといった、錚々たる顧客企業を魅了していた。

彼ら2人ともがブランディングの表から裏までを知り尽している。イザベルは多くの著名なエージェンシーで働いた経歴を持つ。アルノーは、ニューヨークで電子音楽を演奏するようになる前はコールセンターを経営しており、その後リフレックス（Reflex）という名の広告代理店を立ち上げた。その後、彼は別の広告代理店に勤務するためにパリへと戻り、やがてディナーの席でイザベルと出会った。彼らはジャックを「戦略、デザイン、創造、好奇心の広告代理店」と呼ぶ。アブソリューションの種は、「創造（creation）」という言葉の中にあった。イザベルは、広告代理店は単に広告だけではなく、製品自体も作るべきだと信じているのだ。（このことは決して前代未聞のことではない。カルト的なジーンズブランド「アクネ」（Acne）は、コミュニケーション・エージェンシーによって発売された）

「私はビューティーブランドの仕事をしたことがありますが、そのことと自分のブランドを立ち上げることとは別の世界でした。」と、イザベルは言う。「でも私はいくつかのベンチマーキングを行う中で、産業の中には多くの追随製品が存在しているという印象を持ちました。また自分の肌に合った製品が見つけられない、という個人的な不満も持っていました。」

イザベルはこうした疑問をもとに、科学者と対話しながら肌の神秘についての探求を始めた。「私は、肌は生態系だということを発見しました。それは外側にある臓器であり、常に外的な影響に対して反応しています。私はそのことを、コミュニケーションのインタフェースであると捉えました。肌は固定された状態にはなく、常に適応し、再構成されているのです。では、肌が毎日違うのだとしたら、どうして毎日同じクリームを用いるのでしょう?」

同時に、彼女はカスタマイゼーションが高級品分野のトレンドになりつつあることを知っていた。したがって課題は、柔軟なオーダーメイドのシステムを作り上げることだった。

アルノーは、次のように語る。「いったん問題が明確になれば、それを解決すべきだと認識しました。私たちのブランドは、広告代理店が成しうる全てのことの実演になるでしょう。」

解決策は、おもしろいほどシンプルなものだった。それ自体でも使うことのできる4種類のスムージング・ベース・クリームを用意し、それに加えてさらに、ユーザーが自らのニーズに応じて加えることのできる、贅沢な美容液を提供したのである。美容液には、乾燥肌用、吹き出物用、シワ用、そして肌の「輝き」を高めるものがある。ポンプを押せば、ボトル上部の凹状のディスペンサーに一粒のクリームが送り出される。ユーザーは、そこに美容液を加え、指先で混ぜてから肌に塗るのである。

「私たちは製品の種類を増やそうとは考えませんでした。」と、イザベルは言う。「完璧な範囲の種類を提供することを考えていました。世の中には男性用に作られたクリームもありますが、私たちの製品は年齢によってでもなければ、性別によってセグメント化されているわけでもありません。」さらに、そのブランドはオーガニックであることが保証されていた。「オーガニックコスメに求められるよりもずっと高い割合の、99％以上の原料が天然素材です。ほとんどの自称『オーガニック』化粧品は、わずか10－16％の天然原料を使っているにすぎません。それだけなく、我々の原料の60％は有機農法によって作られているのです。」

たとえアブソルーションが、マーケティング上「オーガニック」な側面を謳っていたとしても、このこと自体がその製品の存在意義というわけではない。「今日、それは当然のように求められることです。」と、イザベルは言う。彼女の厳しい要求と、「ミキシングで肌に合わせる」というう変わったシステムは、化粧品の研究開発への挑戦状だった、と彼女は考えている。このブランドは、専門家の支援に頼ってはいても、どこかしら手作り感がある。２００９年にパリのビヨンド・ビューティー・サロンの中で、2人がブランドを発売した時にも、顧客に配布されたのは、厚手の再生紙に印刷し、ミシンを使ってラフに縫い合わせた冊子だった。結果的に、それはサロンのビューティー・チャレンジャー賞を受賞した。さらに『ウォールペーパー・マガジン』誌からも、デザイン賞を授与された。

現代アートやポストパンクのCDジャケットを彷彿とさせる黒と白のパッケージは、競合ブランドとは著しく異なっている。そうしたブランドの美学を支えているのは、アルノーである。アブソリューションのウェブサイト（www.absolution-cosmetics.com）にも、手書きの文章や絵とともに、こうしたテーマが引き継がれている。オンラインショップは、まるでアンダーグラウンドな同人誌の雰囲気がある。実際のところアブソリューションには、グローバルな高級ブランドを明らかにコンサバに見せるような、ロックンロールの匂いがある。「ミキシング」という側面をとっても、クラブの騒々しい夜を思い起こさせる。アブソリューションは、ヒップスターのためのスキンケアなのである。

流通戦略は、そのブランドのポジショニングを反映する。アブショリューションの場合は、グローバルなチェーン小売店の棚ではなく、街の中の自由な区域にあるニッチな店舗（ニューヨークで最初に作られた2つの小売店はブルックリンにあった）や、ロンドンのドラッグストア「スペースNK」のような、カルト的な雰囲気を共有する流通業者で売られている。パリでは、ブランド独自の「ギャラリー」を持っており、そこには、本棚や古いピアノなどのクリエイティブなものが集められている。

本稿の執筆時点で、アブソリューションは初めて売上100億円を突破しようとしており、スパのオープンを検討していた。「私たちの野望は」と、皮肉を込めた笑みでアルノーは語った。「美容産業におけるアップルになることなんです。」

半分はジョークだろう。でも残りの半分からは、今後も目を離すことができない。

イソップ（AESOP）のストーリー

私がオーストラリアのビューティーブランド「イソップ」（Aesop）の店舗に近づくと、魅力的な若い女性から、手にクリームを塗っても良いかと尋ねられた。私はもちろん、と承諾した後で、それが本格的なハンドマッサージであることに気がついた。それは官能的で、衝撃的なほど親密な経験だった。後になって、私は自分の肌がすべすべになったこと、素晴らしく良い匂いがすることに気付いた。そして、そのハーブの匂いと男性を元気にするマッサージの効果は、その日一日ずっと持続したのだった。それはすなわち、本書の中にも登場したルールである。「クリームを売りたいなら、顧客に付けなさい。」

ブランドの評判が高い割に、イソップが本書に書かれたルールで実行しているのは、これだけである。イソップは創業者である美容師のデニス・パフィティスによって作られ、（すでにお気づきかもしれないが）彼はストーリーを用いることを好む。製品パッケージには引用が散りばめられており、ウェブサイトを訪問した時に最初に目に飛び込むのは、カール・ユングの次の一節である。「われわれの知る限りにおいては、人間が存在する唯一の目的は、単なる存在の闇に光をともすことにある。」（As far as we can discern, the sole purpose of human existence is to kindle a light in the darkness of mere being.）

そのウェブサイトを見た人はすぐに、それがセレブを全面に登場させる、従来型のビューティーブランドではないことを知る。さらにウェブサイトは、短い書評や、展覧会、映画、デザイナー作品、グルメなレストランといった文化やライフスタイルに関わる事柄についてのレビューを取り上げたニュースレターを提供している。そのブランドは自らをグローバルなクリエイティブ・コミュニティの一部として位置づけているのである。このブランドがまとう全てのものは、格好をつけるためではなく、彼ら好みのオーストラリア的なウィットを反映したものだ。

パフィティスはもともとメルボルンでヘアサロンを経営していたが、1980年代に天然のエッセンシャルオイルを含有したヘアケア製品の実験を開始した。当時、エッセンシャルオイルには、人生を変える神秘的な効果があると思われており、かすかにヒッピー的な匂いがするものだったが、パフィティスが興味を持っていたのは、その抗菌作用と収斂作用だった。彼の製品が人気になると、今度はヘアサロンに勤めるネイリスト向けのハンドクリームへと進出した。その後彼は化学者と協力し、現在そのブランドはメルボルンに自社の研究所を持つまでになった。

創業まもなくの頃からパフィティスと共に働く、彼の「製品の擁護者」（その役割はアンバサダーとマーケターの中間）であるスザンヌ・サントスは、イソップは常に「科学、そして科学の正確さ」によって動かされてきたと述べる。その製品が用いる原料のほとんどは天然原料だが（コーダリーのように、グレープシード・オイルの抗酸化作用を確信している）、人工原料も用いるために、それに対するこだわりを売りにしているわけではない。スザンヌは次のように述べる。「私たちは今後も、『自然』とか『オーガニック』と言うことはしないでしょう。そのような主張をしているブランドの多くは、公正なものではありません。私たちは、優れた品質の優れた製品を作るために必要な場合には、人工的な原料を用います。」

また、イソップの製品デザインは、ビール瓶を彷彿とさせる薄い茶色のボトルの上に、けた外れにシンプルな黒とクリーム色のストライプのラベルという美しいものだが、それを鼻にかける訳でもない。「製品の中に溶け出す可能性のあるプラスチックのパッケージはできれば避けたいと考えたからです。」とスザンヌは説明する。「緑のガラス瓶でも良かったのですが、茶色の瓶のほうが早くに見つかったので。ビール瓶があったからでしょうね。」

パフィティス自身は、朝バスルームに入った時に人々が「目障り」に感じなくても良いように、「製品パッケージについて、統一的で、単純で、装飾のないもの」にしたかったと述べている。さらに店舗に並べる際にも、セロファンでくるまれたボール紙の箱のような余分なパッケージはゴミだと考えているため採用していない。瓶は家に持ち帰って、そのままバスルームの棚に置けるようになっているのだ。

私がイソップについて調べていた時には、世界中に36の店舗と300名の従業員を抱えていた。(「私たちは依然として小さな会社です。小さいからこそ、従業員の一人一人のことをみんなが分かっているんです。」とスザンヌは言う)。各店舗はユニークで、その立地環境を補完するように設計されており、その土地の歴史に関係する事柄を表現している。東京の青山にある店舗は、近所の家を取り壊した古材を再利用して作られている。ロンドンのメイフェアにある別の店舗には、アンティークの緑の壁紙、グローブ灯、巨大な白い洗面台といった、ジョージア王朝時代の雰囲気がある。そしてパリにある店舗は、街のアパートにある寄木細工の床から着想を得た、木製の細長い板によって全体が装飾されている。

イソップは広告を嫌っているため、店舗やその突飛なインテリアは、それ自体がマーケティングツールなのであり、しばしばデザインや建築の雑誌、ブログの中で取り上げられている。スザンヌは、イソップが一部のレストランやホテルに対しても製品を供給していることを認めている。「通常は、彼らから私たちに依頼がきます。それは優れたコミュニケーションの方法ですが、気をつけなければなりません。私たちは、そこがふさわしい環境であるか確かめるために、必ず店を訪れます。それが例えばレストランだとしたら、どんなに装飾品がオシャレだろうが、食べ物が素晴らしくなければなりません。（創業者の）デニスは料理が大好きで、ひどい料理を出すような場所に製品を置きたいとは絶対に思わないでしょう。ユニークさも重要な点です。ホテルは大きくなくても構いません。島かどこかにある、5部屋しかないホテルでも良いでしょう。重要なのはその姿勢なのです。」

そうしたホテルをチェックアウトした人々は、そのまままっすぐにデパートに向かい、イソップの製品を買い求めるという。

口コミは、依然として最も高く評価されるマーケティングツールである。イソップは「一部の人にしか理解されないブランド（dog whistle brand）」と表現される時もあるが、そうした人々の意見に対して忠実である。「私たちの顧客は、都会的で、世俗的で、旅行経験が豊富で、好奇心が強く、要求が厳しい人々です。」と、スザンヌは言う。「私たちの製品を直接肌につけるのですから、彼らは要求する権利を持っています。私たちは、その責任に極めて自覚的であるべきなのです。」

彼女は、イソップが万人向けだとは考えていない。なぜならば、それは大部分において天然原料を使用しており、合成の色素や香料を使わないようにしているため、製品の見た目や香りがほかの製品と同じようにはならないからだ。「主流の美容製品は、当たり障りのない匂いと極端に白い色をしています。私たちの製品は、それらと比べると極めて異常に見えるでしょう。」

パフィティス自身は主要な化粧品ブランドに対して否定的であり、それらを「マーケティング部門とフォーカスグループによって作られた、より軽くスリムに痩せたいと思っている人々の弱みにつけ込むように設計された、情熱のない製品」と表現している。彼はそうした製品を気にとめず、むしろ「やらせ番組」のような、愚かな雑音として無視しているのである。

イソップで絶対に聞くことがない言葉は、「アンチエイジング」だ。スザンヌは次のように言う。「それは単に私たちの哲学には無いからです。そして、そのこと自体、極めて過激なことだと、私は思います。」

ビューティーへのコツ

✤美容市場への新規参入者が突出するためには、ユニークな成分、圧倒的な物語、破壊的な戦略が必要である。

✤フランスのコーダリーは、フランス人の「生活様式」に準拠して、ワイン作りの文化と「フレンチパラドックス」を結合させた。

✤その企業は、デパートで販売するのではなく、薬局と親密な関係を構築した。贅沢なスパもその評判に貢献している。

✤コーダリーは、顧客関係管理を極めて重要なものと位置づけている。そうした取り組みには、製品に付属したクーポンを通じた顧客との関係構築や、インターネット経由で参加可能な会員クラブが含まれる。賞を獲得した「クリック通話（click to call）」は、マウスをクリックするだけで個別相談を可能にするサービスだ。

✤もう1つのフランスのブランド、アブソリューションは、カスタマイゼーションと目を引くデザインによってイノベーションを起こした。

✤イカした反体制的な、独立した音楽レーベルのような見た目によって、アブソリューションはメガブランドとは明確に異なるオプションを提供している。

✽アブソリューションは、パリ、ニューヨーク、ロンドンで、オシャレな初期採用者の顧客とともに、複数ブランドを扱う小売店を慎重に選択した。

✽オーストラリアのイソップは、美容産業には顕著に欠けている、知的なアプローチを採用している。

✽イソップは消費者の知性を侮辱するのではなく、彼らがグローバルなクリエイティブ・コミュニティの一員であることを示した。

✽イソップの製品パッケージは文学的な引用を特徴としており、ウェブサイトでは文化的なニュースレターを提供している

✽イソップは決して広告を打たないが、風変わりな店舗と飛び抜けた哲学によって、デザイン雑誌からスタイル雑誌に至るまでを魅了している。

✽イソップは天然原料を好み、「アンチエイジング」という表現は、その語彙から追放されている。

第14章

棚から街角まで美しく

店頭での美容部員による顧客サービスは、いまだに我々のブランドそのものにとって計り知れない価値があります

夏のパリ、観光シーズンがピークを迎えるころ、セフォラのシャンゼリゼ店は大賑わいだ。何百ものコスメやスキンケアブランドがアルファベット順に効率的に並べられた棚の周りに、買い物客が群がる。エアコンの効いた店内では、様々な香水が重なり混ざり合い、それぞれのトップノートが店内の有線放送から流れるポップスと共演する。人目を引く黒い服を着た接客スタッフが顧客の間近に控え、優柔不断な顧客に対して香りやスキンケアのアドバイスを与える。

ある知り合いが、セフォラはコスメの大聖堂みたいだ、と言ったことがあった。広大な店舗空間の奥には、十字架の役割を果たす巨大なSの文字が飾られている。「若さの祭壇に向かって、みんなが祈りを捧げに行く場所なんだ。」と彼は言った。今日でも、崇拝者は後を絶たない。

セフォラは、フランスのラグジュアリー・コングロマリット企業であるLVMH社の傘下にある。セフォラの店舗を避けては街を歩くことができないほど、パリの裕福な地域には必ず出店し

ている。映画の公開作品と連動させた華やかな広告キャンペーンなど，積極的なマーケティングを展開し，あらゆる場所に存在する印象を与えている。ブランドのウェブサイトによると，フランス国内に265店舗，アメリカに250店舗以上，中国も含めて13か国に店舗を持つ。ブランド名はモーゼの妻から名付けられた（ジョゼフ・コンラッドの短編小説『秘密の共有者』に，セフォラという不吉な船もあることはウェブサイトでは言及されていない。）。

フランス国内においてセフォラは，同じような店舗展開をするマリオノー（Marionnaude）とノシベ（Nocibé）と競合しているが，香水小売業として「接客付きセルフサービス」のコンセプトを先駆けて打ち出し，新境地を開いた。そこでは，顧客はカウンター越しに幅広い品揃えから商品を選ぶことができ，香水の店というよりもまるでCDショップや流行最先端のブックストアのようである。そうすることで顧客と製品の距離が近づいた。近年では，独自ブランドの製品の発売に成功し，2004年にストリベクチンSD アンチエイジングクリームを発売し，またヘアスタイリングのカウンターやネイル・バーを設置し，店頭での経験を豊かにしようと取り組んだ。その結果，ドラッグストアのブーツの実験室とスーパーを合わせたようなまじめなインテリアデザインに親しんだイギリスの消費者には，カルチャーショックとして映った。

セフォラには，その白黒の市松模様の内装に似つかわしい二転三転した歴史がある。実はかつてブーツの傘下にあったこともある。

1970年にブーツ社はイギリスからフランスへ渡り、パッシー通りに一号店を開店した。1976年に百貨店グループのヌーベルギャラリー社とジョイントベンチャーとして、セフォラブランドを立ち上げ、後に同社を買収した。ブーツ社傘下の期間、セフォラは伝統的なブーツのやり方で中流市場向けのポジショニングを取り、先述した店頭イノベーションはなにも行われなかった。

同時期に、ドミニク・マンドノーという名の、よりビジョンを持った小売商人がショップ・エイト（Ｓｈｏｐ８）というチェーンを創立し、1969年、リモージュにこじんまりした店を開店した。スーパーマーケットが食料雑貨の小売に革命を起こしたように、マンドノーはセルフサービスのコンセプトを初めて香水の分野に持ち込んだ。それまで香水の小売店は、ドアに付けられた鈴の音でチリンチリンと顧客の来店を知らせるような上品ぶった店か、百貨店内でカウンター越しに単一ブランドのみを販売する気取った店しかなかった。1988年にマンドノーはパリの香水店を8店舗買収し、革新的な形式の店舗に作り替えた。

1993年には、新たな章が幕を開けた。ブーツ社が、セフォラの38店舗をショップ・エイトの持ち株会社であるアルタミール社に売却したのだ（『インディペンデント』紙、１９９５年11月19日号、「ブーツがヨーロッパに進行（Boots on march into Europe）」）。マンドノーは、１３００平方メートルの広さの店内に新たな改装を加え、コスメの大聖堂のコンセプトに基づいて、以降新たに展開する店舗デザインの模範となるシャンゼリゼ旗艦店を開店した。ここは単なる店舗ではなく観光地となった。ディスコのような店でラグジュアリーな化粧品が売られるエキゾチックな光景を見ようと、観光客が訪れるようになったのだ。たくさんの薬や香水の間を歩くだけで、彼女たちの財布のひもは緩んで空気よりも軽くなり、顔には歓喜に心を奪われた表情が広がって、まるでオルダス・ハクスリーのソーマを吸ったようだった（訳者注：ヒンドゥー神話の酒をもとにした架空の薬で、強い幸福感をもたらす）。

１９９７年にＬＶＭＨ社がセフォラを買収し、第三段階となる発展を遂げた。１９９８年にニューヨーク一号店を開店し、その後ヨーロッパでの出店拡大や日本進出を行った。次なるターゲットは東欧であったが、２００１年にセフォラの原動力は縮小し始め、売上も下降を始めた。２００３年に、次期ＣＥＯであるジャック・レヴィーとヨーロッパ取締役社長であるナタリー・バデールーミシェルは店舗再建に取り組み、新たにアメリカブランドの品ぞろえを充実させ、セフォラブランドの製品を発売し、コンサルタントによるメイクアップサービスを含む顧客との積極的な交流を進めた。今ではセフォラは、香水の小売販売というイメージから脱し、ラグジュアリーな香水とコスメのスーパーストアとして生まれ変わった。

「セフォラによるフェイスリフトの成果が結実し始めている。」という見出しが、2006年の1月25日付のフランスのビジネス誌『レ・エコー（*Les Echos*）』の巻頭を飾った。「ソルトレークシティの研究所で開発され、125ユーロという高価格にもかかわらず、飛ぶように売れているセフォラ限定商品」である、ストリベクチンSDしわ用クリームの発売は、セフォラの新たな戦略を見事に示すものである。同記事の中でバデール－ミシェルは、セフォラブランドの商品は「強気なマージン」で販売されており、チェーンの収益改善にとって決定的役割を果たしたと述べた。

セフォラの店頭経験は、娯楽と同時に苛立ちも感じさせる。接客スタッフからのアドバイスは常に客観的というわけではない。特定のスキンケアブランドの店頭プロモーション期間中には、そのブランドを勧められる確率が高い。リアルタイムで売上を追跡しているため、スタッフは自分たちの目標を確実に達成する必要がある。

これは化粧品会社をも苦しめている。ある独立系のスキンケア企業の会長は、「私たちの商品をセフォラの店頭に並べるためには、一定の条件を飲まなければいけない。私たちのブランドは、セフォラ自身のブランドとＬＶＭＨ社が所有するブランドの次に扱われる、三番手だという印象を持っています。」と語った。

ゆえに、彼は百貨店での販売を好むという。なぜなら、ブランドの世界観や接客をする店頭スタッフの教育を自ら管理できるからだ。

エステサロンや、より大規模で贅沢なエステの従妹のようなスパと共に、百貨店は美容産業の歴史において重要な役割を演じてきた。これまでに取り上げた多くの先駆者たちは、彼らの製品を置いてもらうために革靴がすり減るまでサロンや百貨店を説得して回った。バイヤーの関心を引くためならどんなことでも必死でした。フランソワ・コティがビジネスを始めた初期の頃に、自身のローズ・ジャックミノーの香水が入った瓶を、ルーブル百貨店のカウンターで粉々に割ったという有名な話がある。その美味しそうな香りに惹かれて群がった顧客のおかげで、店頭に置いてもらえることになった。エスティ・ローダーからボビイ・ブラウンまでコスメの起業家は百貨店で成功を収めてきた。

セフォラは、高級ビューティーブランドの支持を集めた「コスメのセレクトショップ」のひとつである。つまり特別な環境で、少なくとも一人の美容アドバイザーやメイクアップ・アーティストが、直に顧客を「教育」し、購買まで至らせるのが常である。見栄えよく見える照明や多くの鏡、つややかな塗装の内装で飾られた高級感ある店内は、ブランドストーリーの一部となる。それは、美容関連企業が製品を売るだけでなく、ライフスタイルを販売していることを再確認させる。

2010年にニューヨークで開催されたグローバル・デパートメントストア・サミットで、ウィリアム・ローダーがそのことを十分に語っている。

「店頭での美容部員による顧客サービスは、いまだに我々のブランドそのものにとって計り知れない価値があります。ドゥ・ラ・メールのクリームはサックス百貨店で190ドルで販売される、ピラミッドの頂点に立つブランドです。そうしたブランドを正しい環境と適合させることは当然ながら重要です。顧客が受けるサービスは、なぜ自分がこの環境で購入するのか、このブランドを選択するのか、自分が付加価値に対して支払う準備ができているか、についての顧客の意思を強固にするのです。」（WGSN.com、2007年7月15日）

ミスター・ブーツの伝説

ドラッグストアのブーツは、スペクトルの反対側に位置している。セルフサービス方式で、健康関連商品や化粧品、医薬品を販売するきわめて民主的な場である。当時新しくでき始めていた織物工場の労働者たちは貧困のため医者にかかることができなかった。こうした近隣の労働者のために、ジョン・ブーツはそれまで従事していた農業をやめて、ノッティンガムの小さな店で薬草療法の販売事業を1849年に興した。ジョンは1860年に亡くなるが、未亡人となったメアリーが息子のジェシーと共に店を受け継いだ。

一店舗の商売から大規模なチェーンにまで会社を大きくしたのは、ジェシーだった。彼はまず大量仕入れを手掛けて低価格を実現し、「1シリングで健康に」を約束する広告を打ち出した。イギリス全土に店舗を広げ、第一次世界大戦が開戦するまでには550店舗となった。1920年、70歳の誕生日を機にジェシーは引退し、会社をアメリカのユナイテッド・ドラッグ社に売却した。そして、新たな経営陣の下で1000店舗にまでチェーンを拡張した。物語は展開を見せ、ジェシーの息子、ジョン・ブーツが率いた投資家グループにより、1933年に同社は買収された。ジョンは1935年に、人目を引く青と黄色の容器で「愛らしさへの現代的な方法」と謳うブーツNo.7スキンケアラインを発売した。今日ブーツは、No.7を「イギリスを代表するコスメとスキンケアのブランド」だと訴求する。また数々の輝かしい写真家やデザイナー、有名人との仕事を手掛け、自身のブログ（www.lisaeldridge.com）も人気を博すメイクアップ・アーティスト、リサ・エルドリッジを象徴的なクリエーティブ・ディレクターに迎えている。

1948年6月5日、厚生大臣であったアニューリン〝ナイ〟ベヴァンは国民健康サービス（National Health Service）を設立した。「ついに世界の道徳的なリーダーシップが私たちの手に（We now have the moral leadership of the world.）」という宣伝文句で、政府支援の無料ヘルスケアを提供するサービスである。それまで長らく調剤薬局であったブーツは、これまで以上に活気のあるコミュニティのハブとなった。産業革命時に創業者が始めた伝統を受け継ぐと同時に、健康と美の小売業として進化し、1950年代にスーパーマーケット方式のセルフサービスを取り入れた。2006年、アライアンス・ユニケム社と合併してアライアンス・ブーツ社となり、翌年にはアライアンス社の前取締役副会長のステファノ・ペッシーナが株を買い取り非上場企業となった。

ノルウェー、ロシア、タイ、オランダといったように、ブーツの店舗は世界中に拡大している。

しかしどこに進出しようと、イギリスの目抜き通りにあるショップというイメージは欠かせない。ブーツの会員カードである「ブーツ・アドバンテージ・カード」は1993年に開始され、英国では1億6700万人の「アクティブ」会員を有する（「アクティブ」会員は、過去12か月以内に少なくとも一度会員カードを利用した会員と定義される）。会員カードを通して、顧客の購買行動に関する膨大なデータを収集することができる。店舗での取引の40％はカードを通じたものだといい、2001年に出版された『顧客を魅了する（Romancing the customer）』という著書の中で、ポール・テンポラルとマーティン・トロットは「小売業による世界で最大かつ最も賢明な顧客ロイヤルティのスキーム」と評した。

ブーツは、カードをほぼ拒否できないものに作り上げた。店舗やオンラインで買い物をすると1ユーロごとに4ポイント加算され、これは国内では最も良心的なスキームの一つである（1ポイントが一般的）。カード保有者はそのポイントを店舗で様々な商品の購入に使用できる。ブーツのいくつかの店舗にはアドバンテージ・ポイント・エキストラ・オファー・キオスク（Advantage Points Extra Offers kiosk）が設置され、顧客がそのATM型端末にカードを挿入すると、ポイント明細や割引クーポン、カード会員限定のプロモーション情報が提供される。こうした取り組みにより店舗へのいっそうの集客を促進してきた。

ブーツの店内は、殺風景で余分なものを省いた内装であるため、空港の免税店を思い出させる。しかしその顧客もブランドの品揃えも、ブーツと免税店とでは異なっている。最初の免税店は１９４６年にアイルランドのシャノン空港に開店し、それ以来、免税店は高級ビューティーブランドにとって必要不可欠な販売チャネルとなった。特に通常の美容専門店ならば避けるだろう頻繁に空港を利用する男性消費者も、免税店の何気ない環境では、安心してフライトまでの時間を潰すことができる。

この分野での主要な企業は、１９６０年に創業したデューティ・フリー・ショッパーズ社、現在のＤＦＳギャラリア社である。チャールズ・フィーニーとロバート・ミラーという起業家が香港で立ち上げ、ハワイでの免税販売の専売権を得て「急増する日本人旅行客」をターゲットにした。同社の経営は、彼らのウェブサイトによれば、「世界最大の免税店」に成長した（www.dfsgalleria.com）。１９９６年以降、ＬＶＭＨ社が一部の株式を保有している。

そしてもう一つ、まったく異なる販売チャネルで、私が望郷の念を感じるビジネスがある。

エイボンでございます

「ピンポーン、エイボンでございます！」私の母は食卓に朝食を運ぶ際、この広告のスローガンを繰り返して笑わせたものだった。キャンペーンを開始した1958年当時、すでにエイボン社は訪問販売で美容商品を販売する究極の会社として伝説になっていた。そのフレーズは、数十年経った後にも母が口ずさむほど浸透し、記憶に残るパワーを持っていた。1970年代には、販売員向け雑誌の名前を、『アウトルック（*outlook*）』から『エイボンでございます（*Avon Calling*）』に変更している。

エイボン社の販売員は製品を20〜25％の割引率で購入し、定価で販売した差額をリベートとして稼いでいる。「販売リーダー」が販売員のチームを管理し、その売上から手数料を集めて販売員を取り仕切る。販売員は各自の販売地域を巡回して、潜在的な顧客のところにパンフレットを配布し、後で注文を取りに戻る。彼女たちの仕事は誰にでもできる仕事ではない。通りを歩き回らなければならないし、商売の才覚を持った人が成功する。ネットで検索すればすぐに、野心に応える収入を得られずに不満を募らせる元エイボン販売員が見つかるだろう。年間に100億ドルを売り上げる、世界中で600万人以上の販売員の中には、稼ぎのよい販売員もいる。

素敵なストーリーを上手に語る業界にふさわしく、エイボン社は書籍販売業としてスタートした。創業者であるデビット・H・マコーネルは1800年代後半にニューヨークで書籍の行商として事業を興し、自宅で作った香水のサンプルをおまけとして配っていた。マコーネルは、本よりも彼の香水が女性の興味を惹きつけることに気づき、香水に特化することに決めた。

だが、彼には従業員が必要で、一方で書籍の訪問販売を通して出会った多くの女性は貧しく、することもないまま時間を持て余していた。もし彼女たちとその家族を助けながら自分の商売を拡大させることができたらどうだろう？　彼は自営業者として女性たちと契約し、仕事時間や販売地域の管理を彼女たちに任せる、という計画を立てた。

ニューハンプシャーに住む50歳の主婦で、2人の子供の母親であるPEEアルビー夫人が、1886年に、当時カリフォルニア・パフューム社という名前であった同社の最初の販売員となった。その10年後には、販売員は5000人になっていた。同社のウェブサイトの言葉どおり、「それは当時、自分で商売を始めたい女性にとって、実際に前例のない取り組みだった。全米で家庭の外で働いていた女性はわずか500万人で、まして企業で昇進するなんてとんでもない話であった。働いている女性は、全女性のわずか20％に過ぎなかった。」働いていたとしても、家政婦もしくは工場の労働者で、収入は男性の収入に比べてごくわずかな額だった（www.avoncompany.com）。

訪問販売モデル、より正式には「直販」と言われるシステム自体が会社の宣伝になった。並行して１９０６年には『グッド・ハウスキーピング（*Good Housekeeping*）』という雑誌に広告を掲載した。１９１６年にカナダのモントリオールで訪問販売の販売員を採用したのを皮切りに、国際展開も果たした。ブランド名が誕生するのは１９２８年のことである。マコーネルがシェイクスピアの生誕地であるストラトフォード・アポン・エイボンを訪れ、その街に魅了されたことから、発売する製品をそれにちなんで名付けた。１９３９年にはカリフォルニア・パフュームという社名は、エイボン・プロダクツ社に変更された。

エイボン社は女性の権利拡大の社会問題を何年にもわたり支援している。１９８６年には創業１００周年と自由の女神像の１００周年が偶然重なり、象徴的な「自由の女神」の補修プロジェクトのスポンサーとなった。１９５５年からは女性のためのエイボン財団（Avon Foundation for Women）を立ち上げ、１９９２年からエイボン乳がん十字軍（Avon Breast Cancer Crusade）、そして２００４年にはＤＶ反対（Speak Out against Domestic Violence）活動を行っている。また同社は、女性に関連した社会問題や女性支援のために年間数億ドルを寄付している。（しかし興味深いことには、エイボン社初の女性ＣＥＯは１９９９年にようやく登場する。非凡なアンドレア・ジュングは10年以上その座を維持した。）

エイボン社は製品開発においても革新的な活動を行った。１９８６年に発売したバイオアドバンス（Bioadvance）は、安定型レチノールを配合した最初のスキンケア製品のひとつであった。１９９２年に発売したアニュー（Anew）という新たなスキンケアクリームは、アルファヒドロキシ酸（ＡＨＡ）を配合した先駆的な製品である。

エイボン社は世界展開を続け、１９９０年には中国へ進出する。しかしその8年後に政府当局によって訪問販売が禁止され、一般的な販売モデルに切り替えざるを得なかった。２００６年に禁止措置が解除となり、元来の戦略に回帰している。今やエイボン社は世界最大の訪問販売会社となり、１２０か国で香水と化粧品を売り歩いている。すでに見たようにブラジルでのナチュラ社や韓国のアモーレ社といった美容関連の革新者に刺激を与えてきた。

エイボン社の躍進と比較すべきは、１９５０年代にＰ＆Ｇ社が主導した市場調査手法であろう。スメルサー博士が開発した、帽子と手袋を着用して行われる訪問インタビューのように、自営でやる気のあるエイボン社の女性販売員は、顧客と共謀することで従来の広告をほとんど付け足しにすぎないものにした。さらに彼女たちは、自ら販売員に志願した。

『フィナンシャル・タイムズ』紙の記事で、ＣＥＯのアンドレア・ユングは、「マクロ経済的な世界不況の力によって、我々の創業以来の原則を思いきって取り下げざるを得ませんでした……。男性の訪問販売員の数が大幅に増加したのです。」と語る。

経済不況に見舞われ、エイボン社は「高付加価値」商品と販売員採用に注力した。２００９年には全米でスーパー・ボウルの放送時間にコマーシャルを流し、その後同じ広告を世界各地に展開した。「失職してエイボン社の販売員となった人物が出演し、どうやっていま自分自身で商売をしているのか、解雇を心配しなくてよい立場になっているのかを語ってもらっています。ハーフタイムの時間には会社の電話回線はパンクしました。そのキャンペーンを他国にも展開し、市場シェアと同時に各地で販売員数も増加させました。それは今までの中で最もコスト効率が良く、経済危機の世相にはまったキャンペーンでした。」

ユングは新興市場への進出を率いている。最も伸びしろが期待されているのは中東やインド、アフリカで、中でもトルコと南アフリカが最も高い成長率を遂げている。しかし、「私にとっては、最大の新興市場は国自体ではなく女性です。世界には一日一ドルで暮らす人々が6億人もいて、その貧困水準より下層にいる3分の2は、女性なのです。女性が収入を得るようになれば家庭の健康や教育も改善します。その社会的影響力は巨大なのです。」（『フィナンシャル・タイムズ』紙、2010年11月16日号、「女性社長：アンドレア・ユング（Women at the top: Andrea Jung）」）

征服すべき市場と登用すべき販売員がいる限り、エイボンは訪問をやめない。

ビューティーへのコツ

✽高級ビューティーブランドは他のマーケティング要素に加えて百貨店にこだわり、カウンターと美容部員を配して、ステータス感を盛り上げている。

✽セフォラは業界に先駆けて「接客付きセルフサービス」のコンセプトを打ち出し、「セレクトショップ」の販売チャネルに革命を起こした。

✽セフォラは高級感のある店舗環境を展開し、買い物客が幅広い種類の香水やスキンケア製品をセルフサービスで試せることと同時に、販売スタッフにアドバイスを求めることができるようにした。

✽店内の美容専門家やネイル・バーが活気ある雰囲気を醸し出している。

✽接客スタッフは、セフォラと取引を結んだブランドを推奨するように事前に教育されている場合が多い。

✽イギリスのドラッグストアのブーツは、セルフサービスの環境で中流層市場向け健康関連商品や美容商品を販売する。

✽彼らの顧客会員カードは業界内で最も良心的なもののひとつで、

広く浸透している。これにより同社は、顧客の購買行動に合わせた提案ができる。

✤エイボン社は香水と化粧品の訪問販売に早くから取り組んだことで仲介業者を排除した。現在では600万人の販売員を抱える世界最大の直販企業である。

✤エイボン・レディは顧客と共犯関係を形成して信頼を勝ち取り、コミュニティで認められる人物とされる。

✤失職した女性（そしてまれに男性も）が販売員に応募するケースが増加したため、エイボン社にとって経済不況は追い風となった。

第15章

デジタルビューティー

今日の大ブームは、明日の教訓

デジタル社会が急速に進化していることを受け、ビューティーブランドのオンライン活動について情報を提供してくれるある人物と二回会う約束を取りつけた。一度目の打ち合わせが初対面で、その8か月後に二度目に会ったのだが、その間にも多くの変化が起きたと彼は語った。

彼の名前も働いているブランドも明かさないようにと指示された。彼が働くブランドは、世界で最も大きな化粧品ブランドの一つである、フランスの高級化粧品ブランドである。仮に彼をザビエルと呼ぶことにしよう。彼はデジタル部門の長をしている。初めて会ったとき、美容関連企業の役員たち、特にラグジュアリーブランドの役員は、デジタルの可能性を信じていない、と彼は愚痴をこぼした。デジタルをマーケティング戦略の中核とはみなさず、付け足しとしか見なしていないらしい。さらに彼が言うには、ラグジュアリーブランドにとっては消費者とのコミュニケーションのために極端なディテールへのこだわりが欠かせないのだが、そうしたことにデジタル広告の代理店が活用されていない、と言った。かつてウェブは、美的な表現の場所ではなかったからだ。

「それから何が起こったかと言うと、ウェブ専門の代理店が、既存の広告代理店に段々と統合されたのです。」と彼は話した。「その結果、代理店が彼らのクライアントにデジタルの専門性を売り込むようになりました。それによって単に虚飾のテレビ広告動画をオンラインにアップロードするよりは少し洗練されたことが、業界に受け入れられるようになったのです。」

彼は一度目の打ち合わせから爆発的に変化を遂げたソーシャルネットワークについても言及した。他のブランドと同じように、ザビエルのブランドもフェイスブックのファンページを運営しているが、ほとんどの競合他社とは違い、一貫した戦略を持っている。フェイスブックでの投稿は、新製品の発売、広告、コンテストなど、ブランドからのコミュニケーション全体を反映して何か月も前に計画される。消費者からのコメントをモニタリングし、タイミング良くすぐに返信するのではなく、注意深く熟慮してから反応を返す。「フェイスブックのコツは、消費者に会話を乗っ取られずに、こちらが話題をコントロールすることです。」

フェイスブックは、消費者との関係構築のための価値あるマーケティングツールとして進化した。「ファンページを訪れる消費者は、他の消費者のコメントに対する興味と同時に、我々からのコミュニケーションにも興味を持っています。単に広告されているだけでその製品を信頼する消費者は全体のたかだか20％で、オンラインで他の消費者からの推奨がある場合には、80％の消費者が製品への信頼性を抱く、という調査結果を見たことがあります。」

ソーシャルネットワークは、消費者と直接の接点を持てないという、多くの美容関連企業の問題を解決した。ほとんどの場合は、企業の直営店ではなく小売業者を通してブランドが販売されるため、企業にとっては製品購入者との関係構築や顧客データベースの開発が難しい。流通業者は会員カードを駆使して大量の情報を収集しているが、ブランドのオンライン販売サイトを彼ら流通業者のオンライン活動の競合と見なしているため、収集した情報を開示しようとしない。そうした中でソーシャルメディアは、流通業者をスキップしてブランドと消費者が対面する環境を提供する。

フェイスブックのファンページのもう一つの利点は、隅々まで透明性が高いというところにある。そのページがブランドによって運営されていることを、消費者も知っている。「美容に関する掲示板やブログへの書き込みは、常になにかしら操作されていました。ブランドであることを隠して顧客と会話する偽装活動は誘惑的でしたが、消費者にバレた時は、極めてうっとうしいブランドのレッテルを貼られてしまいます。」

一つの悪名高い例が、2005年4月から始まった、フランスのブログ「私の肌日記」(*Journal de ma peau*) であった。ブロガーは「クレア」とだけ名乗る、年齢も不明の女性だった。しかしネットコミュニティは騙されなかった。ブログ上でもコミュニティ内でも、クレアの書き込みが広告の宣伝文句に似すぎているという書き込みがあり、まさにそうだったことが分かってしまったのだ。

「私の肌日記」は、ロレアル社が所有するフランスのスキンケアブランド、ヴィシーとユーロRSCGという広告代理店が、ピール・マイクロアブレーション (Peel Microabrasion) という製品のプロモーションのために立ち上げた偽のブログであった。ヴィシーが事実を認めた際には、ブロガーから批判の嵐が上がり、報道からも冷笑された。思い返してみれば、別の意味でも歴史的な一件だった。その時に、ロレアル社とその競合企業は、オンライン上での消費者との相互作用にはどれほど大きな影響力があるかを学んだのだ。その惨劇の余波としてヴィシーは方針を変え、消費者がスキンケアの悩みにアドバイスを求めることができるブランド公式ブログをスタートした。

「消費者はブランドと関わりを持ちたいと思っています。」とザビエルは言った。「我々は、製品開発や改良へのアドバイスを消費者に求める必要はありません。ラグジュアリーブランドならば、イノベーションに関して消費者よりも一歩先んじている必要があるからです。しかしブランドは消費者に、いわゆる家族として参加してもらいたいのです。」

ザビエルの意見には美容産業全体からも賛同の声が上がっている。２０１０年初めに、『アドバタイジング・エイジ』誌は、Ｐ＆Ｇ社がマーケティングにフェイスブックを使用する上での「大きなためらい」を払しょくしたと報告した。「今や、世界最大のマーケターが、全ブランドでフェイスブックを活用しようとしている…そして最近、フェイスブック本社から遠くないカリフォルニアのパロアルトの地に、デジタルとソーシャルメディアの組織能力を共同開発するための研究開発拠点を置いた。」記事は、Ｐ＆Ｇ社の競合であるユニリーバ社が、男性用美容ブランドであるアックスの宣伝のためにフェイスブックを選んだと付け加えた。「ファンページはブランドが発表したバイラル・ビデオを集める場となっており、さらにアックスは最近男性顧客にアピールするため、ＰＲ代理店のエデルマン社にいるブランドチームのメンバーのある女性、ジェニーの顔を掲載した。」（２０１０年2月22日号、「かつては懐疑的だったが、ブランドがフェイスブック・クール・エイドを飲む（訳者注：うのみにする、信奉者になる、という慣用句）（Once skeptics, brands drink the Facebook Kool-Aid）」）

フェイスブックの利用も進化するのだろう。いや、しないかもしれない。「この仕事の難しいところは、足元の下の地面が常に動いていることです。」とザビエルは言う。「数年前、マイスペース（訳者注：アメリカで流行したSNS）がほぼ完全に放棄されることを誰が予測できたでしょうか？　今日の大ブームは、明日の教訓です。」

ツイッターについても同様のことが言える。ザビエルは「簡単なPR目的」以上の利用を見出していないと言う。「人々はツイッターをニュースの情報源とみなしていて、会話のためには使っていないのです。ツイッターのアカウントの約8割は閲覧のみのユーザーです。」

ブログはどうなるのだと大きな声で聞いてみたい。ヴィシーの失態から数年経った今でも、ブログはウェブを埋め尽くしているが、その化粧品に対する専門性の程度は玉石混交である。中でも異彩を放つのはミシェル・ファンで、一般的なブログではなくYouTube上の「動画専門ブロガー（vlogger）」として、メイクアップのマニュアルビデオをアップし何百万回という閲覧数を稼いだ。この成功によって、ランコムは2010年に、製品紹介ビデオを制作する契約を彼女と交わした。ブーツやセフォラなどの小売業者も、自分たちのオンライン販売サイト上に「ブランド公式コンテンツ」としてブログを利用している。今やメイクアップマニュアルは、ブランド公式ウェブサイトの必須コンテンツである。

ブランドとブロガーの関係は、ブランドとジャーナリストの関係とほぼ同じようなジレンマに悩まされている。昔から美容ジャーナリストは広告主に取り込まれており、無料の化粧品で買収されていた。もしかしたらブロガーは、ブランドのＰＲ部署の支配下から脱して、独立した意見を述べるのではないか、という望みを持つことはもはやできない。彼らも無料の製品をどんどん受け取り、おしゃれな新製品発売パーティーに招待されているため、雑誌のジャーナリストと同じように、反対意見を言うにはあまりにも束縛を受けている。

「ＰＲ目的でブロガーを雇う際の問題は、ブロガーの数が多すぎることです。」とザビエルは言う。「最も優れたブロガーでも、グーグル検索の上位には表示されないので、偶然見つけるか口コミに頼るしかありません。戦略的には、ブランドに対する大きな貢献にはなりません。しかも現実には、ブロガーが特定のブランドと近づきすぎていると勘づくや否や、ブログ読者は商業的な匂いを嗅ぎとって逃げていってしまいます。」

それでもブランドは、ブロガーと協力すべきだと彼は考える。「私にとっての疑問は、ブロガーがソーシャルメディアの一部なのか、それともメディアなのかということです。ブランドの多くは彼らをジャーナリストとして扱っていますが、ブランドはソーシャルメディアの専門家を雇っていて、ブロガーとの関係構築の責任は、ＰＲ部門の責任外となります。」

ザビエルと初めて会った時、彼はiPhoneとiPadがもたらす影響について取り組んでいた。ビューティーブランドは、アプリ開発によってこの新しいメディア環境に殺到した。例えばネイルブランドのOPIは、無料のバーチャル・ネイル・バーを立ち上げ、200色以上のネイルカラーと肌の色とのマッチングをユーザーが調べられるようにした。調べた結果は保存でき、iPhoneで最寄りのOPI販売店を調べることができる。ロレアル社もまた、メイクアップやマニュアルビデオを視聴でき、肌と髪の色の情報を入力すれば個人用にカスタマイズされたおすすめの商品情報を受けとれる無料のアプリを提供して参入した。

「アプリには我々みんなが期待をしていました……最初の頃は。」とザビエルは言った。「でも誰もがアプリを提供するようになると、途端に魅力は失われました。人々は、アプリをダウンロードすることはします。それで何回か遊んだあと、使用されないまま放置されることになります。私も自分のスマートフォンに50個くらいはアプリをダウンロードしましたが、定期的に使うのはそのうち5つくらいです。」

無数の機器からアクセスできるモバイル用サイトのほうが、よっぽど面白くなるだろうと彼は確信している。ビューティーブランドもモバイルコミュニケーションに対して注目している。例えば、ロレアル社が提供したアプリのバーコードスキャン機能を使って、店頭で製品の使い方やアドバイスを見ることができる。繰り返しになるが、こういったアプリによって、ブランドは小売業者を飛び越えることができる。これまで小売業者の販売員は、その週に売り込みを指示された製品をとりあえず推奨する傾向があった。バーコードスキャン機能によって、ブランドが顧客をブランドのウェブサイトに直接誘導することができれば、より優れた解決策になる。「店頭の販売時点でも、ブランドが顧客に直接訴求できるのです。」とザビエルは説明した。

今後のデジタル戦略に関して、まだ議論していないのは、企業ウェブサイトである。

「それはハブであり、ブランドが制作するコンテンツのあらゆる出発点になります。またウェブサイトにしかない独自コンテンツも用意します。科学的根拠のビデオや、開発ストーリーのビデオ、マニュアルなどです。」オンライン販売はどうだろう?「はい、でも私にとってウェブサイトの使命はブランドイメージの醸成です。オンライン販売は重要ですが、その売上は大体、旗艦店の一店舗分の売上と同じくらいです。そのため、他の販売チャネルに取って代わることはありません。だからこそ、その他のコンテンツも慎重に提供しなければなりません。単に商業的なウェブサイトは、ブランドイメージに悪影響を与えます。」

美容関連企業はまた、インターネットによってデリケートな人種問題を扱うことができる。従来の費用がかかる広告キャンペーンよりも簡単に、オンラインでは多様な肌の色を表現することができるのだ。

またウェブサイトは、サンプルを配布し潜在顧客を刺激する方法としても活用されてきた。13章のコーダリーの事例を覚えているだろう。しかしザビエルは、郵送費や物流の問題があるので、それは巨大ブランド以外にはとっつきにくい取り組みである、と語った。それに代わる代替案が、アメリカ発祥のバーチボックス（Birchbox）というコスメの会員クラブ（www.birchbox.com）である。一か月に10ドルの月会費を払うと、会員には5つのサンプル製品が入ったきれいな茶色い箱が送られてくる。それはアルミの小さな袋ではなく、小さいボトルやチューブに入った製品のサンプルであり、化粧品ポーチの中に入れて、南国旅行に持っていきたくなるようなサイズである。製品が気に入れば、顧客はバーチボックスのウェブサイト上にあるリンクからブランドのサイトに飛び、製品を購入することができる。一つひとつのサンプルボックスには、例えばオーガニック製品などのテーマがあり、顧客は自分のニーズに合わせたボックスを頼むことができる。

共同創業者のヘイリー・バーナとカティア・ボーションはハーバード大のビジネススクールで出会い、「がらくたの山ばかりの美容業界に一石を投じ、本当に効果が実感できる製品を見つける手助けをする」ために、バーチボックスを作ったと言う。彼らは、数例を挙げるだけでもキールズ、コレス（Korres）、マーク・ジェイコブス、セルジュ・ルタンス（Serge Lutens）、ナーズ、スティラ等を含む幅広い「ブランド・パートナーズ」と取引契約を結んでいる。ブランドに対して、サンプル製品への対価は支払われない。しかしブランドにとっては、自分で積極的にブランドを選択する傾向の強い潜在顧客に、自らのブランドを露出できるという明らかなメリットがある。

「セフォラの店内では選択肢がありすぎて、さらに深く知りたいと思っても諦めてしまう人々がいることに、我々は気付いたのです。」と、ボーシャンは『ニューヨーク・タイムズ』紙で語った。「一か月に4、5つのサンプルで新製品と真剣に向き合い、現品を買いたいかどうか決めることができます。」（2011年4月20日号、「バーチボックスの目的はビューティビジネスをシンプルにすること（Birchbox aims to simplify the business of beauty）」）

サービスが本格的に開始されたのは2010年9月だったが、翌4月までには2万2000人以上の会員を集めた。ボーシャンによれば、エスティーローダー社で勤務した際に、化粧品会社がサンプルの発送や配布にどれほど多くの費用をかけているかを知り、バーチボックスのアイデアを思いついたと言う。「既存顧客へのおまけも含めると、その投資を追跡するのは非常に困難です……バーチボックスはそうした追跡を可能にし、購買行動に関するデータをフィードバックするための方法なのです。」

最近の調査によると、サンプルの試用後、現品の購買にまで至った会員の割合は、20%程度らしい。サイトでは美容関連の流行に関するブログも連載している。

技術進化は、オンラインでの顧客経験をますます豊かにしてきた。「一例を挙げれば、自分自身の写真をアップし、実験的にメイクアップを施すことができるようになったのは素晴らしいことです。」とザビエルは言う。「リアリティが高まることで、購買経験にも変化をもたらすことでしょう。本物の製品を試すことなく仕上がりをチェックすることができるバーチャルの鏡など、スクリーンとリアルの境目がなくなりつつあります。」

デジタル世界の規模や変化の速さは、どんな企業にとっても手ごわい相手だ。2010年、ユニリーバ社はデジタルの最新トレンドを探るため、デジタル担当の役員をシリコンバレーへと送り込んだ。そうした企業は一社ではない。「マーケターはグーグルや、フェイスブック、アップル、ツイッター、マイクロソフト、ヤフーを回り、マーケティング課題を解決するデジタル施策を探している。これまで従来型広告にマーケティング費用を投資し続けてきたブランドが、今日のデジタルにうるさい消費者に追い込まれていることは明白である。」（『アド・ウィーク』誌、2011年2月13日号、「クライアントは技術に直行（Clients go direct to tech）」）

ユニリーバ社のマーケティング・コミュニケーション最高責任者であるキース・ウィードは、講演の中で「今最も難しいと感じるのは、選択肢の多さです……多数のメッセージを受け取らずに一日でも過ごすことは物理的に不可能ですし、やり過ごす方法があるとしたら好きなブランドにのめり込むことだけでしょう。」と語った。

換言すれば、ブランドはデジタルメディアが実現するコミュニケーションの威力を最大限に利用しなければならない。現時点では、フェイスブックのようなソーシャルメディアと、そこで消費者自身が用意した台本に従ってきた事実を、痛切に認めざるを得ない。偉大なるストーリー・テラーであるビューティーブランドは、可能な限り手を尽くし、これまで以上に人を魅了するやり方を見出すべきである。

ビューティーへのコツ

✽ソーシャルメディアは新たな競争の舞台であるが、ビューティーブランドは消費者が「会話を支配している」ことに不安を抱いている。

✽ブランドはソーシャルメディアの専門家を雇い、ネット上の投稿がマーケティング戦略の全体像と一貫しているかどうか、コメントをモニタリングしてきた。

✽ソーシャルネットワークは、小売業者を中抜きしブランドと消費者が直接やり取りできる顧客関係管理の重要なツールとして捉えられる。

✽ＰＲにとって美容ブロガーの利用価値は高いが、その管理は簡単ではない。ブログの多くはグーグルにうまく参照されず、つまり検索結果の上位に出現することはない。

✽ブロガーとブランドの距離が近づきすぎてその客観性が十分でない場合、ブログの読者は美容ブログへの興味を失う。

✽オンラインの「サンプルクラブ」は、ブランドにとって潜在顧客に接触する代替案となるかもしれない。

✽モバイルやタブレット端末にも可能性はあるが、「他と同じ」では業界のノイズにかき消される。人の心をつかむアプリをデザインするのは難しい。

✽モバイルもまた、店頭での買い物中にブランドと消費者を直接つなぎ、小売を中抜きする新たなアプローチとなるだろう。

✽ウェブサイトは、ブランドが制作した様々なデジタルのコンテンツにアクセスできるポータルとしての役割を担うようになってきた。

✽美容関連の大企業でさえも、デジタルの世界が巨大で、使いこなすのに予測不能だと不安視している。

✽デジタルの新しいチャンスには全て飛びつかねばならないという強迫観念を捨て、語るべきストーリーを築き上げるのに必要な要素だけを選択するような「ツールキット」を使ってデジタルに取り組む必要がある。

第16章

メスの下

医療におけるいんちき療法は、百年以上前に禁じられたが、再び、美容整形産業がその危険にさらされている

地球規模での美容産業の様々な流行の中で、ボトックスや注入剤の治療を含む美容整形施術の発展と普及は最も注目すべき流行である。２００７年のアメリカ形成外科学会（ＡＳＡＰＳ）の発表では、過去の10年に比べて施術数は４３７％増加し、年間支出額は１３２億ドルに達した。

数年後の同機関の報告によると、この流行に対する経済不況の影響は全くないと言う。収入にかかわらず51％のアメリカ人が、性別で見れば53％の女性と49％の男性が美容整形を検討し、また67％のアメリカ人が、もし友人に美容整形を受けたことを知られても当惑しないと答えている。驚くべきことに、18歳から24歳までの最若年層のグループが、美容整形を現在考えている、もしくは将来的に考慮するという割合が他の年齢層と比べて最も高い。

ヨーロッパでも同様の状況にある。英国美容外科医師会の発表では、年間５％のペースで市場規模が拡張し、１年間の症例数は約４万件であった。フランスでは『パーフェクト・ビュー

ティー（*Perfect Beauty*）』という美容整形とその他の美容医療手法の専門雑誌が、２０１１年初頭に発売され、キオスクや美容整形外科のクリニック、ヘアサロン、高級ホテル、そしてユーロスターやタリスなどの特急列車内でも販売されている。この雑誌では美容整形手術と共に、エイジングケア製品や、ダイエット、スキンケア、フィットネス、スパも取り上げる。「今日では、美容整形はもはやタブーでも、有名人だけの領域でもなくなりました。」と編集者のブリジット・デュバスは言う。

イタリアでは由緒ある化粧品ブランドのサンタ・マリア・ノヴェッラ（Santa Maria Novella、正式名称はOfficina Profumo- Farmaceutica di Santa Maria Novellaで、１６１２年にフィレンツェで創業した）は、美容整形対策のスキンケアラインを販売している。例えば、フェイス・リカバリー・キット（Face Recovery Kit）には「フェイスリフトや二重瞼などの手術後の初期症状や不快症状を和らげる製品」が含まれている。他には腫れを抑えるフェイス・カーミング・ウォーター（Face Calming Water）や、「優れた抗酸化作用」のあるパパイヤジェルと、「肌質を柔らかくすべすべにする」アロエクリームが入っている。そのキットには、「キズを目立ちにくくし、キズの状態も改善するバルサクリーム」も同梱される。ターゲットとする顧客について多くを物語る素晴らしいマーケティングアイデアであるが、アメリカ市場を制するのには苦戦している。

他国では、第12章で触れたように、若い女性がグローバル化された美の「規範」とのズレに耐えきれず美容整形が流行した。ASAPSによれば、インターネットと海外旅行代金が安価になったことが、「美容整形ツアー」に火をつけたという。「人気の旅行先は、アルゼンチン、ブラジル、コスタリカ、ドミニカ共和国、マレーシア、メキシコ、フィリピン、ポーランド、南アフリカ、タイです。これらの国々では『サファリと美容整形』から『南国と外見の眺めを楽しむツアー』まで、あらゆる旅行プランを提案しています。」

2007年に出版された本『形成外科で完璧になれる（*Plastic Makes Perfect*）』の著者、ウェンディー・ルイスは、「美容整形の進歩によって美化と若返りが約束された」ことで、欠点に対する許容範囲が狭まっていると指摘する。（「美容整形の最新情報（Aesthetic surgery update）」、WGSN.com、2008年12月3日号）繰り返すが、彼女の指摘から、社会の二極化についての不安がよぎる。施術にお金を出すと決心するかしないか、もしくはお金を払えるか払えないか。

美容整形が一般的になるにつれ、業界の規制がどのくらい機能しているのかを知りたくなった。美容整形医が尊敬されるべき専門医であるか、それともヤブ医者かを、顧客はどのように確認できるのだろうか。この質問を英国美容外科医師会（BAAPS）会長のナイジェル・マーサーに問うてみた。

「世界的な規模では、多くの場合、業界の自主規制、つまり業界団体が独自の基準を設けている状態です。」と彼は答えた。「現在、私たちはヨーロッパ標準を設定するための活動をしています。もちろん基準は法律とは違い、法整備の状況は各国で異なります。フランスは厳格な法律がありますが、ベルギーにはほとんどありません。イギリスは会員制度で秩序を保ち、会員がなにをどのように行っているかをモニタリングして現状評価をしています。」

多くの美容整形手術が規制外で行われていることをマーサーは認める。他の意見をきいてもそうだ。『イギリス医師会雑誌（*British Medical Journal*）』の記事は露骨に、「医事委員会（General Medical Council、ＧＭＣ）に登録しさえすれば、医師なら誰でも『美容整形医』として開業できる。」（２０１０年3月16号、「化粧品広告の押し売り（The hard sell in cosmetic advertising）」）と書いた。

「一方で顧客の需要を煽り、他方で欲望を駆り立てる報道が組み合わさることで、悲惨な状況を生じさせる可能性がある。」とマーサーは語る。

彼は美容整形を検討している人に対して、まずはかかりつけの医師に相談し、その医師から美容整形医を紹介してもらうよう推奨している。（一般の開業医によっては美容整形を勧めないため、患者は過程を省略し、クリニックに直行することになる。しかし、そのように直接クリニックに行ってしまうと、そのクリニックがどれほど優秀でも、その時に当直の医師が担当するだけで、患者の症状に最適な医師ではない可能性がある、とマーサーは忠告する。）メディアの報道や、特に広告には頼らないことだ。実際、ＢＡＡＰＳは広告の全面禁止を提案していて、フランスでは既に規則が成立している。

イギリス版『エル』誌や『ヴォーグ』誌の裏表紙をパラパラとめくってみても、乳房縮小と豊胸手術の広告の嵐で、「脂肪吸引」や「体形矯正」と、やや柔らかい表現を用いてはいるが、グラマーで完璧な外見のファンタジーを作り上げるメディアの文脈はいまだ受け継がれている。

イギリスでは美容整形の広告は、医事委員会や広告業界の自主規制団体である英国広告基準局（ＡＳＡ）などの組織の行動基準によって規制されている。『イギリス医師会雑誌』によれば、「イギリスと欧州法、職業倫理、行政監督……は処方薬の広告は監視するものの、美容整形に関する具体的な言及はほとんどない……なぜなら美容整形クリニックは病気の治療を対象としているわけではないため、それらの広告は免除され、広告業界全体の規制で取り締まられることとなっているからだ。」

「GMCは、医師は『宣伝』を行えず、例えばウェブサイトや電話帳への広告であっても事実のみに限定される、と述べています。ASAは、どのような広告も『合法的で、礼儀正しく、誠実で社会的責任を果たすべきである』としています。しかしフランスのように広告が禁止されている市場でも、オンライン広告を規制するのは非常に困難です。そして最近では広告のほとんどがオンラインで行われています。」とマーサーは言う。

ボトックス注入や類似した手法の規制もヨーロッパでは緩やかだ。ご存知のように、ボトックスは、地球上で最も強力な神経毒で、筋肉の神経を麻痺させるボツリヌス神経毒素から生成されている。1970年代に、科学者によってボツリヌス神経毒素のA型が、微量であれば内斜視や筋肉の痙攣への効果を持つことが発見された。しわ改善への効果が最初に文書化されたのは1989年である。2002年にFDAは、しわ治療を目的とするボツリヌス神経毒素のA型の認可申請を、ボトックス・コスメティクスという市販名で許可した。施術を受けて眉間のしわが取れた有名人の顔と偽善的な規制違反の見出しで広く報道され、世間の注目を集めた。アメリカだけで、2009年の症例数は500万件であった。

イギリスでは大手ドラッグストアのブーツが、早くも2002年から200ポンドでボトックス注入を提供し始めた。その後、ボトックスや他の美容療法からは手を引き、小売店へ原点回帰している。しかし彼らの戦略転換と報道が重なって、ボトックスがアンチエイジングクリームのようにほぼ無害であるという考えが植えつけられた。だが実際には、ボトックス・コスメティックスのウェブサイトでも、「生命に危険を及ぼす深刻な副作用を引き起こす危険性があります」と明記されている。「関連する筋肉の衰弱」や「中毒症状の拡大」が原因となり、「体力喪失や筋力の全体的な低下、複視やかすみ目、眼瞼下垂、嗄声や変声、失声（発声障害）、正しく発音できない症状（構音障害）、膀胱の調整不全、呼吸障害、嚥下障害」を引き起こし、「嚥下や会話、呼吸障害」を含む副作用が出る可能性がある（www.botoxcosmetic.com）。

率直に言って、金を摂取するほうが、むしろ安全に思えてくる。

注入剤の注射を含む治療の失敗談が定期的に話題になっている。ナイジェル・マーサーは２００９年に、医療雑誌の『クリニカル・リスク（*Clinical Risk*）』誌上で規制について痛烈に書いている。

「アメリカでは、ＦＤＡ認可の注入剤は数えるほどしか存在しない…一方イギリスでは市場に１００以上も存在している。それはなぜか？　アメリカでは製品は「医薬品」として検査されるが、イギリスでは「発明品」として検査されるので、「ＣＥ」マーク（*Conformité Européenne*

もしくはEuropean Conformityの略）の基準を満たすだけでよく、これは効果ではなく製品に関する基準である。医薬品の検査は長期間を必要とし高額だが、ＣＥマークの検査はそうではない。」

マーサーは欧州連合もＦＤＡのような検査を採用すべきだと主張する。また、「永久的および半永久的な注入剤は合併症のリスクも大きく、その治療が可能とは限らない…医療におけるいんちき療法は、百年以上前に禁じられたが、再び、美容整形産業がその危険にさらされている。」

美容整形の浸透の背景として、ファッションメディアが大いに関与したことに疑いの余地はない。最近、雑誌の「アンチエイジングの賢人」に関する記事で、元心臓専門医の医師が友人からの勧めで美容整形を「試しに」施術するようになったことが書かれているのを偶然読んだ。彼女は、「本当に独学しただけです」と付け加えていた。私にとっては、全てのことが巨大な注意信号が点滅するように見えたのだが、患者は医師の彼女に堅い信頼を寄せ、だからこそ彼女は今や国内に二つの自宅を持ち、デザイナーブランドの洋服がまばゆいワードローブを所有している。

ナイジェル・マーサーは、美容整形がますます受け入れられつつあると確信する。「特に裕福な人々の間では、それについて話す抵抗はどんどんなくなっています。」受ける施術の種類は、過去数年間でほとんど進化していない。鼻の整形、乳房縮小、脂肪吸引、腹部の整形が人気の施術である。帝王切開の増加によって、傷跡の修正を望む女性のニーズも高まっている。

「フェイスリフトは減少傾向にある」とマーサーは言う。「ボトックスよりも、今は上瞼リフトが人気です。」また彼は、目のたるみ除去、脂肪吸引、胸部の脂肪除去を受ける男性患者もわずかながら増加していることを指摘した。世界的な施術の動向についての質問に対しては、「市場はグローバル化しています。美の国際標準は根強く存在します。」と答えた。

美容整形が目指す、究極の目標はなんだろうか。私は身長を高くすることだと思うが、それは明らかにあまりにも簡単に達成可能である。痛みと値段さえ我慢すれば。高い身長が社会的に有利とされる中国では、人気が高まっている施術である。整形外科医は、骨髄を避けて、脛骨と膝下の腓骨に施す。患者の足に重い金属の矯正器具をねじで止める。それは4か月間毎日、少しずつ広げられ足を伸ばすのである。やがて骨が再生されて間を埋める。腱や動脈も魔法のように伸びる。この拷問に4か月耐えれば、あなたは2、3インチ背が高くなる。

「実際には、口の周りの小じわですよ。」とマーサーは言う。なんだって?「美容整形の究極の目標は口の周りのしわ改善です。」と彼は繰り返した。「なぜならとても小さいからです。レーザーとケミカルピーリングはそれほど効果が高くはありません。そうしたことに、私は改善の期待を持っています。」

特に喫煙者の間で強いニーズがあるという。喫煙習慣を続けるとしたら、長生きしたとしても美容整形はあなたの外見を直せないかもしれないので、諦めるには都合のいい理由であろう。

ビューティーへのコツ

✼美容整形はますます受け入れられつつあり、アメリカでは過去10年間で症例数が400％以上も増加した。

✼ボトックスは2002年にFDAにより認可され、わずか7年後には全米で年間500万人が施術を受けた。

✼美の基準のグローバル化によってアジアやラテンアメリカでも美容整形市場が興隆した。

✼サンタ・マリア・ノヴェッラというイタリアのスキンケアブランドは、美容整形対策のシリーズを販売している。

✼特にファッション雑誌を中心としたメディア報道が、美容整形の普及を大きく促した。

✼読者に美容整形の情報を発信する新しい雑誌が出版された。

✼世界的な規制は脆弱である。イギリスでは医師であればだれでも美容整形クリニックを開業することができる。

✼広告も同じく規制が緩やかだ。フランスのような広告規制をする市場でも、クリニックはオンラインで宣伝活動をしている。

第17章

現代男性からのオーダー

女性解放の時代を生き抜いた我々は、これから男性解放を目の当たりにするでしょう

もし19世紀のパリに生きていて、資産家の紳士だったとしたら、どのくらいの時間をバスルームで過ごしていただろうか。

この疑問と部分的な回答は、豪華ホテルのジャックマール－アンドレを訪れたときに頭をよぎる。そこは、銀行家であり美術品収集家のエドゥアール・アンドレと彼の妻ネリー・ジャックマールの邸宅だった場所だ。１８７５年に建設された建物からは、往時のファッショナブルな夫婦のうっとりするような生活が垣間見える。内部は、彼らがちょっとの間外出しているかのように完全に保存されている。広々とした舞踏室をじっくり歩いたり、居心地のいい客間で思いを馳せたり、図書室でかぐわしい香りを嗅ぐことも可能だ。

一番興味深い部屋は間違いなくベッドルームだ。マダムとムッシューは各自の寝室を所有していたので、ベッドルームズと言うべきかもしれない。エドゥアールの部屋を見ることにしよう。

薄いピンクの内装に注目。チョコレート色とゴールドの敷物や象牙色の壁と紫がかったグレーのドアが重なり合う、大胆な選択だ。まるで渋い色のネクタイにピンクのシャツを合わせたようである。

右へ進むと衣裳部屋が広がる。壁全体を覆い尽くすほどの鏡の前に、クリスタルの香水瓶、エッセンシャルオイル、石鹸、軟膏等が並ぶ。輝く容器には現代的なメトロセクシャル（訳者注：強い美意識に時間と金を注ぎ込む男性）も形無しである。しかしその持ち主の男性はプロテスタントの金融マンであり、「レジオンドヌール勲章」を授かった人物だ。彼が印象づけるべき権威ある人々に対して、エドゥアール・アンドレは完璧な身だしなみを見せる必要があった。

近頃、男性の美容市場が成長基調だとよく言われる。実際には、この習慣は特段目新しいわけではない。男性らしさとは虚栄心がないことであると、男性に発破をかけてきたのは過去50年ほどに過ぎない。ローマ時代にタイムスリップすることができたなら、耳や鼻、背中の除毛中にあがる金切り声が、ローマ風呂の施設から聞こえてくるだろう。痛みの少ない話であれば、ローマ時代の男性は、毎日露店の散髪屋で髭をそっていた。太古の昔から20世紀中葉までは、紳士はさり気なく自由に脱毛、散髪をし、香水を付けていた。

では何が起こったのか？　２つの世界大戦がそれを不可能にしたのだ。兵士達は、粗末な古い石鹸を使い、カミソリは運が良ければ手に入った程度だった。殺されないように必死な時にダンディズムを気にかける時間はなかった。私の祖父の希薄な朝の儀式を見れば、この説は有力と思わざるを得ない。シェービングソープをブラシに取り、創傷を防ぐため刃がねじ込み式になっているいわゆる「安全カミソリ」でささっと髭を剃り、顔に付いた残りの石鹸を湯で洗い流して、最後にブリュット（Ｂｒｕｔ、訳者注：辛口の意）というふさわしい名前のアフターシェービング剤で頬をぴしゃっと叩く。それで終了。このやり方が息子世代にも受け継がれた。

常にパイオニアであったエスティ・ローダーは、１９７０年代に時代が巻き戻ることに気付いた。１９６０年代には、ヒッピー的な自由なドレスコードが世の主流に浸透し、ルーズな洋服、鮮やかな色彩、長髪などを男性が見せびらかし、きらびやかでクジャクみたいな恰好をするようになった。何十年も先を見越して、エスティ・ローダーは男性の美容市場に影響を与える二つの実験を試みた。一つ目の実験はアラミスで、１９６４年にアフターシェービング剤と香水を発売した。その後製品ラインナップを増やし、１９７８年までに製品は40以上に膨らんだ。リー・イスラエルによれば、「年間４０００万ドルの売上があり、それに対してエスティローダーは１億７５００万ドル、クリニークは８０００万ドルを売り上げた。」だが、製品ラインナップの主力は香水とコロンであり、「強い男性的な魅力、優れたパッケージ、長持ちする良い香り、憧れの価格、聡明な販路」が成功の秘訣だとエスティは語った。

1977年12月版の『石鹸・化粧品・特殊化学品（*Soap/Cosmetics/Chemical Specialties*）』誌という業界誌が報告している、男性の香水市場の拡大に関する詳細な分析をイスラエルは引用する。

「男性が香水を使用することはアングロ－サクソンにとってはタブーだが、その影響を受けない黒人やヒスパニック系男性の可処分所得が増加。無臭で従順な立場に対する反論の表現として香水を使う、10代男性のポケットマネーが増加。夫婦共働きによってぜいたく品への支出が増加。…香水の広告宣伝にはスポーツや、外見のいい国民的俳優、デザイナーの名前まで使われる。」

男性に向けた化粧品の販売戦略は、当時からほとんど変化していない。スポーツに加えて、テクニカルで科学的な言葉を男性はありがたがる。機能的な製品が好きな彼らにとって、クリニークは理想的と言える。「クリニーク・スキンサプライ・フォーメン（Clinique Skin Supplies for Men）」は、スマートな暗灰色のパッケージと、おなじみのスリーステップを「洗う、除く、潤す。ベストなシェービングのためにベストなフェイスを手に入れろ。（Clean, exfoliate, moisturize.

Gets your skin in its best shape for your best shave)」と男性的にひねりを効かせて１９７６年に発売された。３分間ケアを訴求しつつ、29製品のラインナップを持ち、保湿剤、洗顔、ニキビケア、日焼けクリームと幅広い。

１９８７年にエスティローダー社は「アラミス・ラボシリーズ・フォーメン（Aramis Lab Series for Men)」を「ラボシリーズ研究機関の医師、科学者、スキンケア専門家のチーム」によって開発された「高性能で先進技術のスキンケア、ヘアケア、シェービングの必需品」として発売した。今は単純にラボシリーズと呼ばれ、アラミスとは別物として扱われる。技術的な用語をマーケティングに利用するのはそのままだ。

ローダーは間違いなくその草分けであったが、男性の美容市場革命が加速したのは１９９０年代の初頭である。ユニリーバ社やＰ＆Ｇ社等の企業が、人口の半分が美容関連製品にまだ十分な支出をしていないと気付いたからである。然るべき市場規模があるはずだが、どうすれば男性の財布のひもを緩められるのだろうか。

メトロセクシャルが契機となった。

ジャーナリストのマーク・シンプソンが、『インディペンデント』紙の記事の中でこの造語を生んだ（１９９4年11月15日号、「鏡男子現る（Here come the mirror men）」）。「この世は男のもの（It's a Man's World）」と題された、『ＧＱ』主催で男性を主役にしたブランドの展示会に触発されたものだ。シンプソンはこれを、新種の男性が現れた証拠だと確信した。「伝統的には、ヘテロセクシャルな男性は世界的に最低な消費者だった。彼らが購買するのはビールとタバコ、そしてたまのデュレックスだけ。それ以外は全部、妻や母親が購入する。消費者至上主義の世界では、ヘテロセクシャルな男性に未来はない。だからメトロセクシャルな男性に置き換えられたのだ。」と書いている。

メトロセクシャルは大西洋を渡り、当時ユーロ・ＲＳＣＧ・ワールドワイドという広告代理店の最高戦略責任者だったマリアン・ザルツマンという女性の目に留まった。彼女はメトロセクシャルと男性向けのマーケティングに関するレポートを発信した。メトロセクシャルの魅力の要点は、それまではゲイもしくは女性の領分であった消費習慣を受け入れたことだ。レポートはメディアを駆け巡った。「メトロセクシャル」は、広告代理店が呼び起こすべき、マーケティングと親和性の高い新たな男性像の略語となった。メトロセクシャルの代表格は、サッカーのスターであるデビッド・ベッカムである。妻子持ちで、スポーツ界のヒーローで、ピッチの外ではファッションアイコンとして振る舞う。さらなる一歩は、普通の男性がゲイのアドバイザー集団から身だしなみやライフスタイルの指導を喜んで受けるという、アメリカのテレビ番組「クイア・アイ（*Queer Eye for the Straight Guy*）」が放送されたことだ。突然、メトロセクシャルが社会一般の現象になった。

メトロセクシャルの存在を裏付ける証拠は限られており、アメリカの広告代理店が2006年に発表した調査では、メトロセクシャルに該当する人口は、たったの5分の1だった。にもかかわらず、男性がお肌の保湿をしてもいいじゃないか（訳者注：女性がすること、とみなされていることを男性がしてもよい）、というメッセージは知れ渡っていった。普通の男性もだんだんと習慣に取り入れていき、「メトロセクシャル」という単語は次第に忘れ去られた。言うなればパワフルなドリルと、きちっと整った身だしなみの両立というべきか、男性らしさと見た目への気づかいを並行して楽しむことに気付いたようだ。研究機関のカンター・ワールドパネル（Kantar Worldpanel）によると、2009年の英国男性のスキンケア製品への支出は1年で2200万ポンド増加し、合計5億9200万ポンドとなった。

また同調査は、男性用美容製品の購入を誘発するのは、通常その妻や彼女であることを明らかにした。女性たちが、彼がこっそり彼女の化粧品を使うことに我慢できなくなったからか、ただ単純に彼に格好よく良い香りがする男性になって欲しかったからかの、どちらかだろう。

２００９年の広告賞を受賞したアメリカのオールド・スパイス（Old Spice）のボディウォッシュの広告が、「やあ、女性たち」という呼びかけで始まることは偶然ではない。続けて、格好はいいがおバカなヒーローのイザイア・ムスタファが、女性の視聴者に向かって、「あなたの彼」はムスタファよりも見た目はよくないかもしれないが、少なくとも同じくらい良い香りにはなれると語りかける。広告の中でタオルに包まれた彼は、バスルームからヨットのデッキ、そして最後には馬に騎乗する姿へ、変身を遂げるのである。

その広告はとてつもなく完璧に皮肉たっぷりだ。男性向け製品の広告を皮肉ることで、男性向け製品を宣伝する。だからこそ男女両方に訴求できる。広告代理店のワイデン＆ケネディ社はさらに突っ込んだ仕掛けをした。それに対してツイッターやフェイスブック、ＹｏｕＴｕｂｅにアップされた消費者からのコメントに答えるべく、ギリギリの大きさのタオルだけをまとったムスタファが出演するオンラインビデオを制作したのだ。そして、これに対してさらなるコメントや質問が投稿され、ムスタファのビデオメッセージによってまた代理店が返信する。「結果は驚くべきものでした。一日目にしてＹｏｕＴｕｂｅの再生回数は６００万回に近づき、三日目には２０００万回を超えました。発売一週間後には４０００万回再生され、オールド・スパイスのチャンネルが、広告チャンネルとしてＹｏｕＴｕｂｅ史上、最多再生回数を記録しました。」と、テレサ・イエッツィによる2010年の著書『アイデアの作家（*Idea Writers*）』は説明した。「返信」が盛り上がった1か月後、オールド・スパイスの売上は107％増加した。ユーモア、自虐、相互作用、そして男性用製品のターゲットは女性であることを忘れないこと。それが、男性美容市場の勝利の方程式だ。

だが話はこれで終わらない。男性向け製品を女性に対してマーケティングすることは、妻や彼女の存在を仮定している。しかし、長い間独身で彼女もいない男性もいるし、遅かれ早かれ離婚もする。長い人生では、自分で自分の買い物をしなければならない。流行コンサルティング会社であるエス・ビジョン社のジュヌヴィエーヴ・フラヴェンは、「男性は、生活の文脈が変化すると変わります。女性が進化するから、男性も進化します。これは、何世紀にもわたって男性に課されていたアイデンティティや役割を変える大きなチャンスでしょう。男性的ではあっても、それは新たな男性らしさに変わるでしょう。女性解放の時代を生き抜いた我々は、これから男性解放を目の当たりにするでしょう。」と語る。

2009年末にダヴの男性シリーズ「Men+Care」が発売され、ユニリーバ社は男性のアイデンティティ探求を促した。これは35歳以上の男性をターゲットにしたシリーズである。ユニリーバ社は、1983年にボディ用制汗剤スプレーを発売し、その後シャワージェルやスキンケア、ヘアケアに拡張したブランド、アックス（イギリスではリンクス）の成功を再現しようとしていた。良い匂いなら女性にモテる、という直球かつ笑えるメッセージで、若年層の男性をターゲットにした。

ダヴ自体は、そのブランド名がピュアで優しいイメージを想起させ、広告によって女性向けブランドとして認知されていたため、ダヴのＭｅｎ＋Ｃａｒｅは少々リスクの大きい新ブランドだったと言えよう。発売プランの核は、男であることの様々な側面を陽気に称えた「男性賛歌」という名のテレビＣＭだった。ウィリアム・テル序曲のギャロップ調のＣＭ曲に、大人への道のりで男性が直面するあらゆる出来事を映し出した。スポーツ、女性との出会い、進学、悪ふざけ、成長、結婚、家族をもつこと、定年まで働くこと、引退後の計画。その過程で、男性は果たすべき役割にプライドを感じながらもホッとする。ウェブサイトやデジタルマーケティングの専門家で、アメリカのユニリーバ・スキン社の副社長であるキャシー・オブライエンは、インタビューに巧妙に答えている。「ダヴ Ｍｅｎ＋Ｃａｒｅは、男性が自分らしくあることに最も心地よさを感じている、日常の些細な瞬間を称えるブランドです。まさに、自分の肌への自信を感じる時間も含めて。」（２０１０年4月6日号、「ユニリーバ社のダヴが男性美容市場に参入。（Unilever's Dove dives into male grooming.）」）

オブライエンは男性向けシリーズの詳細に話が及ぶと、「全体として男性は女性ほど身だしなみへの興味が強いわけではありませんが、彼らの外見へのニーズは洗練されつつあります。しかし、今でも望まれるのは簡単なケアです。また51％の男性は、未だに女性のスキンケア製品を使っており、多くの男性はダヴを信頼しているから使用していることも分かっています。」と述べた。

全世界で最も高視聴率のスポーツイベントのライブ中継であり、それにあわせて一斉に広告が披露されるスーパーボウルの時期に、広告キャンペーンをスタートさせた。そうすることで広告は男性だけでなく家族に届いたと、オブライエンは指摘する。「スーパーボウルに夢中になっている視聴者は1億人以上おり、男女両方に効果的にリーチしました。」加えて、「ターゲットである男性消費者と、家庭用品の主な購入者である女性を引き込むことができるスーパーボウルの壇上で、圧倒的な存在感を持つ」ことがブランドにとって必要だったという。

この広告によって男性からのツイッターでのコメントが増加し、キャンペーンのソーシャルメディアへの伝播を促した。

オブライエンによれば、「男性用ケア製品の本当の成長機会は、髭剃り以外の部分にある」という。しかし男性向けマーケティングでは、彼らの興味の中心に集中すべきであり、お風呂場での興味の中心は、通常、髭剃りの刃である。そのため男性用スキンケア製品は、中核となる髭剃り関連製品から始まり、そこを中心に髭剃り後に使用する収斂剤、乳液、しわ製品などの外縁へと広がる。P&G社が所有するジレットは、70%の市場シェアで髭剃り市場を占有している。そして「髭剃りの前・中・後」の幅広いスキンケア製品が、バームや化粧水から洗顔やスクラブまで揃う。さらに過去十年間、もちろんデビッド・ベッカムやロジャー・フェデラーからティエリ・アンリまでの有名人を起用して、スポーツのイメージや宣伝文句を巧みに使ってきた。

男性向け大衆美容市場でジレットにとっての最も強力な競合は、1986年に誕生したニベアフォーメンである。スーパーの棚には、ブランドの幅広い製品ラインナップが並ぶ。ブランドからは、爽やかで健康的な、生真面目さが伝わってくる。フランスの巨大企業であるロレアル社も、男性市場の可能性には確信を持っており、ロレアルパリ・メン・エキスパートというブランドでスキンケア製品を展開している。男性向け高級価格帯市場では、ジャンポール・ゴルチエ、ディオール、クラランス、ランコムも男性向けシリーズを発売している。ランコムからの発売は2007年の1月で、イギリスの俳優で無骨なクライヴ・オーウェンを起用している。ハリウッドの男優をスキンケア製品のモデルに起用したのは、これが最初であった。

広告で描かれる男性モデルは、それ自体が問題を引き起こす。男性が、自分の体の至らなさに向き合わされるのだ。それはまるで1990年代まで女性が耐え忍ばなければならなかったことに似ている。ターニングポイントは、1992年にカルバン・クラインが発表した、ラッパーの〝マーキー・マーク〟こと、マーク・ウォールバーグが引き締まった体のブリーフ姿を披露したポスター広告であった。タイムズスクエアに掲げられたその巨大なビルボードは、前を横切る弛んだビジネスマンをピンと緊張させたと言われている。洋服のカジュアルブランドであるアバクロンビー&フィッチも同様のイメージ広告を展開した。「完璧な」男性の体は、今やジムで鍛え上げられた、一本たりとも体毛のない両性的な面を併せもつ体になった。男性向け除毛製品の売上は増加し、新世代の男性向けスパでは脱毛が人気である。美容産業は、全世界の女性に上手にトラウマを植えつけた後、男性の魅力さえも標準化しようと企んでいるようだ。

1996年にフィリップ・デュモン（Philippe Dumont）が発売した奇抜なフランスのブランドであるニッケル（Nickel）は、男性向けの宣伝文句を操ることに長けている。ライバルブランドの担当者からも称賛されており、「男性は、ブランドの世界観を聞いたり製品のストーリーを聞かされたりすることに、本当に興味がないんです。ただ製品が何であるかに関心を持っています。ニッケルはそのストレートな方法に気が付きました。彼らの旗艦製品は、モーニング・アフター・レスキュー・ジェルという製品で、女性用スキンケアの宣伝文句を、バーで親友に話しかけるような、くだけた陽気な感じに落とし込んだんです。パッケージでさえも頑丈そうに見えます。」と言わしめた。

ニッケルは同じやり方で、男性専用スパをパリからニューヨーク、ロンドンへと広げた。先の担当者によれば、「ここでも男性は女性とは違っています。買い物やトリートメントの場面では、自分だけの空間を求めているんです。デパートの化粧品売り場は嫌悪し、セフォラも好きではありません。はっきりと男性的な環境に直接入り込めることが望ましいのです。免税店は男性にとって十分に不特定多数の場ですが、デパートは全商品が男性向けに再構成されるべきです。あらゆる男性の商品、洋服やアクセサリー、スキンケアは、独立したエリアやできれば専用フロアに置かれるべきです。」

美容関連企業は、男性向け美容の流行もようやくグローバル化させた。アジアとラテンアメリカでは、髭剃り後の製品とエイジングケアへのニーズが高まっている。ユーロモニター・インターナショナルの調査によると、ラテンアメリカ（メキシコと中南米）での男性向け美容市場の規模は、２００４年から２００９年の間に年間24・4億ドルから48・7億ドルへ、99・6％も拡大した。

しかし男性の美容市場は地球規模での爆発的な成長を遂げた後、そろそろ下火になりつつあるようだ。イギリスの大手ドラッグストアであるブーツは、ブリストルとエジンバラで男性専門のテスト店舗を試験的に営業後2001年にチェーン展開する予定だったが、その計画を早々に中止した。セフォラは明らかに男性向けスキンケア製品の品揃えを縮小した。特価セールやプロモーションによって価値は低下し、市場は不況に躓いた。

クラランス社社長のクリスチャン・クルタン－クラランスは、「流行が本格的に始まったのは日焼け止めからでした。他の製品ではあまり成功してこなかったのですが、紫外線から肌を守るという習慣は男性にも取り入れられたのです。これによって美容関連企業は、男性のスキンケア市場のより大きな可能性を確信しました。男性向けスキンケア製品は、初期採用者の男性にはヒットしました。スポーツ業界、エンターテイメント業界で働く男性や、それまで化粧品を既に購買していたゲイの男性が、パッケージや彼らのニーズにさらに合った処方に惹かれたのです。その後、わずかに遅れて後期採用者が続きました。2000年から市場は急速に拡大し、そして成長は止まりました。今では需要が頭打ちした印象を受けています。市場は成長し続けるでしょうが、過去の10年間と比べれば非常に遅いペースだと思います。」と述べている。

しかしながら、クルタン－クラランスは、男性は「心にクジャクを隠している」と信じている。

男性は魅力的な誘惑者でありたいと望み、「しかし自分自身にしかそれを見せない」のだと言う。

もしかすると、アックスはかなり巧みな戦略をしていたのかもしれない。長年、男性は異性を誘惑したいという共通の本能によって、身づくろいに駆り立てられてきたのだ。エドゥアール・アンドレとネリー・ジャックマールの邸宅を思い返すと、彼らは別々の寝室を持ち、それが当時の常識だった。エドゥアールが外見に気を使い続けていたのは、このことによるのではないだろうか。毎晩、自分の妻を誘惑する必要に駆られれば、男性も何もせずにはいられないだろう。

ビューティーへのコツ

✽エスティ・ローダーは、1970年代に男性の「秘められたクジャク」的な内面を認識し、刺激した最初の一人である。

✽彼女はスポーツと科学を引き合わせた宣伝を考案したが、専門用語を駆使することはなかった。

✽1990年代、現実的には捉えどころのない存在だった「メトロセクシャル」がマーケターの間で熱狂的に広まった。スポーツのスター選手や俳優のおかげでその市場が拡大した。

✽男性は製品に関する直球の情報を好む。つまり、荒唐無稽で装飾的な宣伝文句ではなく、何をする製品なのかが伝わることが重要だ。

✽ユーモアは男性を傷つけず、むしろ気まずさを軽減する。

✽髭剃りの儀式は、一日のうちで最も「男性的な瞬間」であり、スキンケアのステップを始めさせるには効果的なきっかけとなる。

✽女性は、男性向け製品の合理的なターゲットである。しかし近年では独身男性が増加している。

✽男性はインターネットを、目立たないので購入しやすく、製品アドバイスを受け入れやすいチャネルとして使っている。

✲街でのショッピングでは、男性のニーズや興味に特化した、隔離された店頭経験を求めている。

✲男性向けスキンケア市場の急速な成長は収束したが、高齢化する人口や男性マス消費者の購買に関しては、楽観視できる領域が豊富にある。

第18章

倫理、オーガニック、そして持続可能性

理想主義的な少数派意見から、社会一般の関心へ

私がボディショップに初めて立ち寄ったのは、子どもの頃だった。イギリスにある、まさにふさわしいバスという名の街を両親と歩いていたときだった。私は店の名前にまず魅かれた。きっと予備の腕や足が売られているのだと思った。だから店内に入り、セロファンに包まれ棚に山積みされた予備の手足ではなく、透明プラスチックのボトルに入ったパステルカラーの見たこともないようなものが売られていたときにはがっかりした。しかもそれは、不思議な香りがした。

今にして思えば、ボディショップからは様々な不思議な香りが漂っていた。ひとまず物議を醸す話題は置いておこう。その企業は、輝かしいコンセプトと、人に苛立ちと同じくらいの感動を掻き立てる一人の女性の下で誕生した。故人の名前はアニータ・ロディックという。彼女の人生は矛盾が網の目のように絡まっていた。大金を稼いだ反資本主義者であり、ブランディングを嫌悪する天才マーケター、そして化粧品業界をずけずけと批判しながらも自社をロレアル社に売却した人物。しかし、彼女は化粧品業界の風景を一新した。天然原料やエコ、そして人権擁護主義

が混在し、それらは彼女が作ったブランドのイメージに熱気を与え、新鮮さと可能性を感じさせた。1960年代後半の価値観を共有する世代は、それに魅了された。

ロディックは、サセックスのリトルハンプトンに生まれた。そこは、1976年に第一号店を開店したブライトンの海沿いの街から大して遠くない場所である。彼女はボヘミアンの魂を抱きながら幼少時代を過ごした。イタリアからの移民としてカフェで生計を立てていたギルダとドニー・ペレラの娘として、アニータ・ルシア・ペレラは育った。ギルダはドニーと離婚後、ヘンリーと再婚し、アニータにとっては彼が父親だった。アニータは、しばしば愛情を込めてギルダについて話したが、それも当然であった。ギルダは街でジャガーを乗り回し、80歳になったとき気球に乗りに行った女性である。

学校を卒業後、アニータはロンドンのセントラル・スクール・オブ・スピーチ・アンド・ドラマ（Central School of Speech and Drama）の受験に失敗した。女優になる素質もあったかも知れないが、彼女は自分のビジネスで舞台に上がり、アイデアを売るにしろシャンプーを売るにしろ、スポットライトを浴び損ねることは一度たりともなかった。しかし、そうなる以前のつかの間、彼女は様々な場所をさまよっていた。パリ、ジュネーブ（その期間、国際労働機関の女性人権部署で仕事をした）、アジア、アフリカ、そして帰国しゴードン・ロディックというもう一人の冒険好きな人物と出会った。結婚後まもなく、彼はブエノスアイレスからニューヨークへの乗馬の旅に出発し、2年間帰らなかった。

彼が銀行からの4000ポンドの借入を残したまま不在の間、アニータは一店舗目をオープンした。彼女が巡った国々で女性たちが使っていた治療薬をヒントにした、天然のコスメ製品を売る店だった。でもそれは見掛け倒しで、後にブランドを際立たせる革新的な商品の数々は、必要に迫られて生まれたものだった。確かに当時のイギリスは「グリーン」(訳者注：地球環境保護活動)に傾倒しつつあったが、壁のカビを隠すためにグリーンに店を塗っただけよ、とアニータは冗談を言った。リサイクルに関して言えば、安物のプラスチックのボトルを店舗に持ち込めばそれに詰め替えます、と顧客に案内していたが、その理由は単に、アニータには新品のボトルを仕入れる金銭的余裕がなかったからだ。ラベルは彼女の手書きだった。たとえ広告に対して批判的でなかったとしても、広告代理店を雇う余裕もなかった。その代わり、自らが有能な広報担当になった。初めて彼女がメディアに登場したきっかけは、近隣の葬儀屋から彼女の店名にクレームがついたことだった(訳者注：「ボディ」には「死体」の意味もある)。

そう、店名。一説によれば、近所のガレージからアニータが思いついたらしい。しかしそれ以前に、カリフォルニアのバークレーにボディショップという名の別の店があった。1970年に開店したその店で、創業者のペギー・ショートとジェーン・サンダースは、手書きラベルで再利用可能なプラスチックの容器に入った製品を販売していた。1987年にアメリカ市場にボディショップが参入した時、ショートとサンダースに対して、名称の使用権の清算が行われた。今ではバークレーの彼らの店は、ボディタイムと名称変更しているが、ウェブサイトではいまだに「オリジナルのボディショップ」と謳っている（www.bodytime.com）。

アニータが諸国を旅したのは間違いない。しかしココアバターを除けば、当時の原料の大部分は遠い国からのものではない。「25あるロディックの主要製品は、既存の代表的な化粧品とほとんど変わらない。斬新なのは、ベドウィン（訳者注：中東や北アフリカの遊牧民）のレシピで作られた乳液を販売する、売り方だった。（もし）彼女が何かを売ったとしたら、それは成分に秘められた歴史や原料を栽培する農民の民族的起源についてだろう。」（『ガーディアン』紙、2007年9月12日号、「死亡記事：アニータ・ロディック女史（Obituary: Dame Anita Roddick）」）同日に『インディペンデント』紙に記事を書いたポール・ヴァレリーはこう解釈する。「製品に込められた物語と製造方法が、彼女が訪れた国々と出会った部族の人々の写真と共に飾られていた。彼女は、製品だけでなく、ストーリーを売っていたのだ。」

他の企業とまさに同じように、アニータも物語の糸を紡いだのである。

ボディショップ製品の「天然」という側面は、常々疑問視されてきた。単にけばけばしい色が疑いの目を持たせているのだ。実際のところは、天然原料と合成原料が混合された製品であり、それは今日市販される「天然」製品にも言えることだ。騙されたと思って、見てほしい。ボディショップの全製品に配合されている原料は、ウェブサイトのオンラインショップのページに全てリストアップされている。

名前や製品の出所はともかく、ボディショップは成功した。アニータは間髪入れずに二店舗目を開店した。彼女の夫が旅から帰宅後、フランチャイズ制を使ってさらにビジネスを拡大させた。それは典型的なフランチャイズ制で、フランチャイズオーナーが一度限りの契約金と、年間販売権を毎年支払うシステムで運営された。ロディック夫妻が発信する店舗やブランドのガイドラインを厳守する必要があり、スタッフへの研修も用意された。ネットワークが広がるにつれ、ボディショップの営業員が、メッセージの統一性が確実に順守されているかを確かめるためにフランチャイズ先を回り、フランチャイズオーナーには、ニュースレターやビデオで進捗報告が届けられた。

しばらくして、ひと月に二店のペースで新店舗が開店していった。ロディックの確信はチェーン店舗拡大にともなって、ますます強固になったようだ。製品を「クルーエルティフリー（訳者

注：残虐性なし）」と宣伝し、ラベルや店内の宣伝文句にも、「動物実験反対」のブランドであることを自信たっぷりに掲げた（これに対しても少なからず不信感が存在する。製品は製造で動物実験をせずとも、原料ごとには動物実験がほぼ不可避である。）。

１９８４年の株式公開時点で店舗数は１３８店となり、うち87店はイギリス国外にあった。アニータは後に、株式市場での新株発行を判断ミスだったと考えた。会社は徐々に「どこにでもある」店になり、株主によって「激しい」キャンペーンはトーンダウンさせられたからだ。しかし当初は、会社の行動主義的な志向は受け継がれた。１９８６年にグリーンピースを支援する「クジラを救え」キャンペーンを開始した。翌年には、「援助ではなく取引を（Trade Not Aid）」キャンペーンをスタートし、ニューメキシコのプエブロ・インディアン（青トウモロコシの供給者）やアマゾン川流域のカヤポ・インディアン（ブラジルヤシ油の供給者）などのコミュニティを支援するフェアトレードを確立した。グラスゴーやハーレムでのチャリティのプロジェクトにも積極的に関わった。ロンドンでは、『ビッグイシュー』というホームレスの人たちによる新聞の立ち上げに資金を提供した。「政治活動はボディショップのＤＮＡ。」とロディックは、倫理性とマーケティング手腕が共存した特徴について語っている。

そしてこのことは、ボディショップのブランドについても言える。色とりどりの製品と変わった製品名（たとえばバナナヘアコンディショナーやデューベリー・ボディローション）、道徳的な実践や、立派な大義の継承、そして砂漠から熱帯雨林まで旅した縮れ毛のアニータがそのブランドの中心となり、私たちが肌を磨き、髪を洗うことを新鮮でエキゾチックにした。ポール・ヴァレリーは、「とんでもないことを成し遂げた。彼女はクルーエルティフリー製品を、ヒッピー向けの健康食品店から表通りへ連れ出した。企業の社会的責任という考え方を変えた、象徴的な人物になった。理想主義的な少数派意見を、社会一般の関心へと変えたのだ。」と書いている。

ロディックはPRマシーンのような一人の女性だったが、外部の力を全く頼りにしなかったわけではない。アメリカに進出する同時期に、社内に公式のマーケティング部門を設立し、広告代理店も雇った。（『インディペンデント』紙、1995年7月1日号、「ボディショップ内にマーケティングが声を上げる余地が作られる（Body Shop creates space for a voice in marketing）」）しかし行動主義的なトーンの広告は継続された。ある広告では、バービーの顔をした、ルーベンス風のぽっちゃりした赤毛の人形が人目を引いた。広告のコピーには「世界には30億人の女性がいるが、スーパーモデルのように見える女性は8人しかいない」と書かれ、「ありのままの体を愛そう（Love your body）」というスローガンを訴求した。

会社が青天井で成長を続けると、次第にロディックは偽善者として非難の標的になったものの、彼女はそうした批判を軽くあしらった。「もしあなたが背中に『私は他と違うやり方でやっています』と書いた的を背負っていたとしたら、必ず撃たれるはずよ。」彼女は以前と変わらず、彼女らしく情熱的なやり方で大義を支援した。1999年にはシアトルに現れ、世界貿易機関の会議への抗議活動に参加したが、約50カ国に1000店舗を展開する国際的なビジネスの創業者が反グローバル化のデモに加わるのは稀有なことだった。

折りに触れ、ロディックは自分自身がグローバルブランドを築いた事実を恥じていた。「私はいつもグローバルブランドという観念全体に深い疑心を抱いている。」と2003年にシンガポールでの会議の席で語った。

「ブランドに対して人々が死ぬほど退屈していることは、ますます明白になっています。巨大なブランドが公共の場を占拠して、ビルボードだけでなく人の脳にまで侵食するやり方に、人々は苛立っています。規模の大きさも、そして精神に入り込みどんな時間にも何かを誰かから売りつけられる感覚も、嫌っています。そもそも、みんなと同じであることや、月並みや個性のない安心感を好む人などほとんど存在していません。」(『インディペンデント』紙、2003年12月3日号、「アニータ・ロディック女史：ブランドは販売期限切れ（Dame Anita Roddick: brands are past their sell-by date)」)

彼女の発言は自身の立場とは食い違っていたが、当時の彼女の心境を反映していたのかもしれない。1998年、ロディック夫妻は会社の経営権を手放し始め、共同会長となり新たなCEOを任命した。2002年には役員職から外れた。このことによりアニータは、家庭内暴力から搾取的な労働問題まで、多くの抗議活動に全ての時間を費やすようになった。2005年にロディック財団を設立したが、これは5100万ポンドの私財を投げ出すためだったと言われている。

ロディック夫妻がブランドをロレアル社に6億2500万ポンドで売却することに合意したと聞いたとき、ボディショップのファンたちは唖然とした。この転換は、アニータが主張してきた全てのことと背反するようだった。つい3年前、『インディペンデント』紙に掲載された記事で、彼女はグローバルな化粧品産業を「退屈で創造性が欠如し、存在しないニーズを作り出す男性によって支配されている」と批判した。「その主な機能は、女性をいま自分たちにあるものでは不幸せを感じるよう仕向けることです。女性らしい美しさという不可能な理想を掲げて、不安や自信喪失を掻き立てます。人種差別的で白人以外の文化はめったに評価しないし、私たちの体型を否定するように企んでいるのです。」と彼女は続けた。(「アニータはどう世界を変えたか（How Anita changed the world)」という見出しで2007年9月12日号に再掲載。)

今や彼女はロレアル社への売却を「光栄なこと」と語り、ボディショップがグループ内でトロイの木馬の役目を果たし、より道徳的行動を促すことを願うと話した。結局のところ、ロディックのキャリアにおいて、買収は到達点として強調される。「道徳的で天然の」製品を魅力的にし、大手企業に買いたいと思わせたのだから。

アニータ・ロディックは、２００７年に脳出血のためわずか64歳でこの世を去った。ボディショップがロレアル社に売られた時、多くの顧客が裏切られたと感じたのは事実だが、いつの時代も彼女は最も尊敬されたイギリスのビジネスパーソンであった。彼女や彼女の会社の倫理観は人々が望んだように一貫したものではなかったが、道徳的な怒りの感情に嘘はなかった。

ところで彼女がおそらく最も情熱を傾けていた社会問題である、動物実験はどうなったか。欧州委員会は２００４年に最終製品での動物実験を禁止し、２００９年3月に動物実験を行った原料の使用を禁じた。２０１３年3月にはそれらの製品のEU領域内での販売も禁止された。化粧品会社は試験の代替方法を確立する競争に立たされている。一番確実視されているのは、美容整形手術から培養した細胞を実験室で「成長させた」、人工皮膚を使う方法だ。

それ以外の市場では、まだ問題解決の途上である。アメリカでは動物実験が禁止されてはいない。食品医薬品局（ＦＤＡ）の見解では、動物実験について「代替する方法の確立と使用が好ましし」く、化粧品の安全性試験に動物の使用を義務づけないとされるが、現状の連邦食品・医薬品・化粧品法（１９９９年制定、２００６年改訂）上は「新製品の発売に際する製造業者による動物実験は、製品の安全性を確立するために用いられる」とされる。もしアニータ・ロディックが健在であったなら、彼女の抗議は続いていただろう。あらゆる矛盾を抱えつつも、彼女は世界に明確な貢献を残したのである。

アニータを日和見主義者と批判する人に対しては、私は彼女の友人として叫ぼう。「あなたは孤児院をいくつ作りましたか？」

オーガニック世代

ボディショップの勃興とともに、乾いた地球の大地から芽吹くかのように、道徳的な自然派ブランドが花開き始めたと言われる。

アメリカでは、その一つがアヴェダだ。１９７８年にプロのヘアスタイリストであるホースト・レッケルバッカーが作ったブランドである。レッケルバッカーはインドに滞在した経験があり、そこでアーユルヴェーダの医学や薬草治療を知った。学んだことを広めたいと、自分の台所のシンクでクローブを使ったシャンプーづくりなどの実験を始めた。やがてすぐに、彼も昔ながらのやり方で様々な製品をヘアサロンに売り込むようになった。レッケルバッカーの植物由来原料の製品とリサイクル容器は時代を先取りし、1989年にマディソン・アベニューにエンバイロンメンタル・ライフスタイル・ストア（Environmental Lifestyle Store）、1990年にアヴェダ・スパ・リトリート（Aveda Spa Retreat）を開店し、アーユルヴェーダ医学に基づいたトリートメントを提供した。レッケルバッカーは1997年にアヴェダをエスティローダー社に売却したが、我々はそれからの軌跡を追うことにしよう。

エスティローダー社は既にオリジンズで自然派化粧品市場への参入を果たしていた。天然オイルとオーガニック原料を使用し、1990年にデパート向けに発売した。そう語ったのは、1987年創業のオーストラリアのイソップというブランドの創業者である。彼らはアニータ・ロディックとボディショップはまさに先駆けだった、と全面的に賛同している。

新世紀に差し掛かり、数々の要因が重なって、天然でオーガニックな製品は注目を集めた。まず第一の要因に、地球環境の変化に起因する環境保護への関心の高まりがある。これにより、化粧品を含む様々な製品に使われる化学物質に対して、消費者は敏感になった。地球の未来への危惧に付随して、体の中からの健康やウェルネスへの関心が生じ、高齢化が進む西側諸国の人々は優しく穏やかなライフスタイルを望み始めた。

これらのトレンドは、メディアが化粧品の隠れた危険性を報告したことによって加速した。最も印象的な例がパラベンへの恐怖である。パラベンは、乳液やシャンプーを含む多くの化粧品やトイレタリー製品に、保存料として幅広く配合されている化学合成成分である。恐怖の源となったのは、2004年1月発刊の『応用毒物学ジャーナル（*Journal of Applied Toxicology*）』誌（第24巻、5頁）に掲載された「人間の乳房の腫瘍内のパラベン濃度」という題の論文である。『ニュー・サイエンティスト（*New Scientist*）』誌の記事によれば、研究はレディング大学の分子生物学者、フィリッパ・ダーブルによって行われた。「腫瘍内に発見されたエステル基を持った形状のパラベンを分析した結果、腋用デオドラント、クリームやボディスプレーなどの肌に塗布する製品から体内に吸収されたようであることがわかった。」（2004年1月12日号、「乳房の腫瘍内に化粧品の化学物質を発見（Cosmetic chemicals found in breast tumours）」）

この情報が他のメディアを通じて駆け巡り、パラベンは危険という既成事実になったのは理解できよう。ロレアル社のヴィシーなど何社かの化粧品会社は、「パラベン・フリー」製品のマーケティングを開始した。しかし欧州委員会の消費者製品科学委員会（independent scientific committee on consumer products）やアメリカの食品医薬品局（訳者注：ＦＤＡ）もいずれも、パラベンが有害であるという理論を支持する証拠は未確認であるとしている。ＦＤＡはウェブサイト上で、「ＦＤＡは現時点で、パラベン配合の化粧品の使用について消費者が懸念すべき理由はないと信じている。」とはっきりと述べている。

私がこの問題についての質問をある化粧品ビジネスのジャーナリストに投げかけると、軽蔑したように不愛想な反応が返ってきた。「化粧品の大企業に新たな宣伝文句を謳うきっかけを与えたのだから、大企業へのサービスだったのね。」「ある化学保存料を取り除くなら、全部を外すのと同じ。そうすると、乳液を冷蔵庫で保存しなければ3日と持たないわ。」

ホースト・レッケルバッカーの話に戻そう。彼は自分のブランドをエスティーローダー社へ3億ドルで売却してから悠々自適に引退した。２００７年にローダーとの競争避止規定が終了すると、代わって、インテリジェント・ニュートリエンツ（Intelligent Nutrients）という１００％オーガニックなブランドを立ち上げた（www.intelligentnutrients.com）。ウィスコンシン州にある、オーガニック原料を栽培する彼の農場を拠点にした会社である。

「農薬や殺虫剤は人間の病気の原因になり、地球を破壊します。」と『テレグラフ』誌の記者に彼は言った。「化粧品業界全体が化学物質のカクテルなのです。」レッケルバッカーは「抗菌と抗カビ作用のある」エッセンシャルオイルを保存料として配合している。アヴェダ・スパでアロマセラピーを世に広めた彼は、この分野ではエキスパートである。「自分が食べられないものは肌に塗らない」というのが彼の信条だ。彼はデモンストレーションで製品を飲んでみせることで有名だ。彼が作った口紅には、持ちを良くするための非オーガニック成分は入っていなかったが、ある意味で正当な理由があった。「キスをしても落ちないように、他の口紅にはプラスチックコーティング剤が配合されているんだ。」本当に彼は一般的な口紅に対して批判的だ。「いわゆる天然ミネラルの色味は、全て有毒な金属からできている。鉄、コバルト、鉱物が原料だ。」（2011年4月23日号、「アヴェダ創業者の使命：美容産業の活動を浄化（Aveda founder's mission : to clean up beauty industry act)」）

彼の製品は高価格帯で販売されている。リップバームは12ドル、「ボディー・エリクシール」は30ドルから80ドル。しかし消費者は購入していく。天然のオーガニック製品は美容産業の未来に大きな役割を演じるだろう。大別すると、この領域は二つのカテゴリに分けられる。認定済みの有機原料を配合した「オーガニック」製品。そして植物由来や他の天然原料と化学化合物をブレンドして製造された「自然派」化粧品である。ミンテル社とユーロモニターの研究員によると、「自然派」や「オーガニック」をパッケージに表記した化粧品の数は、２００７年から倍増したという。そこで例によって消費者が直面するのは、マーケティングによる偽の宣伝の伝播にどう対処するかである。

実質的には、あらゆる製品が「自然派」を標榜しうる。「オーガニック」はますます定義が厳密になりつつある。アメリカで合衆国農務省からの認定が与えられるためには、次の基準を満たさなければならない。「１００％オーガニック」と表記するには有機原料のみを使用しなければならない。「オーガニック」と表記するには95％以上がオーガニック原料で製造され、「オーガニック成分配合」と表記するなら70％以上配合、と定められている。ヨーロッパでは状況がやや複雑で、様々な団体が別々に認証を付与する。フランスはエコサート、ドイツではネイトゥルーとＢＤＩＨ、イタリアではＩＣＥＡ、イギリスでは英国土壌協会である。だが２０１０年６月に、「天然のオーガニック化粧品のための国際的かつ国際的に認められた基準」であるコスモス基準に多くの組織が参画した。本書執筆中の現時点では、欧州委員会が厳密な法制度の整理のために、化粧品会社によるラベル表記を調査中である。それまでの間、消費者ができることは認証を念のため自分で確認することだ。

既に欧州委員会は、2003年に改訂された欧州化粧品規制に基づき、以前は化粧品に配合されていた1000の化学物質の使用を禁じた。アメリカでは業界の自主規制があるためFDAによる禁止はわずかだが、美容産業のグローバル化が消費者に貢献する分野の一つである。加えて、化学物質に対する公共的な活動がインターネット上で扇動され、他の産業と同じく美容関連でも消費者の力が強まっている。膨大な数のウェブサイトは化粧品や原料の包括的な情報を掲載していて、その中でも注目すべきは6万5000もの製品データベースを持つエンバイロンメンタル・ワーキング・グループ(Environmental working group)によるスキン・ディープ(Skin Deep)だ(www.ewg.org/skindeep)。欧州委員会も、改訂版の欧州化粧品規制で扱う成分のデータベースを保有する。カナダ保健省は、化粧品への不適切な使用と考えられる物質をリストアップした、オンラインのコスメティックス・ホットリスト(Cosmetics Hotlist)を公開している。「化粧品の警察」であるポーラ・ビゴーンの「ビューティーペディア」では4万5000以上のスキンケアとメイクアップ製品のレビューが検索できるデータベースがあり、成分や期待される結果(および効果)に関して詳細な情報を閲覧することができる。化粧品に配合される化学物質について警鐘を鳴らす書籍も、毎月出版されている。

以上のことは美容産業と消費者にとって有益なニュースだ。自然派製品へのニーズが高まることで化粧品市場に事業機会が訪れる。起業家や新世代のブランドはニッチな市場を創造し、美容関連のグローバルな巨大企業にとっての買収の標的になる。店頭では、自然派やオーガニック製品に割り当てられる棚が拡大し、ナチュラルビューティーに特化した店舗など新たな販路の余地を作る。中央や東ヨーロッパといった、まだ流行が全面的に浸透していない地域は成長の源となる。これら一切を考えると、自然派の潮流は、マーケターが新たなストーリーや宣伝文句を紡ぎだす豊かな領域となるだろう。

この主題で言及されるべき別の側面も存在する。オーガニック製品がいつも肌にいいとは限らない。天然が肌に優しいとは限らないのだ。広く知られたことではあるが、業界はそれを必死で隠している。自然界には毒とアレルゲンが混在する。有毒な植物を思いつきで列挙してみるだけで、ベラドンナ葉、キツネノテブクロ、アメリカツガ、ヒヨスなどがある。換言すれば、オーガニック製品ということだけで発疹を起こさないということはない。

クラランス：自然なラグジュアリー

おしゃれなパリの郊外を拠点として、高級デパートに店舗を持ち、朗らかにダイエットを謳う派手な広告宣伝をするビューティーブランドが、道徳的で責任感のあるブランドになれるだろうか？　クラランスはできると考える。「私たちの目標は尊敬と気配りに基づいています。」と家族企業の経営者であるクリスチャン・クルタン－クラランスは語る。「私たちは顧客を尊敬し、彼女たちに気を配っています。かつ自然に対しても尊重し、関心を寄せています。そういうシンプルなことです。」

日焼けした肌をしわくちゃにする彼の笑顔は親しみやすい。クルタン－クラランスは、自身の男性用スキンケアラインを例に挙げながら、男性は誰しも密かに好感を持たれたがっていると、私に語ってくれた人物である。その評価には確実に自分自身も含めていただろう。彼は、弟であり研究開発を任せるオリビエと共に会社を経営する。

1954年に父親である故ジャック・クルタンによって同社は創業された。父は戦争によって医学の勉強を中断せざるを得なかったが、外科医を志望していた。クルタンは姉とそのたくさんの友達の中で育ったため自然と女性の輪に入り、健康と美しさに関する洞察を身につけた。外科医のアシスタントをした際に、彼らが女性を扱う時に美的な事柄を全く気を留めないことに衝撃を受けた。患者が助かれば、傷の大きさはどうでもよかった。ある医師が、患者のベッド横のテーブルに置かれた夜用クリームの瓶を片付けるように看護師に不愛想に指示したことを、彼は記憶していた。医師にとって、そういった製品は詐欺のようなものだったのだ。

戦後、クルタンは学んだことを実践する方法を探した。最初に試したアイデアは、今から見ればやや古めかしいものだ。二つの円錐体から冷水が噴射される「豊胸」機器や、ゴムでできたローラーでマッサージをするダイエット器具などである。だが、これらによって、彼の生き生きとして、探求心に満ちた想像力を窺い知ることができる。この方法を気に入った顧客もいたようで、パリ9区にあったクルタンの最初の美容サロンのお得意様は、販売員や女優、社交界の女性たちだった。クラランスという名前は学校の学芸会で演じたローマ時代の役柄から名付けたものだ（それ以来、敬意を表し彼の息子たちは名字の後にその名を加える）。

1960年代にクルタンはマッサージ治療に使用するオイルを6種発売した。身体用3種と顔用3種で、自然植物のエキスを100％配合した。クリスチャンによると「今日のトレンドが始まる数十年前から、父親は天然原料の効果について語っていた」らしい。「幼少時代のほとんどは父親と植物園のような庭で過ごしました。その原料は何千年も人間に利用されていて、有益な効果が知られていることに父は魅了されていました。」

今では「天然」や「植物性」はクラランスのブランドアイデンティティの鍵となる要素だ。クラランスの処方には動物由来成分を一切使わず、動物実験も行わないという。フェアトレードにも積極的で、ソーラー・インパルス（Solar Impulse）の太陽光発電の飛行機や、アルプ・アクション（Alp Action）のアルプス地方の生物学的多様性を保護するプロジェクトなど、様々な環境保護活動も支援する。

しかし顧客の声に耳を傾けるというジャックの決意は、香水専門店で天然オイルを販売し始めた際に不安の源となった。「彼は顧客の声に基づいて製品を改良し続けられる、という考えが気に入っていました。」とクリスチャンは言う。「当然ながら販売代理店経由の商売では、彼は関わることができません。そこで、お客様が記入して送付できるハガキを各製品に入れることにしました。私がクラランスで働き始めた初日にはオフィスに到着してすぐ、父親からそうしたハガキの中の10通を渡されました。ＣＲＭは我々の文化に深く根付いています。初めて作ったセラムはお客様からの要望でした。それまで、セラムという単語は薬局では一般的でしたが、美容産業ではそうではなかったのです。」

リフト・アフィーヌ・ヴィサージュという製品も、アジア市場の消費者からの、スリムで引き締まった顔立ちを求める声に応えて開発された。またジャック・クルタンは、郊外で過ごす時間が長いと肌の調子が格段に良くなるという顧客の声を聞き、公害に対抗するバリア機能についての研究を始めた。

今日では同社は、顧客がウェブサイトを通じて参加できる、クラランス&ミーという会員制度を展開している。それに登録すればニュースレターが届く。そのデータベースの情報に基づき、クラランスは製品サンプルを送付している。「顧客には、購入前の試用をお勧めしています。アレルギー反応を起こして欲しくないのです。天然原料が必ずしも肌に優しいということはありませんから。」

クラランスの広告は必要最低限かつ大胆なものである。白地に鮮やかな赤字のロゴが、静物写真家であるグイド・モカフィコによるソフトフォーカスの人物写真と、上品な書体の大々的な宣伝文句とともにレイアウトされる。クリスチャンはファッション誌が最も効果的なマーケティング媒体であると言う。「各誌が特定の読者層を確保しているので、我々はそれに合わせてメッセージを調整できます。テレビ広告はもったいない。オピニオン・リーダーにリーチできるので、ニュース雑誌にも関心があります。」

父親に似て、クリスチャンも自然、特にバイオミミクリ（静物模倣）に触発されている。バイオミミクリは、人間の問題解決に自然世界からのヒントを活かすアプローチである。しかし同社は、広告上で「天然」という訴求を強調しすぎないように注意している。「目指すのは効果があり、安全な製品づくりです。そこで選択できるならば天然原料を使います。もしそれが私たちの希望にそぐわなければ、化学原料を選択します。90％の確率で天然原料が選択されます。天然原料の場合、国内の有機栽培のものにするのですが、これが難しいのです。フランスの農地のわずかな割合しか有機農園がないからです。それによってオーガニックブランドと標榜することはできないし、そうしてもいません。」

アンチエイジング用クリームの際どいテーマに関しても、騙すブランドでありたくないとクリスチャンは言う。「ほら、50代になった今日のほうが15年前よりも美しく見える女性は必ずいて、化粧品がそれに何かしら影響すると信じています。しかし我々は奇跡を約束できません。50代の女性向けのクリームを広告する場合には、我々は30代ではなく40代の女性をモデルとして採用し、写真から一本たりともしわを修正して消去することはありません。」

宣伝文句は、クリスチャンの弟で、1990年代に家族経営に加わったオリビエが担当する。彼は整形外科医として長い経歴を持ち、傷を最小限に押さえる治療を専門にしていた。今では80人の研究員チームを部下に持つ。「我々はしわが消えるという訴求をしたことは決してありません。」と彼は言う。「ある程度しわを減らすことはできます。しかし自分たちのクリームの実際の効果は、将来の肌ダメージを防ぐことです。そういう意味での時間を遅らせられる、と訴求しています。」

クランスの製品は、市販される他の高級ブランドに比べてリーズナブルな価格だと、クリスチャンは主張する。「率直に言って、（他のブランドは）良識の範囲を超えています。」彼は再度笑顔を見せ、論点は再び出発点に戻った。「すべては顧客への敬意に遡るのです。」

ビューティーへのコツ

✻アニータ・ロディックによって、「自然派」ビューティーブランドで初のメジャーブランドとなるボディショップが誕生し、道徳的な価値観と既存製品に対する真の代替製品を展開した。

✻広告宣伝を賄う余裕がなかったので、彼女は自分の歯に衣着せぬ性格と、立派な大義への積極的な取り組みを活かして、メディア露出をした。

✻会社が成長するにつれ偽善者と批判を受けたが、彼女は社会や環境問題への取り組みをやめなかった。

✻1990年代にボディショップによって、自然派ビューティーブランドが垢抜けて洗練される時代が切り拓かれた。

✻ロレアル社によるブランドの買収は、自然派の化粧品市場が巨大ビジネスであることを確証づけた。

✻近年では、化粧品に配合される化学物質に対する消費者の警戒心と、環境保護への関心が相まってオーガニックブランドへのニーズが高まっている。

✻フランスのクラランスは、自然派のビューティーブランドと伝統的な高級化粧品メーカーを両立させていて興味深い。

第19章

針のアーティスト

医師や弁護士がタトゥーを彫りに来る

マンハッタンのボンド・ストリートにあるおしゃれなカフェ、スマイルでは、キャロットケーキを食べながらタトゥーを入れられると聞いたのだが、実際行ってみるとそんな風には見えなかった。むき出しのれんが造りの壁や、すり減った床、暖炉の上にはドライフラワーが置かれ、棚にはカティサークの空き瓶と年代物のスクラファニ・ブランド（Sclafani）のトマト缶の空き缶が飾られた、1900年代頃の寄宿舎のような雰囲気が気に入った。BGMに流れていたジョン・デンバーの「カントリー・ロード（Take me home, country roads）」が聞こえてきて、タトゥー施術の針の音はしなかった。

間もなく、訪れるのが遅すぎたことに気がついた。タトゥーショップとしての顔は消え、今やスマイルはまっとうなカフェだったのだ。私はスマイルの存在を、タトゥーがメジャーになった証拠として扱おうと考えていたのに、失敗したと思った。もはやアングラなものでもなく、反体制的なメッセージもない。タトゥーは美容業界に飲み込まれ、宝石や化粧と同じような無頓着な感覚で女優やモデルによって娯楽化され、髪の毛のエクステや付け爪のように手軽なものになったのだ。

私は完全に間違っていたわけではなかった。次の目的地のニューヨーク・アドーンド（New York Adorned）という店では、少し運が向いてきた。それはブルックリンのウィリアムズバーグにある、ジュエリーショップとタトゥースタジオが併設された店だ。

それは、表向きにはジュエリーデザイナーでタトゥー界では伝説の人物であったロリ・レヴンが1996年にオープンした店で、ジュエリーとタトゥーの2つのアートがひとつの空間に融合していた。「私たちがスタートしたときに比べたら、ずいぶんタトゥーは受け入れられてきているわね。」と彼女も認める。「医師や弁護士でもタトゥーを入れに来るわ。始まりはファッション業界だったと思うけど。ジャン＝ポール・ゴルチエやアレキサンダー・マックイーンみたいな人たちがタトゥーを服にプリントしたの。それを着ると人は、力を授けられた気分になったのね。タトゥーは強い主張をするものよ。そのあとは、必然的な流れのまま進んだわ。」

レヴンはクイーンズに生まれた生粋のニューヨーカーである。ロサンゼルスに住んだ時期もあったが、故郷が懐かしすぎてすぐに舞い戻った。彼女は人生で初めて間近でタトゥーを見たときのことを覚えているという。「私が8歳か9歳の時、祖母の家で集まるディナーに、いとこが肩に薔薇のタトゥーを入れて来たの。みんなそれに夢中になっていたわ。」

それから数年後、彼女が10代になった頃、ビーチで遊んでいたら中年の女性がお尻に蝶のタトゥーをしているのを見つけた。私が欲しかったのはこれだ、とそのとき彼女は思った。法律上18歳まで待たなければならなかったが、「姉のIDを拝借して、彫ってもらいに行ったわ。」

1つで満足できる人は、そうはいない。クリス・オドネルは、私が彼に会った当時、ニューヨーク・アドーンドで仕事をしていて、尊敬を集めるタトゥーアーティストだった。彼にとって人生初のタトゥーは「スケボーやパンクロックからの自然な流れ」として、比較的シンプルで民族的なデザインのものだった。「毎朝目覚めたときに最初に思うことは、この芸術作品が自分の肌の上にある、ということだったね。この経験をもう一度体験したい。もっと欲しい、もっと大きいのを。」

ロリ・レヴンは、1990年代初めに仕事で滞在していたロサンゼルスから戻った後、周囲でタトゥーをよく見かけることに気付いた。そのほとんどはオドネルが流行らせた民族的なスタイルだった。興味深い事実である。肝炎を蔓延させる恐れがあるとして、ニューヨーク市では

1997年までタトゥーは違法であったにもかかわらず、ニューヨークは常に芸術の中心地なのだ。世界初のロータリーマシーンの特許はこの街で取られている。（タトゥーの機械は基本的に二種類ある。肌に針を刺すために電動モーターを使うロータリー式と、電磁回路を使って玄関の呼び鈴と同じ原理を用いたコイル式である。コイルマシーンのほうが現代的で使いやすくトラウマになりにくいと考えられているが、ロータリー式のファンもいる。）（訳者注：コイルマシーンを日本ではマグネットマシーンと呼ぶ。）

レヴンには何人か、各人のアパートで非公式に仕事をする彫師の知り合いがいた。彼女は「タトゥー師（tatooers）」と呼ぶ。彼女は彼らを取りまとめてイースト・サイド・インクという名の協同組合を立ち上げ、セントマーク広場に近い3ベッドルームのアパートで事業を始めた。「みんなが集まってアイデアを交換したりする場所を想像して、そういう環境を公式に作ったの。みんなが何時でも階段を上ったり降りたりするから、大家さんには嫌われたけどね。」しかし、いまではレヴンと友だちがなにをしようとしたか明らかになっている。彼らはそこにジュエリーショップを開店し、その裏にタトゥースタジオを併設した。そこは密造酒の代わりにタトゥーを提供する潜り酒場だった。二番街にあって、ニューヨーク・アドーンドに次いで開店した。

「ニューヨーク中で最悪の秘密だったでしょうね。」とレヴンは笑う。「みんな分かっていたもの。第9管区の警官全員にタトゥーを彫ったわ。彼らも自分たちの問題じゃないって思っていたようね。」

他にもう一人、ニューヨークで有名なタトゥーアーティストと言えば、「カプチーノ&タトゥー（Cappuccino & Tattoo）」という看板を掲げた店を開いていたジョナサン・ショーである。タトゥー規制に一定の決着をつけるためにデモ活動を行い、なんとか事業を継続した。今日では、レヴンの店舗も免許化され、ニューヨーク市の衛生局による定期的な検査の下に運営されている。

今では法律上認可されたにもかかわらず、レヴンはタトゥーだけでなくジュエリーのデザインと販売も続ける。彼女の作品はタトゥーのエキゾチックなデザインと完璧にマッチしていて、スタジオを彩っている。そのデザインのヒントは世界に存在する色彩豊かな文化に由来するらしい。彼女はインドが気に入り頻繁に訪れている。「時々、私のジュエリーはボディピアスのことだろうと勘違いする人がいるけど、違うのよ。ボディピアスの流行は90年代中頃がピークね。イーストヴィレッジにピアスショップを開いて、一日に百個くらいピアスを開けていたけど、今ではブームも落ち着いたわ。」

一方タトゥーは、これまで以上に人気が高まっている。私が訪問したときは文字を彫るのが流行っていた。「詩全体を注文する人もいるわ。肌は紙と全く違うから難しい。例えば銅板に刻まれた詩を、人のあばらに彫る、みたいなものね。」

オドネルはというと、体中のあらゆる部分に施す、美しい色鮮やかな日本流のタトゥーを専門にする。金色の虎や宝石色の大蛇が背中一面や胴体ぐるりと広がるタトゥーだ。「でも大きくなきゃいけないわけじゃない。」と彼は主張する。「僕はただ、自分が楽しいと思うものに没頭したいだけ。顧客が店に足を運び、アイデアについて一緒に話し合う。最近では自分がどんな作品を作るか顧客が知っていて、事前に考えてからやってくるよ。」

顧客の考えに賛同できない場合、彼は丁寧に断る。ここは自分の恋人やペットや、好きなロックスターの名前を自分の腕に彫るような路地裏のタトゥーショップではないのだ。もちろんルイ・ヴィトンのロゴも含めて。

スタジオから飛び出したタトゥー

2011年、ラグジュアリーブランドのルイ・ヴィトンがタトゥーアーティストのスコット・

キャンベルを特集したオンラインビデオを放映した。「人生の一日（day in the life of）」という3篇のビデオは長々しい広告で、キャンベルとルイ・ヴィトンの男性服デザイナーのポール・エルバースがコラボしてスカーフ、シャツ、パンツや鞄にまで、墨の巨匠によるプリントをデザインしたという話だ。キャンベルは現代芸術のアーティストでもあり、喜んで受諾した。

スコット・キャンベルは、反逆的な象徴であったタトゥーを、ある一定の地位まで高めた人物だと言われている。彼はセーブド・タトゥー（Saved Tatoo）という最初のスタジオを２００４年にブルックリンで開店した。以来、モデルのヘレナ・クリステンセンやリリー・コール、後に俳優になったヒース・レジャー、ファッションデザイナーのヴェラ・ワンなどにタトゥーを彫ってきた。ヴィトンの婦人服デザイナーのマーク・ジェイコブスも彼の常連だ。キャンベルは自身に、スポンジボブやシンプソンズのマンガのキャラクター風に描いた自分自身、という独特な装飾を施した。２００９年に仕事場をスマイルカフェの地下に移し、施術代金は一時間に３００ドルとなった。（『ニューヨーク・オブザーバー（*New York Observer*）』誌、２００９年3月17日号「マンハッタン・インク：タトゥーの巨匠、スコット・キャンベルは、スターたちにタトゥーをする（Manhattan ink: tat master Scott Campbell needles the stars）」）

必然的に、キャンベルは「芸能人御用達のタトゥーアーティスト」と呼ばれている。でも彼はそれに苛立ちを感じていないようだ。「突然、長年自分の身近な存在として愛してきた何かがファッションに当てはまった。」と彼は『ペーパーマグ（*Papermag*）』誌に語った。

「タトゥーアーティストの多くは、タトゥーは心からの決意や完全に自分を捧げる気持ちを必要とするものだと考えるため、反感を抱きます。ファッションや表社会のメディアに取り込まれることに対して、自分の一部では『ちょっと待てよ、これは私の個人的な世界だぞ。』と言いたくなります。しかし結局のところ自分だけの世界ではないのです。社会的に露出すればするほど、もっとたくさんの理解や評価を得ることができるのですから。それはそんなに悪いことじゃないと思います。」

またキャンベルは、それまでのタトゥーショップのありきたりのやり方の先を見越していた人物としても評価されている。

「自分自身の店を開店させる時、少しだけ前向きで創造的な場にしたら、ずっとタトゥーを彫りたいと思っていたけど汗臭いバイクショップは嫌悪していた人たちが気に入ってくれました。街の中に、他と違ったり、少しクリエイティブで目立つタトゥーショップが一軒建てば、顧客は自然に引き寄せられます。特にクリエイティブな業界の顧客はそうです。」

（2010年9月3日、「『ファッション業界人』の非公式タトゥーアーティスト（The unofficial tattoo artist of the "fashion folks"）」）

実はもう一人、大衆によるタトゥーの受容に対して、さらなる衝撃を与えた人物がいる。2004年に、フランスのファッション起業家であるクリスチャン・オードジェーが、有名なサンフランシスコのタトゥーアーティストに触発されたエド・ハーディのファッションラインを制作するライセンス供与をした。ファッション激戦区に店舗を出店し、芸能人に無料で製品を送るなどしたオードジェーのマーケティングの才覚によって、瞬く間にマドンナからパリス・ヒルトンまでみんながタトゥーTシャツを着て現れた。

ドン・エド・ハーディは、彼そのものが魅力的な人物だ。彼は1960年代にサンフランシスコ・アート・インスティテュート（San Francisco Art Institute）で学び、凹版エッチングの技巧を身に付けた。これは金属板に画像を彫刻する製版の技術である。しかしカリフォルニアのオレンジ郡にあるコロナ・デル・マーのビーチ沿いの街で育った幼い頃から、彼は、タトゥーに魅了されていた。「10歳になるまでに、彼は水性ペンやメイベリンのアイライナーで他の子どもの腕に、車や鷹を描いていた」と『サンフランシスコ・クロニクル（*San Francisco Chronicle*）』紙の記事は伝えている（2006年9月30日号、「ドン・エド・ハーディのタトゥーは、高い芸術性と大きなビジネスの可能性がある（Don Ed Hardy's tattoos are high art and big business）」）。『ポピュラー・メカニクス（*Popular Mechanics*）』誌の裏表紙に広告されていたタトゥーのカタログと、郵便局の壁に貼られていた指名手配犯のポスターが、彼にとってタトゥーのアイデアの源だった。

彼は大人になると、文学教師からタトゥー信奉者に鞍替えしたフィル・スパロウが経営する、オークランドにあったタトゥーショップで商売を学んだ。ハーディはスパロウのおかげで日本の「全身」刺青に出会った。そして１９７３年に西洋人として初めて、日本の彫師の巨匠である、彫秀の弟子になった。そこで、「ヤクザという、何人もの日本のギャングに刺青やピアスをしました。」またハーディは、「船乗りジェリー」というあだ名の、ノーマン・コリンズという今は亡き彫師を尊敬している。このあだ名は、３本マストのスクーナー船でハワイ諸島を巡ったことから付けられた。「ジェリーは、10代のころからヒッチハイクや貨物列車のただ乗りで全米を回りながら、希望する客には手彫りでタトゥーを彫っていました。１９２０年代にシカゴにたどり着き、伝説のギブ〝タット〟トーマスという彼にとって初めての師匠に出会い、彼がジェリーにタトゥーマシーンの使い方を教えました。」（www.sailorjerry.com）

〝タット〟が誰からタトゥーの彫り方を教わったのかは分からない。もしかしたら海賊かもしれない。彼はニューオーリンズの実家を14歳で出て、世界中を旅した。タトゥーには旅を思い出させる何かがある。船乗りや流れ者、南太平洋で上陸したひと時。単語自体はポリネシアの「タタウ」を起源とする。ハーディは「タトゥーの口述史は素晴らしい。」という。彼はこれに関連した本を何冊も出版している。タトゥーへの「原始的」衝動を彼は信じている。「私たちの種の最古の人類が凍ったミイラで発見されていますが、タトゥーをしていたという証拠もあります。」

タトゥーは多くの場合、文字通り烙印として用いられてきた。つまり奴隷や囚人を表す印や、ナチの強制収容所の収容者による死の行進にも使われた。また勇気を表す印でもあり、邪悪なものに対する魔除けや愛の宣言でもあった。そしてもちろん部族の一員としての証や従属の象徴であり、ファッション好きが魅了されるのは当然である。

ハーディは今でもサンフランシスコにタトゥー・シティ・ショップ（Tattoo City Shop）を構えているが、数年前にタトゥーを彫ることからは引退し、現在は絵画や製版に集中している。彼には長年の経験で培われた彫刻のセンスがあるのはもちろんだが、アートの世界の表と裏を融合する能力がある。その能力によってタトゥー彫りの匠の技が、一般社会に広まったのだ。

タトゥーは理論的には半永久的であるため、タトゥーを入れることはいまだに過激な行動と言える。だからこそタトゥーは大胆さや創造性を感じさせる。スコット・キャンベルが暗に述べたように、タトゥーはクリエイティブな彫師や人々の反骨精神によって社会の主流になった。保守的な面《おもて》の下にタトゥーを隠すことでスリルを味わう、医師や弁護士の気持ちは想像に難くない。しかしタトゥーが放つ意味は、同世代でしか共有されないかもしれない。２００７年のピュー・リサーチセンター（訳者注：アメリカの世論調査機関）の調査によれば、26歳から40歳のアメリカ人の40％がタトゥーを入れているが、18歳から25歳では36％であった。この数値を見ると、ある人にとってはタトゥーを入れることが中年という危機の、早期表明なのかもしれない。

この流行を取り入れたいが肌の下に墨を入れたくないという人には、落とせるタトゥーがどこでも手に入る。シャネルですら「限定のタトゥーシール」。アイコニックなシャネルのロゴやシンボルをモチーフに、メイクアップの世界的クリエイティブ・ディレクターのピーター・フィリップスがデザインしたタトゥー」を販売している。

でも、もし本当に決心して、本物を入れたくなったら？　ニューヨーク・アドーンドのロリ・レヴンは、次のアドバイスを贈る。「きっと一つじゃ満足できなくなるから、事前に計画すること。最終的にどんな結果になるか、そこまでどうやって進めようか考えて。タトゥーを入れることは短絡的に決めることではないわ。あなたの人生に関わることだから、相応に向き合わないと。結局それは、流行りのものではないから。入れるタトゥーは時代にとらわれないものにするべきね。」

ビューティーへのコツ

✽船乗りの荒っぽい歴史を持つタトゥーは、反体制派にとって魅力的に映る。しかし今や反社会的なイメージはほとんど消滅し、調査によるとアメリカでは26歳から40歳の40％の人が、イギリスでは16歳から44歳の29％の人がタトゥーをしている。

✽モデル、俳優、ファッションデザイナーたちによってタトゥーは裏の社会から表舞台へ持ち出された。

✽タトゥーアーティストによれば、ファッションから流行が始まった。アレキサンダー・マックイーンやジャン－ポール・ゴルチエのようなデザイナーたちがタトゥーに触発されたアートを洋服に展開したのだ。

✽サンフランシスコのタトゥーアーティストの名前をライセンス契約した、エド・ハーディのファッションラインが、芸能人たちにもてはやされた。

✽タトゥーアーティストのスコット・キャンベルはルイ・ヴィトンとコラボし、タトゥーアートを施した洋服やバッグを生み出した。

✽シャネルから「落とせるアート」のタトゥー商品が販売されてい

る。

✽タトゥーの芸術的なメッセージ性がファッション誌を通して広まり、タトゥー人気に拍車をかけた。

✽タトゥーの一時的な流行は収束するだろうが、社会的に認められた装飾として存続するだろう。

第20章

美の未来

人間は自分をより良くしたいと渇望し、人より一歩先んずる策への興味は尽きない

「ビューティーを越えて（The Beyond Beauty）」と題されたパリでの展覧会は、まさに美の見本市だった。いや、もしかしたら「美の見世物小屋（beauty bizarre）」と呼ぶべきだろうか。ポルト・ド・ヴェルサイユ（Porte de Versailles）にあるハンガーのような形をした会場に出展され約５００のブースを見て回ったが、使えば若返り、さらにきれいになるという製品の山に途方に暮れた。

ちらっと見物したリアージュ（Re-Age）社のブースでは、歯科医が使うドリルのような金属の機械を手に持って、デモンストレーターが一般客の顔に微量の空気をプップッと噴射していた。それは、リオキシー（Re-Oxy）という、老化の兆候をケアするために酸素を使うものらしい。メスも注射も使わず、酸素の振動によって、手元の機械で有効成分を肌の奥深くまで送り込む。既にこのシステムは、モナコのあるスパで採用されたという。その他には、吸入器を使って酸素と

エッセンシャルオイルを吸ってストレスを解消するというケアの方法もあった。

そのケア自体がストレスになりそうだと思い、次のブースへ。そこでは、LEDライトを肌に照射し、細胞を刺激する小型の光子機に出くわした。そういった機械は、以前は皮膚科医やエステサロンの専門領域のものであったが、いまではその「史上で最も必要な、最後のスキンケアシステム」が250ユーロ以下で手に入る。ホームケアはスキンケアの次の大きなトレンドだと説明された。

それ以外には？　美容関連企業はこれから数年先に、私たちに何を売り、語りかけるのだろうか？

ニュートリ・コスメティクス（NUTRI COSMETICS）

これらの製品は、「機能性食品」や「肌改善栄養補助製品」と呼ばれる。つまり、内側から美しくする栄養サプリメントや機能性食品のことである。このトレンドは、何世紀にもわたって生薬が美しさのために用いられてきた国、日本から生まれた。近年では、コラーゲンたっぷりのスープ、ヒアルロン酸（細胞組織の修復を促進する）やセラミド（肌のバリア層にある脂質成分）配合の飲み物やヨーグルトまで拡大している。

そのトレンドがヨーロッパに渡ってきたのは、ダノン社の「美肌」ヨーグルト、エッセンシス（Essensis）が、２００７年にフランス、スペイン、ベルギー、イタリアで発売されたからである。ビタミンEと緑茶の抗酸化物質が配合され、他の含有成分とともに内側から肌に栄養を与えるヨーグルトと謳われた。しかしフランスでは売上が伸びず、2年間で販売中止となった。機能性食品の潜在的な可能性が誇張されすぎたのかもしれないが、小売店への配荷にも問題があった。

スーパーの店内で、ダノン社はエッセンシスを通常のヨーグルトの棚の隣に配荷した。しかしその棚に並べられると、エッセンシスはヨーグルトにしては法外な値段に見え、製品に付いている美肌のキャッチコピーがその場にふさわしくないように見えてしまった。ネスレ社が美容ドリンクのグローウェル（Glowelle）を発売したときには、アメリカのニーマン・マーカスといった高級デパートで販売された。「ニーマン・マーカスのようなお店のお客様は、美容製品を探していらっしゃるし、それが毎週スーパーで食料品を買う家計にどれぐらい影響するかなんてあまり関心がありません。それに販売員もお客さんと対面して、新製品のことやそれがどのように効果があるのか説明することができます。」（『フード・アンド・ドリンク・ヨーロッパ（*Food & Drink*

Europe)』誌、２００９年2月9日号。）

エッセンシスの失敗によってニュートリ・コスメティクスのトレンドが終わる、ということはなさそうだ。ロレアル社はネスレ社と共に、このタイプの製品開発を行うイネオブ（Inneov）という合弁会社を始めている。アンチエイジングや肌のハリに効くサプリ、セルライトを撃退する「デトックスして流し出す」タブレット、抜け毛対策や増毛に効く製品まで発売する。

ペリコンＭＤ（Perricone MD）とは、皮膚科医のニコラス・ペリコンによるアメリカ発祥のスキンケアブランドで、たくさんの「機能性」サプリメントを販売している。同じくアメリカでは、ウォルグリーンズ社が、スコット－ヴィンセント・ボルバというエステティシャンとコラボした食べる化粧品シリーズ、ボルバ・インサイド・アウト・ビューティー・ソリューションズ（Borba Inside Out Beauty Solutions）を立ち上げた。ブルーベリー、ざくろ、クランベリーといった抗酸化作用のある「スーパーフルーツ」がたくさん配合され、ファーム＆フィット・カルシウム・チュー（Firm&Fit Calcium Chews）（訳者注：グミ）、ヘルシーグロー・イミュニティ・ドリンクミックス（Healthy Glow Immunity Drink Mix）（訳者注：粉末ドリンク）、マイティー・エナジー・グミ・マイス（Mighty Energy Gummi Mice）（訳者注：グミ）、ビタミンを補うスキン・バランス・ウォーター（Skin Balance Water）などの遊び心ある製品を売り出している。

このトレンドには様々な障壁がある。不確実性の高い規制や配荷の難しさ、消費者の懐疑的な態度などである。しかし内側から美しくなる製品市場の機は熟している。

ニューロ・コスメティクス（NEURO COSMETICS）

気分がいいときは、外見もよく見える場合が多い。これが、ニューロ・コスメティクスのとてもシンプルな説明である。人々の気分やムードを高める美容製品ともいえる。アロマセラピーも似たような効果を約束する製品だが、ニューロ・コスメティクスは内側からの幸福や充実感であるウェルビーイングを高めるスキンケアである。左脳と右脳の交流を活性化したり、セロトニン分泌を高めると訴求する製品もある。いらいらした気分の原因となる皮膚の神経システムを刺激する有効成分を謳う製品もある。神経伝達物質を誘発し、肌に正しい栄養バランスが届くようにするという。

この分野に取り組む一人が、リンダ・パパドポラス博士で、『心理皮膚科学（Psychodermatology）』という本を出版したイギリス人の有名な精神科医であり、ＬＰスキンセラピーという自身のスキンケアブランドも所有している。そのウェブサイトによると、ＬＰスキンセラピーの製品のほとんどが「向知性薬」が配合されているという。これは脳の認知を高める薬で、「スマート・ドラッグ」とも言われている。記憶力や集中力を高めたり、ストレスを和らげるなど、脳の活動を様々なやり方で刺激し、またドーパミンやセロトニンの生成や活動にも影響を与える。

この興味深いニッチな分野を発見したのは、パパドポラスだけではない。クロイアという会社もまた、気分高揚の化粧品に特化している。彼らの売りは、「クロモセラピー（Chromotherapy）」という、色を用いたセラピーである。ある色には、癒しやストレス解消の効果があると言われている。色ごとに効能の頻度や強さは異なるが、その色を目にした人の気分に影響を与える。朝、起床した時に、赤を見る場合とブルーを見る場合では気分に違いが出るという。

クロイア社の創業者である、カーラ・ファラハは光がスキンケアにもたらす影響を信じており、冒頭に挙げたＬＥＤライトを使った治療や、ミネラルやクリスタル、カラフルな貴石を使ったマッサージセラピーなどに、新たな治療法に取り入れている。彼女の製品で、「アクティブ・フォーミング・モイスチャライザー」という乳液は、天然のトパーズ、ネロリの花のエキス、朝鮮人参などの成分を配合し、効能に合わせて多種類の色を展開する。イキイキした気分には黄色、アンチエイジングにはピンク、気分を落ち着かせるにはブルー、などである。

魅力的な話は常に逃さないその他の美容関連企業も、この分野の研究を既に始めている。気分高揚を謳うスキンケア製品だけでなく、「科学的に証明された」方法で自信や幸福感を高める化粧品を今後も注視してもらいたい。

ナノコスメティクス

トレンド予測を精査するのに、それほど長い時間をかける必要はない。時間をかければかけるほど物事が不気味に見えてくるということもある。「ナノテクノロジー」と聞くとまさに、グレイ・グー（暗鬱な未来）（訳者注：ナノテクノロジーの進歩により人間の管理を超え自己増殖を図るナノロボットがねずみ算式に増殖し、地球の覇者となるという状態を表す表現）の世界で、惑星が水没するまで指数関数的に自己増殖する素粒子のマシンのようなＳＦのイメージを想起させる言葉ではないだろうか。事実、ナノ技術は個別の原子や分子から物体や機器を設計することに関連した技術だ。１億分の１メートルの材料の科学と言われている。化粧品産業もナノ技術には注目しており、その理由については以下で説明するが、ロレアル社とＰ＆Ｇ社は国際ナノテクノロジー評議会（International Council of Nanotechnology）のスポンサーをしている。

「グレイ・グー」理論は、もともとエリック・ドレクスラーという科学者によって提唱されたものであり、彼は「ナノ技術の父」と評されることが多い。１９８６年出版の著書『創造する機械　ナノテクノロジー』の中で、物質を操作する能力を持ったナノロボットが人間の支配から抜け出し、地球上の生命を破壊する、という悲惨なシナリオを描いている。その後、ドレクスラーは自身のこの言及を、可能性を秘めたナノ技術の効果への期待よりも、理論的な危険性しか述べていない、として後悔を語っている。「ＳＦとポップカルチャーの世界でのちっぽけなナノサイズの虫の群集の描写がこれほどの認知を得るとは、過小評価していました。」（『ＢＢＣオンラインニュース』、２００４年６月９日号、「ナノ技術の教祖がグーを見捨てた（nanotech guru turns back on goo）」）

そしてさらに安心なことに、科学者が人間を複製するナノマシンを発明するようなことは絶対にないとドレクスラーは考えている。

しかし空想の領域では、その危険な可能性が消えることはないだろう。だが同時に、ナノ分子は化粧品に使用され続けており、国際環境ＮＧＯのフレンズ・オブ・ジ・アース（Friends of the Earth）のような組織はそれに対して苦言を表明している。ナノ技術を最初に応用したのは、日焼け止めのメーカーで、ＵＶＡとＵＶＢ波を遮断する二酸化チタンと酸化亜鉛に長年利用してきた。これらの成分自体は水溶性でないため、濃厚でどろっとした日焼け止めになり、肌につけると白浮きすることが難点だった。「ナノ分子化」したチタンと亜鉛を用いることで、伸びが良く透明で、塗りやすい日焼け止めが製造できるようになり、消費者の人気を集めた。

一方で、ナノ分子が外皮に浸透し血液に取り込まれた結果、細胞を傷つけたり、肺や脳やその他の器官に侵入したりするのではないか、という危惧がある。だがナノ成分に対する厳正な規制の訴えは根強いものの、執筆中の段階では、具体的に応える法律は制定されていない。正直、ナノ成分を含んだ製品の表示に関するルールは存在しないのが現状である。

「ナノ皮膚科学学会による2011年4月の報告書では、紫外線を浴びるとナノサイズのチタンと亜鉛が遊離基と活性酸素を発生させることが確認されました。これらは細胞内のたんぱく質、DNA、脂質に損傷を与える可能性があるということです。有毒性の強さは大きさや構造、被覆の条件などによって異なります。マンガンや他の物質の帯によって分子が保護される場合が多くなります。加えて報告書での、『遊離基形成に関連した損傷は、生きている細胞との相互作用能力に依存する』という点には注意が必要です。そうなるためには、まず最初に肌に浸透しなければなりません。公式の結論では、『ナノチタンと亜鉛は人間の外皮や、毛包にさえも浸透しない。』また、『ナノチタンと亜鉛は生きている細胞には到達せず、有毒性を持つ危険はない。』とありま

す。」（www.nanodermsociety.org)

しかしこれは有毒性を認めていることではないのか。

厳格な法規制が制定されない限り、ナノ分子の使用を化粧品企業が止めることはなさそうだ。ナノ分子はただただ、本当に使いやすいのである。まず第一に、ナノ技術によって有効成分が肌に届く。分子が細かいと毛穴に詰まることも防ぐことができ、「ナノカプセル化」した有効成分は消費期限が長くなる。毛染めもナノテクノロジーの恩恵を受ける。ナノサイズの毛染め剤は髪に簡単に浸透するため、色が長持ちする。

２０１０年3月に開催された全米皮膚科学学会の年次会合の基調講演で、アドナン・ナシールという名の皮膚科医が、美容関連企業が享受するナノ技術の可能性を広く語った。彼によれば化粧品産業はナノ分子の特許数でその他の産業を牽引しており、「日焼け止め、シャンプー、コンディショナー、口紅、アイシャドー、保湿剤、制汗剤、アフターシェービング製品、香水に役立てられる可能性がある。」（『ＰＲニュースワイヤー』、２０１０年3月4日号、「ナノ技術への評価：ナノサイズの分子がスキンケア製品にどう影響を与えるか（Sizing up nanotechnology: how nanosized particles may affect skincare products）」)

彼はナノ技術がアンチエイジング成分の肌への浸透を助けると確信する。しかしマーケティング上の問題も取り上げている。「抗酸化物質のナノ分子を含んだアンチエイジング製品を製造するのは困難であるため、通常の処方の製品よりもこれらの製品は高価になると予測されている。……これらの製品の安全性が確認されれば、消費者は余分にかかる費用に見合う効果が得られるかどうかを考える必要があるだろう。」

化粧品会社の中でも、ロレアル社、ディオール社、資生堂社、アモーレパシフィック社といった企業はオープンにナノ技術を製品に使用している。チーク、ファンデーション、ヘアケア製品やマスカラまでもがナノ成分を訴求しているが、そのうちどれくらいが、単なる宣伝効果を狙った耳触りのいい言葉として使っているだけなのかは分からない。

ロレアル社は、全製品に安全性のテストを課していると宣言している。2010年6月から発行しているサステナビリティ・ファクト・シートによると、同社は「ナノエマルジョンとナノ顔料」を使用している。

「ナノエマルジョンとは、透明感と明るさを維持したまま油分量を増加させるために、オイルと水滴を含む肉眼で見える製剤をナノサイズに小さくしたものです。ビタミンなどの不安定な状態になりやすい有効成分の処方にも利用しています。そうした有効成分をナノカプセル™やリポゾームというナノサイズの小胞に閉じ込めることで空気に触れないようにし、皮膚に塗布したときに成分が放出されるような処方にしています。」（「美容技術におけるナノ技術の使用（The use of nanotechnology in cosmetology）」、www.sustainabledevelopment/loreal.com）

ナノ技術には美容産業を塗り替える可能性がある。これは研究機関のトムソン・ロイターが２００９年に「ナノ技術は若さの泉の扉を開くか？」という報告書を発表した際にも再確認された。この報告書はサンフランシスコのシンクタンク、ジ・インスティテュート・オブ・グローバル・フューチャーズ（the Institute of Global Futures）のジェイムズ・カントンに引用された。「ナノ技術は21世紀の一大産業を創造する、重要なデザインツールのひとつだ。たとえば健康増進産業がある。人間は自分をより良くしたいと渇望し、人より一歩先んずる策への興味は尽きない。」

報告書によれば、「美容業界やパーソナルケア市場での化学専門メーカーの存在感が増している背景には、他の技術から派生したナノ技術の発展が大きい。」という。その中では、富士フイルムが開発したアスタリフトという化粧品ブランドを挙げ、もともとは写真技術で培われたナノ技術が、クリームの肌への吸収を高めるように応用されていることを説明したテレビキャンペーンを紹介している。

他の化粧品会社では、安全性に対する不安を懸念して、ナノ分子を強調する訴求クレームを控えており、ナノコスメが一大カテゴリとして発展するのに時間を要している。しかし一方で、美の未来は自然とナノの融合にあると信じる人々もいる。

ビューティーへのコツ

✽機能性食品や「内面から」のビューティーケアは、まだ十分開拓の余地がある新しいカテゴリである。

✽食品の主流製品と同様に取り扱われたことが、過去の美容食品の失敗の原因である。これからは、スーパーの棚ではなくコスメ製品としてマーケティングされるべきだろう。

✽気分を高揚させる「ニューロ・コスメ」はアロマセラピーと似たアイデアと化粧品を融合させた製品だ。

✽「ニューロ・コスメ」は、柔和な見た目とニューエイジ世代への柔らかい宣伝文句で、「オーガニック」市場と並行してカテゴリを形成するだろう。

✽ナノ技術は数々の大手美容関連企業によって利用されてきた。しかしナノ分子の安全性に対する懸念は払しょくされていない。

むすび

消費者はおバカさんではない……彼女はあなたの妻

美容産業は、若々しくて完璧で、かつ非現実的な美しさのイメージを振りかざし、何百万人もの女性の人生に挫折を与えてきた。同じ挫折を味わった男性も少なくない。このように、美容産業を諸悪の根源と言ってしまうのはたやすい。それを裏付ける証拠も豊富に提示され、多くの人々が同様の結論に達してきた。しかし、グローバルに広がる美容ビジネスのたくましさや活況を見ると、真実はもう少し複雑だと言うべきだろう。

時代や文化を越えて、女性たちはリップを彩り、まつ毛を濃く見せてきた。フェア・アンド・ラブリー（Fair & Lovely）が発売されるずっと前から、女性たちは肌を白くしようと努力してきた。より美しくなりたいと願う女性の欲望は、様々なことに起因する。地位、女性として選ばれること、さらには自信を手に入れるため…。これら全てを、男性優位の化粧品会社が女性を蔑視するメディアを使って扇動したプレッシャーのせいだと、決めつけることはできない。

美の歴史には、メイクアップが女性解放を象徴するために利用されてきたという逸話が、幾度となく登場する。ギリシア時代には、ギュナイケイア（訳者注：ギリシア神話の女神で、豊穣、治癒そして処女性の女神ともいわれる）と決別する女性たちがメイクアップを利用し、またエリザベス・アーデンの時代には、女性参政権論者が真っ赤な口紅を塗ってデモ行進をした。２０１０年に出版された『グラマー（*Glamour*）』という本の中で、キャロル・ダイハウスは、１９２６年のマイケル・アーレンの大ベストセラー、『緑色の帽子（*The Green Hat*）』のヒロイン、アイリス・ストームは、「現代のあらゆるシンボルを見せつけていた……凛とした態度、セクシーな服装、赤い口紅、そして速い車。」と記している。ダイハウスにとっての魅力、そして美しさとは、「より力強い主張を持つ女性のアイデンティティへの道筋を示す」ものであったのかもしれない。ルネッサンス時代の女性たちは、錬金術に基づいたレシピに従って、美容のための料理を作っていた。しかしそれが錬金術に基づいていたからといって、彼女たちがアイリス・ストームや他の人たちに比べて美しくなかったわけでは全くない。

19世紀に登場したスキンケアクリームの多くは、家の中で女性たちが調合し代々受け継いできたレシピから生まれたものであった。産業革命によってこれらのクリームが大量生産され、一方では女性向け雑誌の発刊によって理想的な広告宣伝のメディアが出現した。これらを背景にして、ヘレナ・ルビンスタインとエリザベス・アーデンが、世界初のグローバルビューティーブランドを築き上げた。ルビンスタインとアーデンは、パッケージと広告宣伝、デパートの化粧品カウンターに、あこがれや欲望を込め、夢の世界に女性たちをいざなった。彼女たちは恥じることを知らない立身出世を狙う野心家であった。永遠の若さへの約束は、進歩や科学、ステータスと並んで、クリームの一瓶の魅力を作り上げる総体の一部に過ぎない。エスティ・ローダーも同様である。彼女らのコミュニケーションは新たな美容の神話を作り出したわけではなく、むしろ女性の遺伝子に刻み込まれたニーズに火をつけ、巨大化させただけである。常にメッセージを送り続けたために、女性たちは化粧品を使っていないと「自分自身を甘やかしている」と思い込むようになった。

ウージェンヌ・シュエレールとチャールズ・レブソン、マックス・ファクターは、美の歴史における非凡な人物だ。しかし最も影響力を持った人物の何人かは、女性であった。1970年代後半にフェミニズムの勢いが増すにつれ、アニータ・ロディックは女性の新たな社会的地位を主張し始めた。そうして彼女が巧みに製品に詰め込んだ、地球規模での人権擁護主義を批判することは困難になった。

1990年に出版された、『美の神話（*The Beauty Myth*）』という著書の中で、現代の広告における美のイメージは、フェミニズムそのものに対する反応であったのかもしれないと、ナオミ・ウルフは示唆している。「フェミニストは…女性の神秘性を煽る生活用品の広告主に支配された束縛から，女性向けメディアを解放した。そして同時に，ダイエット産業やスキンケア産業が，知的な女性にとっての新たな検閲官の役目を果たすようになった。ひょろひょろに瘦せた若いモデルが，幸せな主婦から成功した女性の理想像を奪い取ったのだ。」

ウルフは，女性たちに美しさを真っ向から否定するよう主張しているのではなく，ただ美について多様な定義を受け止めるべきだ，と言っている。「必要以上に手をかけることで，私たちは本当の喜びで自分を飾ることができるのではないか。」と彼女は考えている。享楽や「輝き」を追い求めることに対しても，肯定的である。

しかしながら，欧米の美容関連企業がグローバルに拡大し，深刻な問題を引き起こしている。「色白」と「無垢」は何世紀にもわたり美しいと捉えられてきたが，そうした白人から見た狭い魅力の定義を，同様の規範が存在しなかった市場にも断固として売りつけていることは，きわめて悲惨である。これに関連し，本書の準備期間に，ある美容の先駆的な人物が，不快な政治的関係を持っていたことを知って驚いた。ロレアルのウージェンヌ・シュエレールとフランソワ・コティの両者はファシスト組織と深いかかわりを持ち，ガブリエル・シャネルは反ユダヤ主義を信奉し，占領中はナチの将校の庇護を受けていた。三人の考え方と美容産業の勃興期を結びつけるのは極端すぎるが、「無垢」に対する悩ましい強迫観念は私の頭に刻まれた。

ハリウッドやテレビ、ファッション雑誌の力を借りて、ビューティーブランドは美の基準をグローバル化するのに成功したと言っても過言ではない。私たちはマーケティングに魅了され、もっとすらっと背が高く、細身で色白になりたいと願った。喜ばしいことに近年では、事態が改善されつつある。アジアやラテンアメリカ出身のブランドが西側諸国の市場を席巻し始めている。グローバル企業内でも、製品開発やマーケティングがより柔軟に行えるようになり、多様な処方や広告イメージが生まれている。ヨーロッパとアメリカでは、化粧品ブランドが社会の人種多様性を適切に反映し始めてきている。

性別や人種問題に続いて、年齢差別について考えよう。はっきりとした数値は示されていないようだが、巨大なスキンケアのグローバル市場において、アンチエイジング商品が重要な位置を占めていると研究者は考えている。また、ボトックスや真皮注入法などの美容整形外科といった一時しのぎの問題解決法が増えた背景の一つでもある。もう一度言うが、美容産業は何の根拠もなくこの欲望に魔法をかけたのではない。単に人口高齢化の恐怖を強調しただけだ。2002年にマドリードで開催された国連による第2回高齢者問題世界会議（the United Nations Second World Assembly on Ageing）で、2050年までに全世界の高齢者人口が6億2900万人から

20億人に膨れ上がると発表された。さらに掘り下げれば、グローバル経済の停滞により40代から50代の人々が転職市場にあふれ出し、外見に対する悩みが一層深刻化している。美容産業は人を小ばかにしながらも、私たちの虚栄心や不安につけこんでくる。

アンチエイジングのスキンケアクリームは、しわを取ってくれるのか？　イエス。しかしその効果はほとんど分からない程度だ。また、希望や安心、官能的な歓びを与えてくれるか？　効果がないかもしれないことをよく理解しつつも、それを買い続ける人々の人数から判断するに、答えはやはりまた、イエス。だがなんでも信じてカモになる消費者は、軽蔑されて退けられる。偉大なる広告業界人のデイヴィッド・オグルヴィは、「消費者はおバカさんではない…彼女はあなたの妻」と言った。

私は、自分の妻がバカだとは考えない。自分自身もバカではないことを願う。しかし乳液と、目の下を引き締めるクリームはお風呂場の棚に居座っている。化粧品を塗ることは儀式であり、儀式はストレスを和らげる。不確実な世界で、それらは安定性を象徴するのだ。

アーデンやルビンスタイン、レブソン、ローダー、ロディック…全員が、優秀なストーリー・テラーだった。美容産業が私たちの見方を変えたとしたら、とりわけ言葉によって成し遂げられたのであった。だがほとんどのあらゆる産業において、グローバル化がコピーライティングの芸術性を殺してしまった。印象的なロゴと見栄えのする写真は、軽々と国境を越えることができる。しかし美の世界では「宣伝文句」が、広告記事やポスターに、そして言うまでもなくウェブサイトに登場し続ける。言葉は人々を説き伏せながら、快く響き、詩と科学を巧みにブレンドする。

美容関連企業の操作力は衰えつつある。まさに技術によって企業側に膨大なデータベースが作られることで、ＣＲＭの手法が新たな次元に進化すると同時に、化粧品の購買者側にとっては以前は推察しかできなかった情報が手に入るようになった。今日インターネットのおかげで、棚に並んだチューブや瓶、容器一つひとつの配合成分や効果を特定することができる。しかし面白いことが起きている。消費者がその恐ろしさに怯み、永遠に化粧品を放棄する代わりに、自然派やオーガニックスキンケアの次世代のブランドが受け入れられ始めている。そうしたブランドもまた、これまではグローバル企業が捏造したのと同じように、詩的で起こりそうもない効果を訴求しているにもかかわらず。

ビューティーブランドが私たちにストーリーを語り続ける限り、私たちも耳を傾け続けるようである。

参考文献

Armstrong, John (2005) *The Secret Power of Beauty*, Penguin, London

Aveline, Françoise (2003) *Chanel Parfum*, Editions Assouline, Paris

Basten, Fred E (2008) *Max Factor: The man who changed the faces of the world*, Arcade, New York

Benaïm, Laurence (2002) *Yves Saint Laurent: Biographie*, Grasset, Paris

Burns, Paul (2010) *Entrepreneurship and Small Buisiness: Start-up, growth and maturity*, Palgrave Macmillan, Basingstoke

Burr, Chandler (2007) *The Perfect Scent*, Picador, New York

Collin, Béatrice and Rouach, Daniel (2009) *Le Modèle L'Oréal*, Pearson Education, Paris

Condra, Jill (2008) *The Greenwood Encyclopaedia of Clothing through World History*, vol 2, Greenwood Press, Westport, CT

Drexler, Eric (1986) *Engines of Creation: The coming era of nanotechnology*, Anchor Books, New York

Dyhouse, Carol (2010) *Glamour: Woman, history, feminism*, Zed Books, London

Eco, Umberto (2004) *On Beauty*, Secker & Warburg, London

Egyptian State Tourist Department (date unknown) *Beauty Treatment in Ancient Egypt*, R Schindler, Cairo

Iezzi, Teressa (2010) *The Idea Writers*, Palgrave Macmillian, New York

Israel, Lee (1985) *Estée Lauder: Beyond the magic*, Macmillan, New York

Jones, Geoffrey (2010) *Beauty Imagined: A history of the global beauty industry,* Oxford University Press, Oxford

Lorris, Guillaume de and Meun, Jean de (1994 translation) , *The Romance of the Rose*, trans Frances Horgan, Oxford University Press, Oxford

McGraw, Thomas K (2000) *American Business, 1920-2000: How in worked,* Harlan Davidson, Wheeling, IL

Macqueen, Adam (2005) *The King of Sunlight: How William Lever cleaned up the world*, Corgi, London

Marseille, Jacques (2009) *L'Oréal 1909-2009*, Perrin, Paris

Mazzeo, Tilar J (2010) *The Secret of Chanel No.5*, HarperCollins, New York

Mercer, Nigel (2009) Clinical risk in cosmetic surgery, *Clinical Risk*, 15 (6)

Montet, Pierre (1980) *Everyday Life in Egypt in the Days of Ramesses the Great*, University of

Pennsylvania Press, Philadelphia

Paquet, Dominique (1997) *Miroir, Mon Beau Miroir: Une histoire de la beauté*, Gallimard, Paris

Schiff, Stacy (2010) *Cleopatra: A life*,Virgin, London

Temporal, Paul and Trott, Martin (2001) *Romancing the Customer: Maximizing brand value through powerful relationship management*, Wiley, New York

Tobias, Andrew (1976) *Fire and Ice: The story of Charles Revson, the man who built the Revlon empire*, William Morrow, New York

Tungate, Mark (2007) *Adland: A global history of advertising*, Kogan Page, London

Tungate, Mark (2008) *Branded Male: Maketing to men*, Kogan Page, London

Turin, Luca (2006) *The Secret of Scent*, Faber and Faber, London

Vigarello, Georges (2004) *Histoire de la Beauté: Le corps et l'art d'embellir de la Renaissance à nos jours*, Editions du Seuil, Paris

Wolf, Naomi (1990) *The Beauty Myth*, Chatto & Windus, London

Woodhead, Lindy (2003) *War Paint*, Virago, London

訳者あとがき

本書はマーク・タンゲート（Mark Tungate）著、*Branded Beauty*（Kogan Page, 2011年）の翻訳である。ジャーナリストである著者は、世界で広く知られる有名化粧品ブランドのマーケティング手法について、ストーリー豊かに描き出した。本書は、我々にこれまで知られていなかった美の世界の裏側を見せてくれると同時に、今日の女性たちが追い求める「美しさ」が、夢に向かって奮闘するマーケティングの先駆者たちの知恵と努力によって構築されてきたことを、新たに認識させてくれる。

本書はそれぞれ異なるバックグラウンドを持つ、3名の女性訳者による共同作品である。張（はじめに、第1章～第7章担当）は、『メガブランド』（碩学舎、2011年）という著書の中で、日本の資生堂と欧米の化粧品企業のマーケティングを比較研究し、また大手広告代理店の電通でブランディングの実務経験を持っている。彼女は美容業界のブランディング手法が他をリードしており、別の産業でも参考にできる点が多いと考え、本書に関心を持った。もう一人の訳者である渡辺（第14章～第20章，むすび担当）は，P&G社の元マーケターで，SK-Ⅱとパンテーンのブランドマネジメントの経験がある。ビューティーブランドのマーケターとして働く歓びや難しさを知った上で，改めて偉大な先人達が，世の女性たちに触発されながら作り上げてきたブランドのドラマを改めて学ぶ機会として，本書に注目した。3人目の吉田（第8章～第13章担当）は，大学でマーケティングを教えるマーケティング研究者でありつつも，美容業界の謎を不思議に思う消費者として本書に興味を持った。我々3人が今回の翻訳に至った理由を一言でいうなら，「利益率が高い・広告費が高い・嘘が多いなどと言われている美容業界，謎の多い美容業界の秘密を，歴史的に解き明かしてくれる本」を，日本の読者に紹介したいという共通の興味からだった。

化粧品の世界では，技術による差別性が大きくない代わりに，ブランドづくりとコミュニケーションの手腕が厳しく問われる。化粧品は，自動車や電気製品のように，分かりやすい評価基準を持っていないことに加え，グローバルに展開する際には，人種による肌色の違いや，審美的な基準，文化的要因が大きく異なるため，より高度かつ複雑なマーケティングが必要とされる。これまでにも化粧品企業のマーケティング活動は，世の中の関心を惹きつけてきた。それは，単なる広告の投下量や，有名女優の起用といった理由からではなく，巨大な化粧品産業の裏に潜むマーケティング手法の革新は常に先端を行くもので、各業界がそこから学ぶことが多いためだろう。だからこそ、この業界で強大なブランドがどのように作られるのかを取り上げる本書の意義は大きい。

美容産業のブランドを取り上げる本書は、次の3つの特徴を持っている。一つ目は、本書がいわゆるビジネス書やマーケティングのテキストの体裁ではなく、美容産業における企業家たちを生き生きとしたストーリーとして描いていることだ。著者のマークは、多面的な資料を収集して記述をしているが、それらの事実を単に羅列しているのではなく、その中で美容産業を作ってきた人々、その一人ひとりのドラマチックな人生を描いていることが魅力的である。世界的なブランドを作り上げた巨人たちの物語に、我々読者は驚きや新鮮味を感じる。二つ目は、ポジティブさ・未来志向である。本書では、美しさがいかに時代とともに、人為的に構築されたものであるかが示されているが、しかし著者は、それを批判的に暴こうとしているわけではなく、そこに人間や社会の面白さがあるという風にポジティブに捉えている。だからこそ本書の後半では、未来のビューティ産業への期待が示される。それに、美を作り出した人々は、化粧品の機能面だけではなく、夢や感情（時には虚構も含めて）をブランド化することで、美の神話を作り出してきた。自らの夢を実現するために粘り強く行動する、こうした先駆者達の姿は、読者に感動と勇気を与えるだろう。三つ目は、マーケティングの真髄を美容産業から解明している点だ。世界における美の基準は一つではなく、多元的だ。だからこそマーケティングのアイデアによって、美の基準が新たに作られ、無名だったブランドがトップブランドにもなれる。それを支えているのは、製品の新しさだけではなく、消費者と向き合う、広告やコミュニケーションの工夫が大きな影響を及ぼしていることが理解できるだろう。マーケティングの本質は、いつの時代でも変わらないが、それは未来に向かうものであり、つねに進化を伴っていることを、本書の豊富なブランドのドラマから学ぶことができる。

以上のような特徴を持つ本書を、ぜひ日本に紹介したいというのが訳者の我々の願いである。日本は、世界最大の美容市場の一つだ。日本の美容市場は、資生堂や花王といった日本の企業が実直に耕してきたものであると同時に、西洋への憧れを刺激する外資系化粧品ブランドの影響も大きい。この二つの相反する方向性がダイナミックに絡み合って、世界に類を見ない巨大で創造的な、現在の日本のビューティーマーケットを形成している。

ただし特に近年では、マーケティングによって作られる美しさは多様化し、時代的なコンテクストの中で、新しいブランドが生まれては消えていく。だからこそ、欧米のマーケティングをただ受け入れるだけではなく、日本独自の美しさを模索しながら、日本らしいブランドづくりができる可能性はますます広がっていると言える。日本の美容産業は、欧米のようなゴージャスさを訴求するだけではなく、日本の新技術、知性、シンプルさ、心地よさ、繊細さ…など独自の要素を組み合わせながら、ジャパン・ビューティーを世界に発信していくことができるだろう。美容産業自体には、多様性を受け入れる素地が歴史的に備わっているのだから。

本書は、次のような方たちにぜひ読んでいただきたい。まずは、マーケティングに関心を持つ人々である。本書は豊富な事例で、様々な角度からマーケティングの真髄を教えてくれる。例えば、製品の機能訴求だけではなく、夢を提供することの大切さ、それを本書では歴史的な流れに沿って示している。次は、美容業界に携わる人々、ブランド、ファッション、あらゆるビューティーの実践家たちである。あのブランドを身に纏うだけで感じる感覚は、結局どこからくるのだろう？　ブランドにその名を残した先人たちの、孤軍奮闘のブランドストーリーを知り、実践のヒントにしたい人々に、本書は糧となろう。最後に、美に関する社会現象や消費行動が気になる人々にも読んでいただきたい。あなたの奥さんがどうしてそんなに高い化粧品を買ってくるのか理解できない、近年女性だけでなく若い男性も肌に気を使っているらしい、と思っている人も、本書を読むことで自分なりの答えが得られるだろう。

知的でありたいと思えば、人は、本を読んで思考力を磨き、知性と教養を身につけていく。同じように、美しさを追い求める人々は、化粧品を使って自分を彩り、そして美しくなっていく。本書で描かれる全ての物語は、絶えず自分を高め、努力を惜しまない人たちに捧げられている。マーケティングの真髄には、不変の信念と弛まぬ努力によって、自らが夢に描いたものを現実へと変えていく魔法のような、進化の力が満ちている。

末筆ながら、本書の翻訳に協力して下さった皆様にお礼を申し上げたい。かつて神戸大学大学院経営学研究科で石井淳蔵ゼミの同窓だった訳者三人は、今回の翻訳作業にあたって、度重なる打ち合わせを行い、担当箇所にそれぞれが責任を持ちつつも全体としての一貫性を保ち、読者が読みやすいように工夫してきたつもりである。女性3名が築いた美しいチームワークと、お互いの貴重な時間に感謝したい。そして、本書の日本語出版を企画していただいた碩学舎の大西潔氏にお礼を申し上げたい。大西氏の目利きのおかげで、本書のような素晴らしい作品を日本の読者に紹介することができた。最後に、本書の翻訳原稿の校正に協力してくれた鈴木美紗絵氏、編集作業に辛抱強くお付き合い下さった中央経済社の市田由紀子さんに感謝したい。

二〇一五年一〇月

訳者一同

タ 行

ナ 行

ハ 行

マ 行

ヤ 行

タ　行

ナ　行

ハ　行

索　引

〔人名・企業名等〕

アルファベット

ア　行

■訳者紹介

張　智利（ちょう　ちり）　はじめに，第１～７章

1975年　中国西安市生まれ。
1997年　厦門大学日本語科中退，来日。
2002年　近畿大学商経学部卒業。
2004年　神戸大学大学院経営学研究科博士前期課程修了，修士（商学）。
2007年　神戸大学大学院経営学研究科博士後期課程修了，電通西日本大阪本社入社。
中四国地域にて，主に化粧品，食品，流通業分野のアカウント・プランニングに携わる。
2009年　神戸大学大学院経営学研究科博士号取得（商学）。
2011年　電通東京本社，ストラテジック・プランニング局戦略コンサルティング室に転職，大手企業のブランド戦略，海外参入戦略のコンサルタントを務める。
2013年　オグルヴィ・アンド・ニューサン中国合同会社　ストラテジック・ディレクター，現在に至る。中国市場における日系企業，中国企業のブランド構築，コミュニケーション戦略の立案を手掛ける。
主　著：『メガブランド』（碩学舎），『仮想経験のデザイン―インターネット・マーケティングの新地平』（有斐閣，第１章）

吉田　満梨（よしだ　まり）　第８～13章

1980年　岩手県生まれ。
2003年　立命館大学国際関係学部卒業。
2006年　神戸大学大学院経営学研究科博士前期課程修了，修士（商学）。
2009年　同博士後期課程修了，博士（商学）。
首都大学東京都市教養学部経営学系助教を経て，
2010年　立命館大学経営学部准教授，現在に至る。
主　著：『売れる仕掛けはこうしてつくる―成功企業のマーケティング』（第１章），『ビジネス三國志―マーケティングに活かす複合競争分析』（プレジデント社，第４章），『マーケティング・リフレーミング―視点が変わると価値が生まれる』（有斐閣，第４・７・11章），『ケースで学ぶケーススタディ』（同文舘出版，第２・６・７・９章）

渡辺　紗理菜（わたなべ　さりな）　第14～20章，むすび

1982年　兵庫県生まれ。
2005年　慶應義塾大学環境情報学部卒業。
2007年　神戸大学大学院経営学研究科博士前期課程修了，修士（商学）。
2007年　プロクター・アンド・ギャンブル・ジャパン　マーケティング本部入社。
2008年　シンガポール駐在（２年間）。
同社在職中はSK-IIとパンテーンブランドを担当し，製品開発，ブランド戦略，コミュニケーション戦略，デジタルマーケティング，店頭販促の企画立案など，ビューティーブランドのブランドマネジメントとマーケティングに従事する。
2012年　神戸大学経済経営研究所特命助教。
2014年　神戸大学大学院経営学研究科博士後期課程修了，博士（商学）。
2015年　メガネの田中ホールディングス株式会社　マーケティング部部長，現在に至る。

硯学舎ビジネス双書

“美”のブランド物語

クレオパトラからグローバルビューティーブランド，そしてオーガニックまで

2015年12月20日　第1版第1刷発行

著　者　マーク・タンゲート
訳　者　張　智利
　　　　吉田満梨
　　　　渡辺紗理菜
発行者　石井淳蔵
発行所　㈱硯学舎
　　　　〒101-0052　東京都千代田区神田小川町2-1 木村ビル 10F
　　　　TEL 0120-778-079　FAX 03-5577-4624
　　　　E-mail info@sekigakusha.com
　　　　URL http://www.sekigakusha.com
発売元　㈱中央経済社
　　　　〒101-0051 東京都千代田区神田神保町1-31-2
　　　　TEL 03-3293-3381　FAX 03-3291-4437
印　刷　昭和情報プロセス㈱
製　本　誠製本㈱

ISBN978-4-502-12371-9　C3034